新编化工产品生产工艺与配方160例

刘树林　编著
孙中亮　李婵娟　主审

中国纺织出版社
全国百佳图书出版单位
国家一级出版社

图书在版编目(CIP)数据

新编化工产品生产工艺与配方160例/刘树林编著.
—北京：中国纺织出版社，2017.9（2023.5重印）
ISBN 978-7-5180-3953-1

Ⅰ.①新… Ⅱ.①刘… Ⅲ.①化工产品—生产工艺②化工产品—配方 Ⅳ.①TQ062

中国版本图书馆CIP数据核字(2017)第204783号

责任编辑:国帅　　责任设计:品欣排版　　责任印制:王艳丽

中国纺织出版社出版发行
地址:北京市朝阳区百子湾东里A407号楼　邮政编码:100124
销售电话:010—67004422　传真:010—87155801
http://www.c-textilep.com
E-mail:faxing@c-textilep.com
中国纺织出版社天猫旗舰店
官方微博 http://weibo.com/2119887771
大厂回族自治县益利印刷有限公司印刷　各地新华书店经销
2017年9月第1版　2023年5月第2次印刷
开本:710×1000　1/16　印张:16.5
字数:246千字　定价:50.00元

前　言

你读书了吗?

如果你能看到这本书,你就能实验研究和生产出这160种很重要的化工产品来,因为所有生产方法的“秘密”,都明明白白地告诉了你,绝无谎言。

在书中,生产这160种化工产品所需的设备、工艺流程详图、生产步骤、原材料用量、温度压力控制、助剂加入量……都有详细的讲解,这些化工产品的物化性质、质量标准和主要用途以及环境保护等事项,都写得实实在在。本书适合致力于学习和钻研化学与化工专业的学生、研究生、教师、导师、化工科技人员学习和使用,供大家学习研究和创业时参考。

十分感谢化工同行和朋友,给予编著者提供了许多珍贵的资料。

正是:看了本书才知晓,书中藏有金银和珠宝。

在本书的编写过程中,参考了如下资料,在此一并感谢:

《化工辞典》(第二版)

吉化公司化工产品手册

吉化有机合成厂——《化工原料手册》《生产技术手册》

《基本有机化工生产及工艺》

《新编化学配方集锦》

化工部技情研究所——《国外乙烯工业手册》

刘树林

2017年6月

目 录

（按汉语拼音字母第次为序排列）

白抛光膏

Polishing compound white

又名:201 白色抛光膏

性状:白色及浅黄色条状油膏,熔点 45 ~ 49℃;遇热变软熔化,不溶于水、乙醇、溶于酸类。

用途:适用于金属镀件电镀后抛光用,抛光后抛件光亮整洁,亦可作为镀铬、镍的镀前抛光。对胶木塑料有机玻璃等非金属也适用。

规格:

外观	剖面光洁,色泽均匀,无气泡	硬固点	45 ~ 51℃
含油量	≥25%	特种石灰	≥75%

主要原料规格及消耗定额:

油腊	0. 255 吨/吨	镁钙石灰	0. 78 吨/吨

工艺流程:

白抛光膏系由石灰和混合油脂结合而成,生产流程如下:

熔油:将预先准备好之各种油脂按其熔点高低和用量比例依次投入熔油锅中,蒸汽间接加热,使油脂熔化,并缓缓蒸去油脂中的水分和撇去杂质,严密防止油溢,在温度升到 140℃时,再保温数小时则认为熔油完毕。

混料:用牙齿泵自贮油罐中打取一定量之混合油脂,抽至称量器称量后放入反应锅,通入蒸汽保温,在搅拌下边加石灰边加油脂,使物料充分搅匀和反应,反应结束时物料温度应在 65℃左右。

浇模(听)包装:将已搅好的物料,用自动灌装机浇入铁听,然后封口,包装出厂。

包装:塑料袋或麻袋装,净重 72 公斤或小包装。

白炭黑

White carbon

分子式:SiO_2　　**分子量:**60. 09

性状:是一种高度分散白色絮状二氧化硅粉末,是内表面积很大的多孔物质,颗粒直径 15 ~ 50mμ,颗粒很小,具有吸附性能。耐高温,不燃烧,绝缘性良好。经表面处理后才能憎水，憎水白炭黑易溶于油内。

用途：各种硅橡胶的补强剂，丁苯橡胶补强剂。还可用作稠化剂或增稠剂。另外应用在树脂内，可提高防潮和绝缘性，填充在塑料制品内可增加抗滑性和防油性。填充在硅树脂中，可制成耐2000℃以上的塑料。此外还用作农药分散剂，油漆的退光剂，铸造之脱模剂等。

规格：

	牌号2#	牌号3#	牌号4#
含量(SiO_2)	≥99.5%	≥99.5%	≥99.5%
游离水(110℃2小时)	≤3%	≤4%	≤4%
灼烧失重(900℃2小时)	≤5%	≤5%	≤6%
铝(Al)	≤0.02%	≤0.02%	≤0.02%
铁(Fe)	≤0.01%	≤0.01%	≤0.005%
铵(NH_4)	≤0.03%	—	—
pH值	5~7	5~7	5~7
假比重(克/毫升)	0.03~0.05	0.03~0.05	0.04~0.06
机械杂质	微量	微量	极微量
比表面积(染料吸附)	80~100	110~150	≥150
吸油值(毫克/克)	2.6~2.8	2.8~3.5	3.5以上

主要原料规格及消耗定额：

四氯化硅		4吨
氢气	含量≥97%	6 000立方米/吨

工艺流程：

空气净化：空气由水环泵加压到0.7~0.8公斤/厘米^2，经气水分离器、除雾器，冷冻脱水器，硅胶干燥器，再经除尘过滤后，供合成和载体用。

氢气净化：氢气由水环泵加压到0.7~0.8公斤/厘米^2，经气水分离器、除雾器、冷冻脱水器、硅胶干燥器，再经除尘过滤后，供合成和载体用。

合成：净化后的氢气和空气送往合成炉，在炉上部喷嘴燃烧，同时通入气相四氯化硅（气相的四氯化硅系将四氯化硅精馏，再被汽化，以干燥空气作载体送入合成炉），燃烧时生成水蒸气并形成1000℃左右的高温，通入的四氯化硅被水解成白炭黑与氯化氢气体。

聚集：由于高温水解生成的颗粒很小（约4~40目），并与反应后的气体形成气溶胶状态很难收集，所以预先在聚集器中聚集成较大颗粒，然后再用旋风分离器收集。

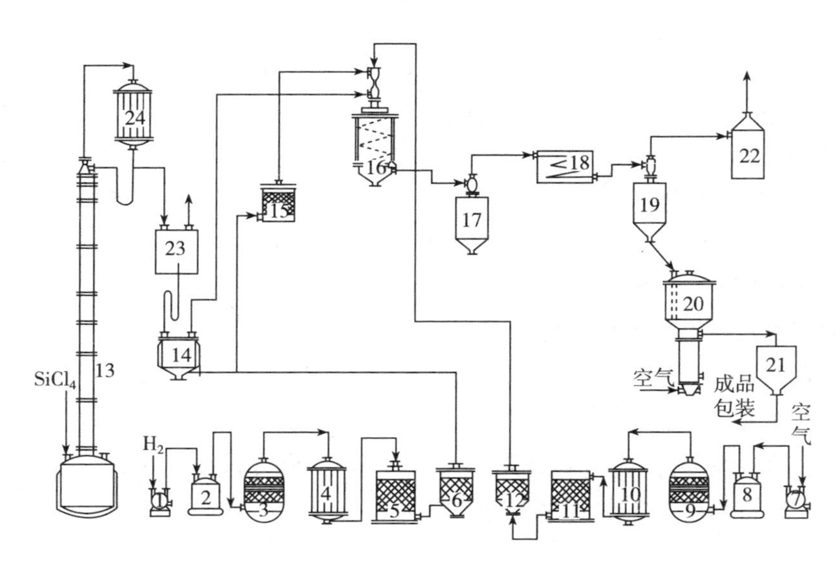

白炭黑生产流程图

1. 纳氏泵 2. 气水分离器 3. 除雾器 4. 冷冻脱水器 5. 硅胶干燥器 6. 氢气除尘过滤器 7. 纳氏泵 8. 气水分离器 9. 除雾器 10. 冷冻脱水塔 11. 硅胶干燥器 12. 空气除尘过滤器 13. 精馏塔 14. 汽化器 15. 氢气阻火器 16. 合成水解炉 17. 分离器 18. 聚集器 19. 料斗 20. 脱酸炉 21. 成品料斗 22. 水洗塔 23. 四氯化硅贮槽 24. 冷凝器

成品:收集下的白炭黑再送脱酸炉,通入空气和氨气,使成品 pH 到达 5 ~ 7 进行包装。

包装:塑料袋装,净重 3 公斤。

半水硫酸钙

Calcium sulfate hemihydrate

又名:熟石膏粉

分子式:$CaSO_4 \cdot 1/2H_2O$　　**分子量:**145. 15

性状:白色或灰白色粉末,微溶于水,在空气中能吸潮,遇水即凝结,并失去固结性。

用途:石膏器皿、牙科材料、陶瓷器造型、金属铸型、各种接合剂、水泥、粉笔、灰泥、塑料、填充剂、杀虫剂的稀释剂、研磨固定剂、豆腐凝固剂、石膏绷带、建筑材料及其硫酸盐的制造等。

规格：

	建筑一级	建筑二级	模型特级	模型一级
细度 100 目	≥98%	≥98%	≥98%	≥98%
凝结时间(分钟)				
初凝不早于	4	4	5	4
终凝不迟于	20	20	25	20
抗拉强度(公斤/厘米^2)	≥9	≥7	≥11	≥10

主要原料规格及消耗定额：

生石膏　　1.2 吨/吨

工艺流程：

原料清洗及粉碎：将生石膏用自来水洗净后，放置自然干燥，然后用颚式粉碎机及中碎机粉碎至 3 毫米左右的细粒。

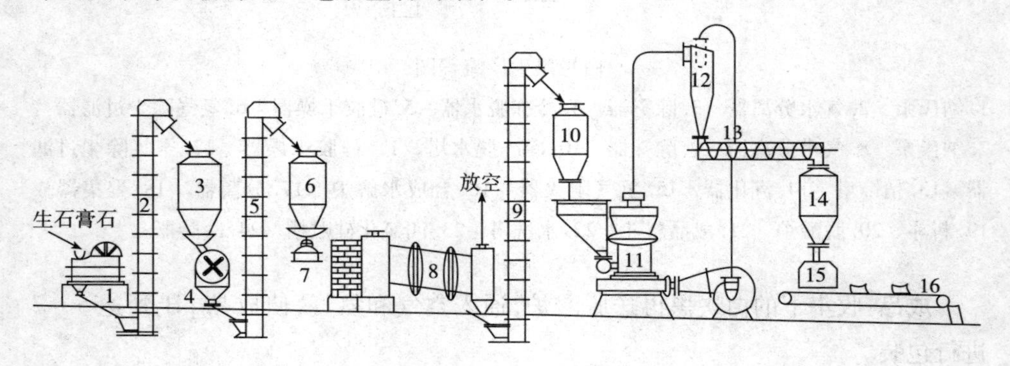

半水硫酸钙生产流程图

1. 颚式粉碎机　2. 斗式提升机　3. 生料斗　4. 锤式粉碎机　5. 斗式提升机　6. 细料斗　7. 圆盘给料机　8. 石膏转炉　9. 斗式提升机　10. 熟料斗　11. 雷蒙磨　12. 旋风分离器　13. 螺旋输送机　14. 成品斗　15. 包装机　16. 输送机

煅烧脱水：将 3 毫米左右的生石膏细粒，用圆盘式加料机徐徐送入转炉中进行脱水煅烧，并控制一定的脱水温度(脱水温度随原料品种不同而异)

反应式：

$$CaSO_4 \cdot 2H_2O \xrightarrow{\triangle} CaSO_4 \cdot \frac{1}{2}H_2O + 1\frac{1}{2}H_2O\uparrow$$

磨粉包装：煅烧后的熟石膏，自转炉尾部卸出，经提升机至熟料斗，由绞龙送至雷蒙磨磨至 100 目之细度，然后由长绞龙送到成品斗中，用打包机进行机械包装。

综合利用和三废处理措施：

在石膏生产过程中产生的飞粉，用吸尘机进行回收。

包装：牛皮纸袋或塑料袋装，净重25公斤。

草酸

Oxalic acid

又名：乙二酸

分子式：$HOOC \cdot COOH \cdot 2H_2O$ **分子量：**126.07

性状：无色、无臭单斜结晶，能溶于水、醇、醚、甘油，不溶于苯、氯仿和石油醚。

用途：冶金工业分离稀有金属、医药抗菌素，树脂合成的触媒，大理石抛光，也用作漂白等。

规格：

含量	≥99.2%	重金属(Pb)	≤0.002%
水不溶物	≤0.95%	铁(Fe)	≤0.005%
不挥发物	≤0.12%	硫酸盐(SO_4)	≤0.1%
氯化物(Cl)	≤0.005%		

主要原料规格及消耗定额：

焦炭	含量84%	0.43吨/吨
氢氧化钠(以100%计)		0.845吨/吨
硫酸	含量98%	0.9吨/吨

工艺流程：

草酸的制法很多，因原料不同，工艺路线也不同，这里采用焦炭，氢氧化钠做原料，生产流程如下：

合成：以焦炭为原料投入煤气发生炉产生一氧化碳，含量在30%～40%，经过水洗，碱洗和除尘等净化送入压缩机压缩至18～20公斤/厘米^2。与160克/升浓度的氢氧化钠汇合，预热至150℃进入管道反应器合成，得到淡的甲酸钠溶液。

淡甲酸钠溶液再在双效蒸发器浓缩至600克/升左右，送至脱氢。

合成反应式如下：

$$CO + NaOH \xrightarrow[150\sim160℃]{18\sim20\text{公斤/厘米}^2} HCOONa$$

脱氢:将浓缩后之甲酸钠送入脱氢锅加热浓缩成固体,再继续加热熔融脱氢成疏松多孔状草酸钠,加入淡碱水抽至真空贮桶经叶片过滤,回收草酸钠中所含氢氧化钠和碳酸钠。脱氢反应式如下:

$$2HCOONa \xrightarrow{400℃} Na_2C_2O_4 + H_2\uparrow$$

铅化、酸化:用水配成约 500 克/升草酸钠悬浮液,用泵送入铅化桶,在搅拌下加入硫酸铅,反应液的 pH 值保持在 3 ~ 4,反应完后吸去反应中生成的硫酸钠溶液,予以回收。草酸铅中所含可溶性杂质,用水洗涤除去。在洗净后的草酸铅中加入硫酸,并掺用热的草酸母液进行酸化,硫酸用量过量 10%,反应完后,任其澄清,吸出上层清液至吸附桶,沉淀物硫酸铅经洗涤后供下次铅化用。铅化、酸化时反应式如下:

$$Na_2C_2O_4 + PbSO_4 \longrightarrow PbC_2O_4\downarrow + Na_2SO_4$$
$$PbC_2O_4 + H_2SO_4 \longrightarrow PbSO_4\downarrow + H_2C_2O_4$$

精制:由酸化工序来的草酸溶液送至吸附桶中,加入碳酸钡和 1% 浓度的聚丙烯酰胺凝聚沉降,除杂,澄清。溶液送结晶池冷却结晶,然后经过离心机甩干,烘干即得成品。

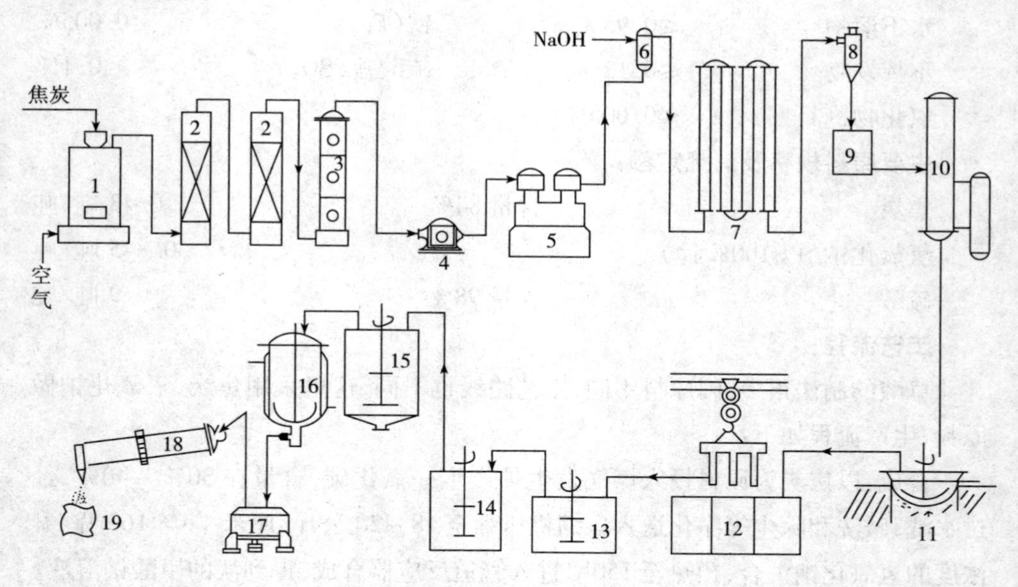

草酸生产流程图

1. 煤气发生炉 2. 吸收塔 3. 除尘塔 4. 鼓风机 5. 压缩机 6. 混合器 7. 管道反应器 8. 分离器 9. 贮槽 10. 蒸发器 11. 脱氢锅 12. 叶片过滤 13. 悬浮桶 14. 铅化桶 15. 吸附桶 16. 结晶器 17. 离心机 18. 回转干燥器 19. 成品包装

综合利用和三废处理措施:

每吨草酸有1吨左右硫酸钠副产品,回收制成无水硫酸钠,脱氢工序每天约有35000立方米氢气,可予回收。

苛化工序每天约有5~6吨石灰脚渣。

包装:聚乙烯塑料箱装,净重50公斤、70公斤、80公斤。

醋酐

Acetic anhydride

又名:乙酸酐

分子式:$(CH_3CO)_2O$ **分子量:**102.9

性状:无色透明液体,具有强酸性、腐蚀性。微溶于水成醋酸,能溶于氯仿和醚。

用途:有机合成、医药、醋酸纤维。

规格:

	一级	二级
沸程(95%)	137.5~141.5℃	137~141℃
含量	≥98%	≥95%
不挥发物	≤0.01%	≤0.01%
氯化物(Cl)	≤0.0005%	≤0.001%
铁(Fe)	≤0.0002%	≤0.001%
高锰酸钾试验	≤0.2毫升	≤0.4毫升
	5分钟不退色	5分钟不退色

主要原料规格及消耗定额:

乙醛	含量≥98%	1.679吨/吨
醋酸乙酯	含量≥98%	0.116吨/吨
氧气	纯度≥96%	774立方米/吨

工艺流程:

目前醋酐的生产方法有醋酸裂解法、乙醛氧化法等。醋酸裂解法系将醋酸气体在高温下裂解成醋酐;乙醛氧化法以乙醛为原料,在稀释剂存在下,催化氧化生成醋酸和醋酐。这里采用乙醛氧化法。生产流程简述如下:

氧化:原料乙醛加入稀释剂醋酸乙酯和催化剂醋酸钴、碳酸铜、再加入醋酸和回汽水,配成氧化料,将氧化料连续加入氧化塔底部,自塔身各节通入氧气,反应温度控制40～60℃之间,压力维持在2公斤/厘米²,连续出料,出料时料液中含醛量应不超过2%。尾气通入吸收塔用水吸收。

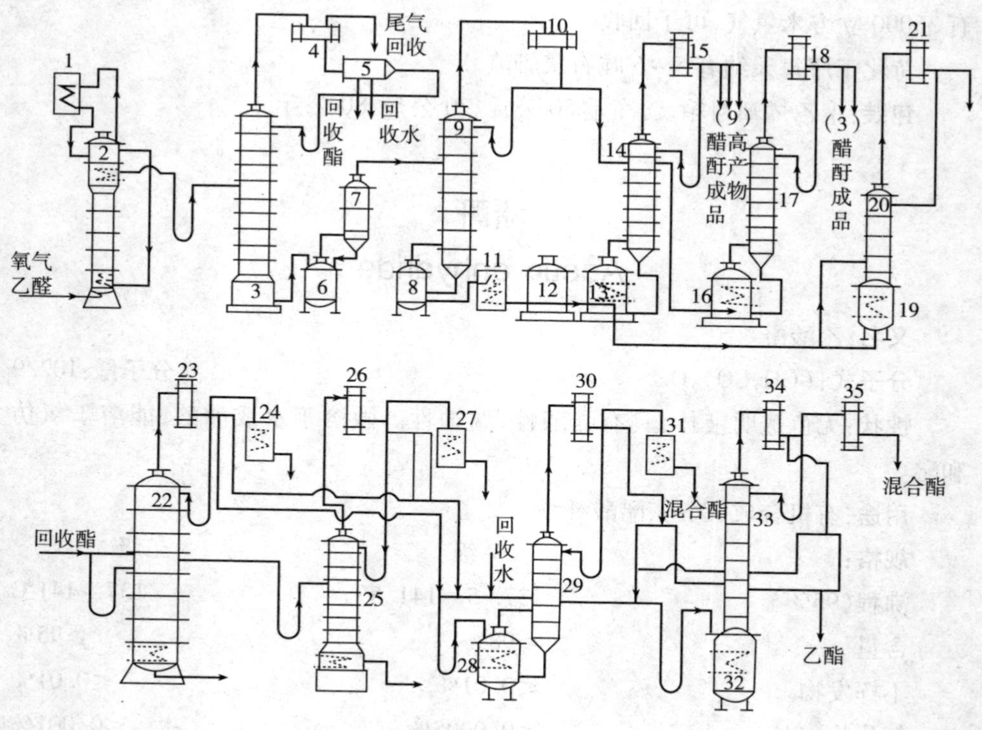

醋酐生产流程图

1.冷凝冷却器　2.氧化塔　3.去酯塔　4.冷凝器　5.酯水分离器　6.去催化剂塔釜　7.去催化剂塔　8.酐酸分离塔釜　9.酐酸分离塔　10.冷凝器　11.中间冷却器　12.中间槽　13.醋酐精制塔釜　14.醋酐精制塔　15.冷凝器　16.稀醋酸提浓塔釜　17.稀醋酸提浓塔　18.冷凝器　19.高沸点回收塔釜　20.高沸点回收塔　21.冷凝器　22.乙酯回收塔　23,24.冷凝器　25.乙酯回收塔　26,27.冷凝器　28.回收塔釜　29.废水回收塔　30,31.冷凝器　32,33.混合酯回收塔　34,35.冷凝器

反应式：$2CH_3CHO + O_2 \longrightarrow (CH_3CO)_2O + H_2O$

去酯:去酯工序的目的是将氧化反应中产生的水分迅速随着乙酯馏出,以防止生成的醋酐水解成醋酸。去酯塔系填料塔,上部用不锈钢制,下部用搪玻璃,加热盘管用银制,控制塔顶温度70～72℃,塔底温度128～134℃,压力0.15公斤/厘米²。

去催化剂:去催化剂塔,塔身用不锈钢制,塔釜用搪玻璃锅,塔下部用瓷圈填充,在真空度400～600毫米汞柱下,塔顶温度在95～105℃,塔底在110～125℃,馏出酐酸混合液。留在釜内催化剂液待贮积较浓后,蒸去塔内残存酐酸,放出催化剂,处理后重复使用。

酐酸分离:酐酸混合液进入酐酸分离塔,将醋酐和醋酸分开。

酐酸分离塔为不锈钢填充塔,在减压下操作(真空度为400~600毫米汞柱),塔顶维持减压下的醋酸沸点,出料为醋酸,塔底出料为粗醋酐流入醋酐贮槽。

醋酐精制:醋酐精制塔系不锈钢填充塔,塔釜为生铁锅,加热管为银制,塔内真空度维持在600~700毫米汞柱,蒸去低沸物后收集成品醋酐,釜内残存的高沸物集中后处理。

乙酯和低沸物回收及废水处理:来自去酯塔的乙酯含有水分,送入回收塔蒸去低沸物和水分后由塔底经冷却器冷却后流入回收酯槽。低沸物和水经分离后分别进入低沸物处理塔和废水塔,低沸物处理塔塔顶馏出的混合酯经脱水后供其他用,塔底料作为含水乙酯重复回收。含水乙酯中分出的水分和尾气吸收水混合后加入废水塔中间歇处理,塔顶馏出物在65℃以下的作为混合酯,65℃以下的作为粗乙酯,入回收塔处理。

综合利用和三废处理措施:

催化剂经过多次循环使用后,须进行再生,再生方法系采用煅烧法除去催化剂中的高沸点有机化合物,然后将煅烧成的氧化物重行制成催化剂应用。

包装:铝桶装,净重100公斤、200公斤

次氯酸钠

Sodium hypochlorite solution

分子式: NaClO　　**分子量:**74.5

性状:苍黄色溶液,具有刺激味,能溶于水,受热后迅速分解,只有在碱性中才能稳定,是强氧化剂。

用途:用于纤维及纸浆的漂白,水合肼等合成以及消毒剂,氧化剂。

规格:

含有效氯　≥10%　　游离碱　0.5~1.5%　　铁(Fe)　≤0.01%

主要原料规格及消耗定额:

液　碱	含量　30%		0.437吨/吨
液　氯	含量≥99%	水分≤0.06%	0.105~0.155吨/吨

工艺流程:

将30%液碱由计量槽输入氯化池,并加水稀释至15%左右浓度,然后开启冷

却水，通入氯气，控制反应温度 <45℃，直至反应液有效氯含量达 10.5% ~11%，游离碱在 0.5% ~1.0%，反应达终点，停止通氯，即得成品。反应式如下：

$$2NaOH + Cl_2 \longrightarrow NaOCl + NaCl + H_2O$$

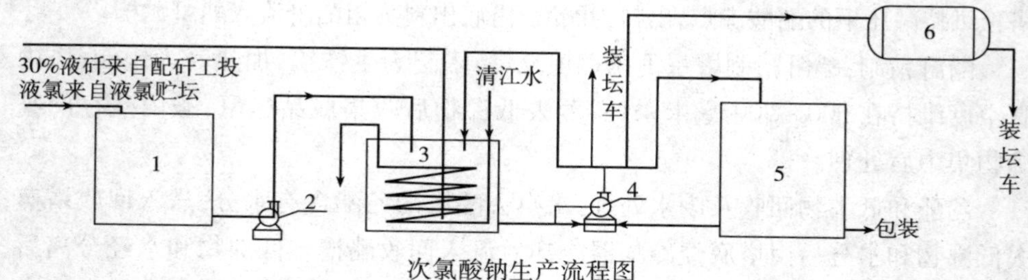

次氯酸钠生产流程图

1. 液碱贮槽 2. 液碱泵 3. 次氯酸钠反应池 4. 成品泵
5. 次氯酸钠成品贮槽 6. 次氯酸钠计量槽

包装：槽车装，或化工陶瓷罐装，净重 25 公斤。

草酸二乙酯

Diethyl oxalate

分子式：

$$\begin{array}{l} COOC_2H_5 \\ | \\ COOC_2H_5 \end{array}$$

子分量：146.14

性状：无色或微黄色具有芳香气味的液体，极微溶于水而渐分解，能溶于醇、醚等有机溶剂，沸点 185.4℃。

用途：用于硫唑嘌呤及苯巴比妥，周效磺胺等药物的中间体，也用作塑料的促进剂。

规格：

沸程(180℃)	≥88%	水分	≤0.2%

主要原料规格及消耗定额：

草酸		1.01 吨/吨
乙醇	含量≥95%	0.77 吨/吨

工艺流程：

用草酸和乙醇加热酯化，生成粗草酸二乙酯，再经精馏而得成品。其中应用甲苯和水共沸作用将草酸脱水；又在酯化时将生成水带出，成品含水量小于 0.2%。

脱水：(一)一次带水：将草酸加入反应锅，再加入甲苯，开动搅拌，夹套用蒸汽加热，进行分水回流，温度控制在 80～85℃，当分水器液位到达一定位置时，定时放水，待带水量到达一定数量时，锅内温度升至 101～102℃后，开始二次带水。(二)二次带水：即把锅内的甲苯和少量水分蒸出，当蒸到锅内草酸呈糊状或见固体析出，温度达 110～120℃时，停止蒸馏，准备酯化。酯化反应式如下：

$$\begin{matrix} COOH \\ | \\ COOH \end{matrix} + 2C_2H_5OH \xrightarrow[\text{带水}]{\text{C}_6\text{H}_5\text{CH}_3} \begin{matrix} COOC_2H_5 \\ | \\ COOC_2H_5 \end{matrix} + 2H_2O$$

一次酯化：在上述无水草酸反应锅内，投入甲苯，乙醇混合物(甲苯、乙醇重量配比是 4∶3)加热分水回流数小时，(在分水器下层是酒精水溶液，上层为甲苯，各回收使用)一次酯化完后，进行蒸馏蒸出甲苯、乙醇、水分，当锅内温度达 110℃时结束。

二次酯化：向反应锅内加入乙醇和高、低沸物(来自精馏工序)加热直接回流数小时，使一次酯化中剩余的草酸完全被酯化，然后蒸馏出甲苯、乙醇等，当温度达 125℃时蒸馏结束。冷却料液至 80℃左右后抽入精馏锅，进行减压蒸馏。

精馏：将粗酯抽入精馏锅，进行减压蒸馏，待液温达 110℃，塔顶汽化温度 75℃，真空度 720 毫米汞柱左右，馏出液的比重在 1.07/20℃时即可收集得成品。精馏过程中低、高沸物收集后供酯化时掺作原料。

$$ClCH_2COOH + CH_3OH \longrightarrow ClCH_2COOCH_3 + H_2O$$

$$ClCH_2COOCH_3 + CH_3ONa \longrightarrow CH_3OCH_2COOCH_3 + NaCl$$

酯化：氯乙酸和甲醇以 1∶0.33 重量比混合溶解，送入酯化反应锅，开动搅拌，夹套内蒸汽加热，进行酯化，反应温度保持在 100～120℃，待锅内有料液蒸出来后，再开始陆续加料。以水带醇，醇带酯的原理，气态馏出物从酯化锅气相管经冷凝成液体流入分层瓶，在分层瓶上层为淡甲醇，下层为粗酯，分别流入淡甲醇及粗酯罐内。然后将粗酯加到蒸馏锅，蒸去水分、低沸物等，当温度达 130～135℃时，停止蒸馏冷却到 100℃抽到中间贮罐或进减压锅蒸馏，控制真空度 700 毫米汞柱，温度在 70℃时收集馏出物，取样分析，供甲氧化用，不合格则再行蒸馏。

甲氧化：将甲醇钠加到反应锅内，在搅拌条件下，加入氯乙酸甲酯，加料开始时锅内温度控制在 30℃左右，此后一直保持反应温度在 70℃左右，温度过高影响成品色泽质量，过低则反应速度太慢。料加完后，待反应完毕测定 pH 值，如 pH 小于 9 应加甲醇钠调整，再保温促使反应完后放料。甲氧化反应投料重量比为氯乙酸甲酯：甲醇钠(有效钠) = 1∶0.213。

脱盐：粗品送入脱盐锅进行蒸馏蒸出甲氧基乙酸甲酯，而氯化钠留在脱盐锅内。蒸馏时采用时而常压和时而减压的措施,在蒸馏过程中要分次加进甲醇至脱盐锅内成共沸蒸出。蒸出的甲氧基乙酸甲酯带有甲醇再经蒸馏分去得成品。

包装:白铁桶装,净重180公斤

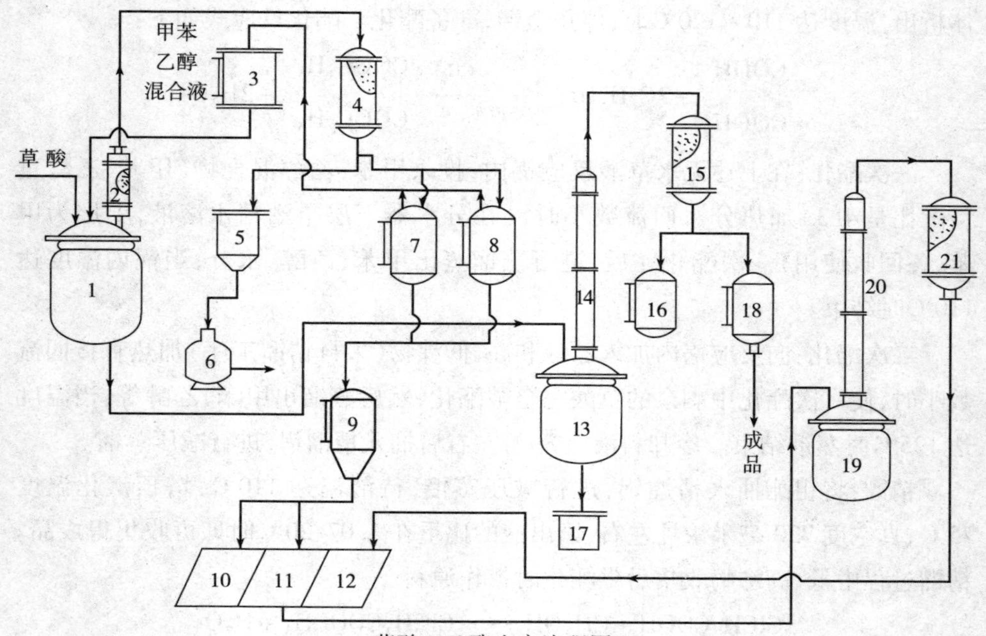

草酸二乙酯生产流程图

1. 酯化反应锅　2. 分馏柱　3. 计量槽　4. 盘管冷凝器　5. 分水器　6. 排水瓶　7. 一次混合液贮槽　8. 二次混合液贮槽　9. 水洗分离器　10. 甲苯地槽　11. 淡乙醇地槽　12. 混合液地槽　13. 蒸馏锅　14. 蒸馏塔　15. 盘管冷凝器　16. 低沸物贮槽　17. 高沸物接收器　18. 成品槽　19. 乙醇回收锅　20. 乙醇回收塔　21. 盘管冷凝器

包装:白铁桶装,净重200公斤

醇合三氯乙醛

Chloral alcoholate

又名:氯油

分子式:$C_4H_7Cl_3O_2$　　**分子量**:193.47

结构式:

$$CCl_3—\underset{\displaystyle OH}{\underset{|}{CH}}—OC_2H_5$$

性状:无色或淡黄色透明液体,含有少量水和三氯乙醛[$CCl_3CH(OH)_2$]及三氯乙醛[CCl_3CHO]的混合物,能溶于水或乙醇等,有刺激性气味。对生物机体有腐蚀作用。易聚合成无定形的聚三氯乙醛固体。

用途:在医药方面可作制备合霉素原料;在农药方面为生产敌百虫、敌敌畏、D. D. T 的主要原料;在化工方面可作氟塑料的基本原料。

规格:

外观	无色或淡黄色透明油状液体	含醛量	≥70%
含酸量	≤5%		

主要原料规格及消耗定额:

乙醇	含量 95%	0.5 吨/吨
氯气	含量 90%	1.7 吨/吨

工艺流程:

将乙醇氯化生成氯醇和氯化氢。氯化反应在四只串联的反应锅内进行——氯气与乙醇成逆向进行。反应式和生产流程如下。

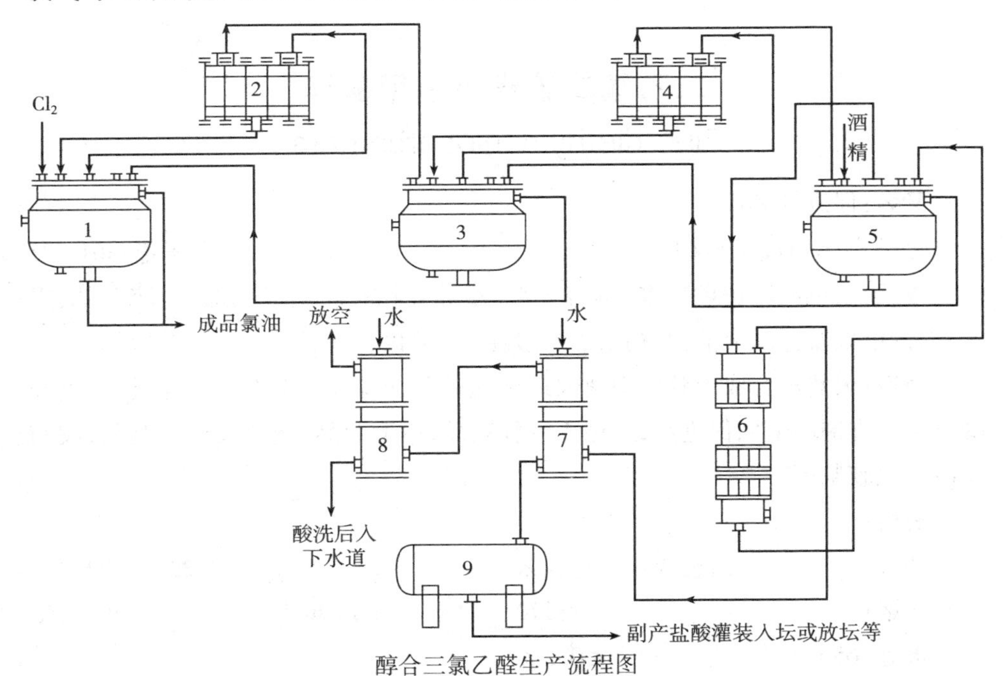

醇合三氯乙醛生产流程图

1. 一级反应锅　2. 石墨冷凝器　3. 二级反应锅　4. 石墨冷凝器　5. 三级反应锅　6. 石墨冷凝器　7. 一级吸收塔　8. 二级吸收塔　9. 副产盐酸贮槽

干燥后的氯气经流量进入串联的四只氯化锅与氯化液进行逆向吸收,氯化液乙醇自 5#氯化锅→3#氯化锅→1#氯化锅;氯气自 1#氯化锅→3#氯化锅→5#氯化锅。5#锅为50℃,3#锅70~80℃,1#锅95~105℃。氯化反应中生成的氯化氢气体和氯乙烷气体经尾部石墨冷凝器,进入尾气吸收塔生产淡盐酸,废气经尾部处理塔吸收后放空,成品自1#锅流出进入成品锅然后包装。

$$2C_2H_5OH + 4Cl_2 \longrightarrow CCl_2—\underset{OH}{\overset{H}{C}}—OC_2H_5 + 5HCl$$

$$CCl_3—\underset{OH}{\overset{H}{C}}—OC_2H_5 + H_2O \longrightarrow CCl_3CH(OH)_2 + C_2H_5OH$$

综合利用和三废处理措施:

氯化反应中产生的氯乙烷准备加以回收。

包装:陶瓷罐,净重35公斤。

二乙基二硫代氨基甲酸锌

Zinc diethyldithiocarbamate

又名:促进剂ZNC

分子式:$C_{10}H_{20}N_2S_4Zn$ **分子量:**361.91

性状:白色或微黄色粉末,不溶于水、乙醇、丙酮,乙醚或汽油、能溶于苯、甲苯、二氯甲烷及稀碱溶液中,初熔点一般在171℃以上。

用途:天然和合成橡胶的超速促进剂,临界温度较低,常作为噻唑类,胍类和醛胺类促进剂的辅助促进剂,适用于胶乳制品,模型制品,浅色及透明制品,胶布及冷硫化胶浆等。

规格:

外观	白色或黄白色粉末	灰分	22%~24.4%
初熔点℃	≥172	细度(40目)	99.5%
水分(65℃)	≤0.3%		

主要原料规格及消耗定额:

二乙胺	含量>98%	0.49吨/吨
二硫化碳	含量>95%	0.61吨/吨
氯化锌	含量>98%	0.52吨/吨

工艺流程：

缩合：在反应锅中加入液碱，二乙胺，机冰和二硫化碳，在搅拌下进行缩合，反应温度控制在15℃以下，6小时后，测定溶液pH，当pH在8左右时反应结束。

反应式：

$$(C_2H_5)_2NH + CS_2 + NaOH \longrightarrow (C_2H_5)_2N\overset{\overset{S}{\|}}{C}-S-Na + H_2O$$

置换：在澄清的缩合液中加入3～5倍清水稀释，在搅拌下加入10%左右的硫酸锌（或氯化锌）溶液，即生成二乙基二硫代氨基甲酸锌沉淀物，浆料不宜太厚，锌盐应稍过量。

反应式：

$$2(C_2H_5)_2N\overset{\overset{S}{\|}}{C}-S-Na + ZnSO_4 \longrightarrow [(C_2H_5)N-\overset{\overset{S}{\|}}{C}-S]_2Zn\downarrow + Na_2SO_4$$

洗涤、干燥、粉碎；生成的粗制品，进入离心机脱水，并用清水冲洗除去硫酸钠或氯化钠，然后进行干燥、粉碎包装。

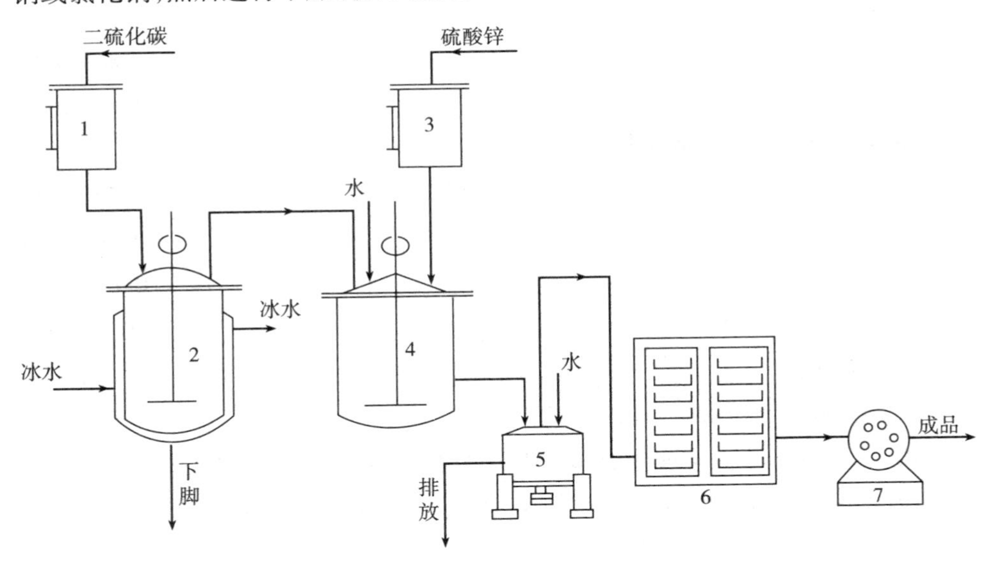

二乙基二硫代氨基甲酸锌生产流程图

1. 二硫化碳高位槽　2. 反应锅　3. 硫酸锌高位槽

4. 沉淀桶　5. 离心机　6. 干燥室　7. 粉碎机

综合利用和三废处理措施：

缩合废液内含二硫化碳、硫黄、二乙基二硫代氨基甲酸铁、锰、铜等不溶性盐类，以及其他水不溶物，合并多次废液置蒸馏锅中，回收二硫化碳，残渣拌入煤中烧去。

氯化钠或硫酸钠废水，因浓度过淡，直接排放。

包装：纸桶内衬塑料袋，净重 20 公斤装

次硫酸氢钠甲醛

Sodium sulfoxylate formaldehyde

又名：吊白块

分子式：$NaHSO_2 \cdot CH_2O \cdot 2H_2O$ **分子量：**154.12

性状：白色块状体，易溶于水，水溶液在 50℃以下颇为稳定。高温时具有极强还原性。熔点 64℃。

用途：主要用于印染工业中的助染剂，也应用于合成橡胶及糖类等的漂白剂。

规格：

含量	≥95%	重金属(Pb)	≤0.01%
水中不溶物	≤0.1%	铁(Fe)	≤0.01%

主要原料规格及消耗定额：

锌粉	含量≥85%	0.54 吨/吨
二氧化硫	含量≥99%	0.58 吨/吨
甲醛	含量 40%	0.69 吨/吨
烧碱(以 100%计)		0.3 吨/吨

工艺流程：

二氧化硫—锌粉法生产流程如下：

第一反应：将锌粉与水调成锌—水悬浮液，用泵打入列管式反应机，然后在循环水冷却下通入二氧化硫生成低亚硫酸锌，控制反应温度≤45℃，终点 pH 为3～3.5。

反应式：

$$SO_2 + H_2O \longrightarrow H_2SO_3$$

$$2H_2SO_3 + Zn \longrightarrow ZnS_2O_4 + 2H_2O$$

第二反应：在有搅拌的反应器中，将低亚硫酸锌溶液加入甲醛溶液中，控制甲醛用量应过量 0.2%，在加热下加入锌粉，保持反应温度 95～105℃，使生成次

硫酸甲醛锌盐,当未反应物含量小于1%,则反应结束。

反应式:

$$2ZnS_2O_4 + 4CH_2O + 2H_2O \longrightarrow Zn(HSO_2 \cdot CH_2O)_2 + Zn(HSO_3 \cdot CH_2O)_2$$

$$Zn(HSO_3 \cdot CH_2O)_2 + 2Zn + H_2O \longrightarrow 2Zn(OH)HSO_2 \cdot CH_2O + \ + ZnO$$

$$Zn(HSO_2 \cdot CH_2O)_2 + ZnO + H_2O \longrightarrow 2Zn(OH)HSO_2 \cdot CH_2O$$

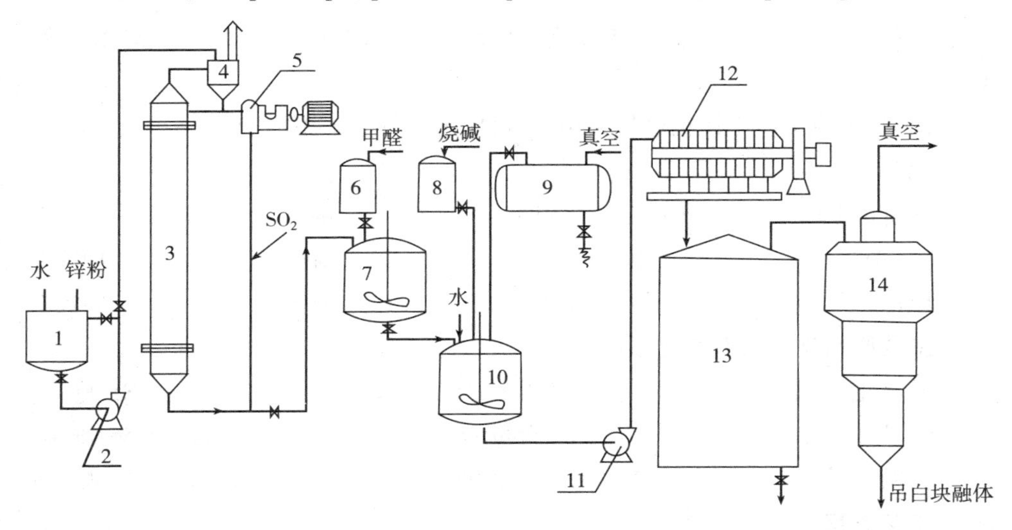

次硫氢钠甲醛生产流程图

1.拌和器 2.泵 3.反应机 4.分离器 5.循环泵 6.计量槽 7.第二反应器 8.液碱计量槽 9.抽吸桶 10.第三反应器 11.泵 12.压滤机 13.沉清池 14. 蒸发器

第三反应:二反应浆液在第三反应器中,用清水洗涤数次,每次沉清后抽去上层清液,然后在搅拌下加入氢氧化钠生成吊白块,控制反应温度为65℃,反应终点过碱量0.3~0.5%。

反应式:

$$Zn(OH)HSO_2 \cdot CH_2O + NaOH + 2H_2O \longrightarrow NaHSO_2 \cdot CH_2O \cdot 2H_2O + Zn(OH)_2 \downarrow$$

压滤、蒸发:三反应物经板框压滤机压滤,得到吊白块溶液,静置澄清后,进行真空浓缩,蒸发器系中央循环管式,浓缩温度<65℃,近结束时可在75℃,浓缩后进行冷却成形,经破碎后包装。

综合利用和三废处理措施:

压滤机分离出的氢氧化锌滤饼经煅烧、还原等处理后得到锌粉,供重复使用。

包装:大口铁桶内衬塑料袋加盖密封装,净重40公斤。

低碳铌铁
Low－carbon ferroniobium

分子式：Fe_3Nb_2　　**分子量：**353.35

性状：本品为铌铁合金，呈银灰色，不溶于盐酸，硫酸、硝酸、王水、易溶于氢氟酸。

用途：供应生产不锈钢电焊条用，也可作为各种合金添加剂。

规格：

含量（Nb）	≥50%	磷（P）	≤0.05%
铝（Al）	≤2%	硫（S）	≤0.03%
硅（Si）	≤10%	碳（C）	≤0.05%

主要原料规格及消耗定额：

五氧化二铌	含量 98%	0.85 吨/吨
铁矿砂	含量 96%	0.53～0.55 吨/吨
铝粉	含量 98%	0.56～0.57 吨/吨

工艺流程：

混合装料发火：将五氧化二铌，三氧化二铁，铝粉，白泥从密闭储桶取出，各正确称量，置于白瓷盆中，均匀混合，然后将瓷坩埚埋于黄沙中，倒入混合原料，将料压紧，上面加 10 克镁粉，用火柴点燃，发火 1 分钟，反应完毕。

反应式：

$$Nb_2O_5 + 10Al \longrightarrow 2Nb + 5Al_2O_3$$

$$3Fe_2O_3 + 6Al \longrightarrow 6Fe + 3Al_2O_3$$

整理：待反应完毕后放冷，将冷却的块状物，敲碎，除去炉渣，即得成品。

包装：铁桶装，净重 50 公斤。

低亚硫酸钠
Sodium hydrosulfite

又名：保险粉

分子式：$Na_2S_2O_4$　　**分子量：**174.13

性状：白色晶粒，有刺激性气味和强还原性，易溶于水，不溶于乙醇。极不稳定，在空气中易氧化，受潮分解发热，易引起燃烧。

用途：强还原剂，主要用在印染还原剂，纸浆、麻等的漂白剂，并供制药，分析试剂等用。

规格：

含量	≥85%	锌(Zn)	≤0.5%
水不溶物	≤0.8%	重金属(Pb)	≤0.05%
铁、铝氧化物	≤0.15%	硫化物	≤0.3%

主要原料规格及消耗定额：

锌粉(以100%计)	含量≥85%	0.57吨/吨
二氧化硫(以100%计)	含量≥99%	1.3吨/吨
30%液碱(以100%计)		1.17吨/吨
食盐(以100%计)	工业级	2.2吨/吨

工艺流程：

二氧化硫—锌粉法生产流程如下：

反应：将锌粉与水调成锌—水悬浮液，用泵打入列管式反应机，然后在循环水冷却下通入二氧化硫生成低亚硫酸锌，控制反应温度≤45℃，终点pH为3～3.5。反应式如下：

$$SO_2 + H_2O \longrightarrow H_2SO_3$$

$$2H_2SO_3 + Zn \longrightarrow ZnS_2O_4 + 2H_2O$$

中和：在有搅拌和水冷的反应器中，将低亚硫酸锌溶液加入氢氧化钠溶液中，生成低亚硫酸钠和氢氧化锌悬浮液，反应温度为28～35℃，终点过碱量5～20克/升。反应式如下：

$$2NaOH + ZnS_2O_4 \longrightarrow Na_2S_2O_4 + Zn(OH)_2$$

压滤，盐析：悬浮液用压滤机压滤，得到低亚硫酸钠碱性溶液，在温度30～35℃时加食盐盐析，使低亚硫酸钠呈二水结晶析出，沉淀后抽去上层母液，在碱性中加热至65℃，脱水后得到保险粉。

干燥、包装：脱水液经离心分离得保险粉湿晶体，再以气流干燥，得到干燥的晶体。为提高产品稳定性，可掺入无水碳酸钠，混匀后即可包装，成品含量≥88%，以保证半年内含量≥85%。

综合利用和三废处理措施：

压滤机分离出的氢氧化锌滤饼，经煅烧，还原等处理后，得到锌粉，供重复使用。

盐析和离心分离出来的饱和盐液，拟回收其中的氯化钠，供重复使用。

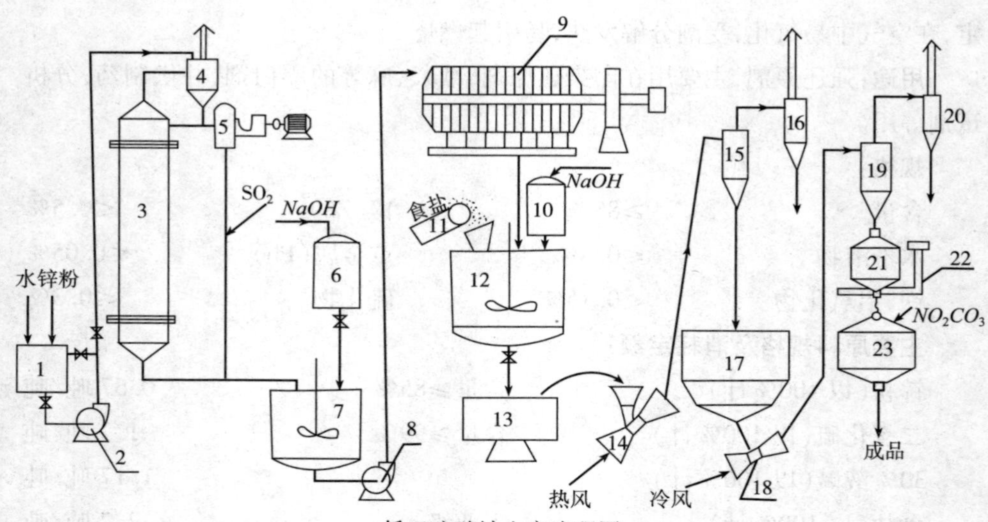

低亚硫酸钠生产流程图

1. 锌浆桶 2. 泵 3. 反应机 4. 分离器 5. 循环泵 6. 计量槽 7. 中和锅 8. 泵 9. 压滤机 10. 计量槽 11. 加盐机 12. 盐析锅 13. 离心机 14. 气流干燥器 15,16. 旋风器 17. 滚动筛 18. 气流输送器 19,20. 旋风器 21. 计量桶 22. 磅称 23. 拌和器

包装:大口铁桶,内衬塑料袋,净重50公斤。

二氟一氯甲烷
Difluorochloromethane

又名:F_{22}

分子式:$CHClF_2$　　**分子量**:86.48

性状:临界比重0.525克/毫升,沸点-40.8℃,熔点-160℃,对热稳定性很高,300℃不分解,但在高温及一定的管遭内则发生分解。

用途:F_{22}是一种性质稳定的冷冻剂,广泛用于空气调节制冷工业中;生产聚四氟乙烯的原料;在高温下卤化可制成高效低毒的灭火剂。

规格:

含量	≥99%	≥99.5%
水分(V/V)	≤0.01%	≤0.01%
含氧量(V/V)	≤0.003%	≤0.005%
酸性	无	无
沸点(℃)	-40.8±1.5	—

F_{12}(色层分析面积比)	≤0.2%	—
F_{21},F_{23}(色层分析面积比)	无	—
其他杂质峰(色层分析峰高比)	≤3 毫米	

主要原料规格及消耗定额:

氯仿	含量≥94%	1.59~1.60 吨/吨
无水氢氟酸	含量≥99.7%	0.59~0.6 吨/吨

工艺流程:

反应:在氟化反应釜内加入氯仿和氢氟酸,用五氯化锑为催化剂,进行氟化反应,反应温度控制在50℃左右,生成粗制品二氟一氯甲烷气,其反应式如下:

$$CHCl_3 + 2HF \xrightarrow{SbCl_5} CHClF_2 + 2HCl$$

在反应过程中为增强 $SbCl_5$ 的催化作用,也可以适量地通入氯气。

净化:反应后气体在水洗塔中洗去大部分氯化氢和过量的氟化氢后,进入液碱喷淋塔,以洗净微量的氯化氢,氟化氢,然后经流量计进入气柜,再经脱水冷凝器。

提纯:粗制 F_{22} 经 -30℃盐水冷凝器,硅胶干燥器脱水后,经单级压缩机压缩后,通过脱气塔除去微量 O_2 及 F_{23},控制含氧量在0.005%以下,F_{23} 含量小于1%后,进入中间贮槽以备精馏,在精馏塔分去 F_{21} 后得成品。

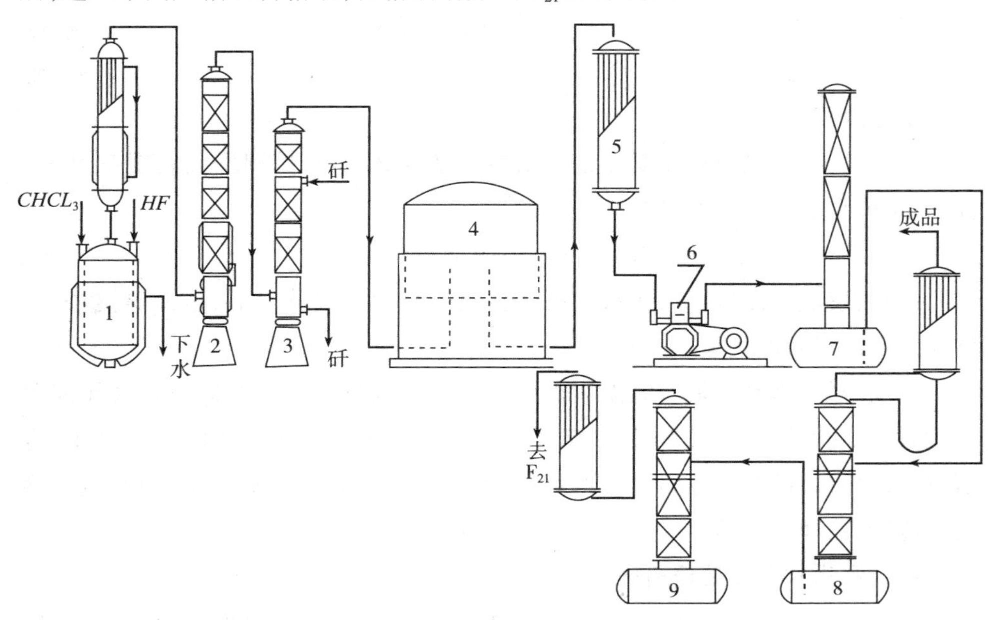

二氟一氯甲烷生产流程图

1. 反应釜 2. 水洗塔 3. 碱洗塔 4. 气柜 5. 脱水冷凝器 6. 压缩机 7. 脱气塔 8. 精馏塔 9. 回收塔

综合利用和三废处理措施:

反应釜出来的残渣进行水解,碱中和。

由水洗塔出来的盐酸进入废酸池通氨制成氯化铵农肥。

包装:钢瓶装,受压 30 公斤/厘米^2

二氟一氯溴甲烷

Difluorochlorobromomethane

又名:F_{1211}、F_{12B1}

分子式:$CBrClF_2$ **分子量:**165.4

性状:沸点 -4℃,比重 1.85/15℃,冰点 -160℃。

用途:用作制冷剂及金属表面的润滑剂,本产品可使用于火箭燃料时的高效灭火剂以及航空发电机的保护剂。

含量	≥99.5%	水分	≤0.01%
酸性	无	杂质	≤0.5%

主要原料规格及消耗定额:

二氟一氯甲烷	含量≥99.5%	1.0 吨/吨
溴		1.2 吨/吨

工艺流程:

反应:二氟一氯甲烷和溴通过溴化器后进入反应炉,控制反应温度在 500℃左右,生成粗二氟一氯溴甲烷。反应式如下:

$$CHClF_2 + Br_2 \longrightarrow CBrClF_2 + HBr$$

净化:反应气体(F_{1211})在水洗塔洗去大部分溴和溴化氢后,进入碱洗塔,以洗净微量的溴和溴化氢。

压缩脱氧:粗制二氟一氯溴甲烷进入气水分离器,分离大部分水,经压缩泵后,通过中间贮槽进行脱氧,控制氧含量在 0.005% 以下,进入提馏塔,分离 F_{22} 等低沸物,再进入精馏塔分离 F_{12B2} 等高沸物,纯二氟一氯溴甲烷经流量计,进入冷凝器冷凝后,即得成品。

综合利用和三废处理措施:

残液:由水洗塔流出的废水含有溴和溴化氢,经回收塔回收溴,废水进入废酸池通氨制农肥,供农业用。

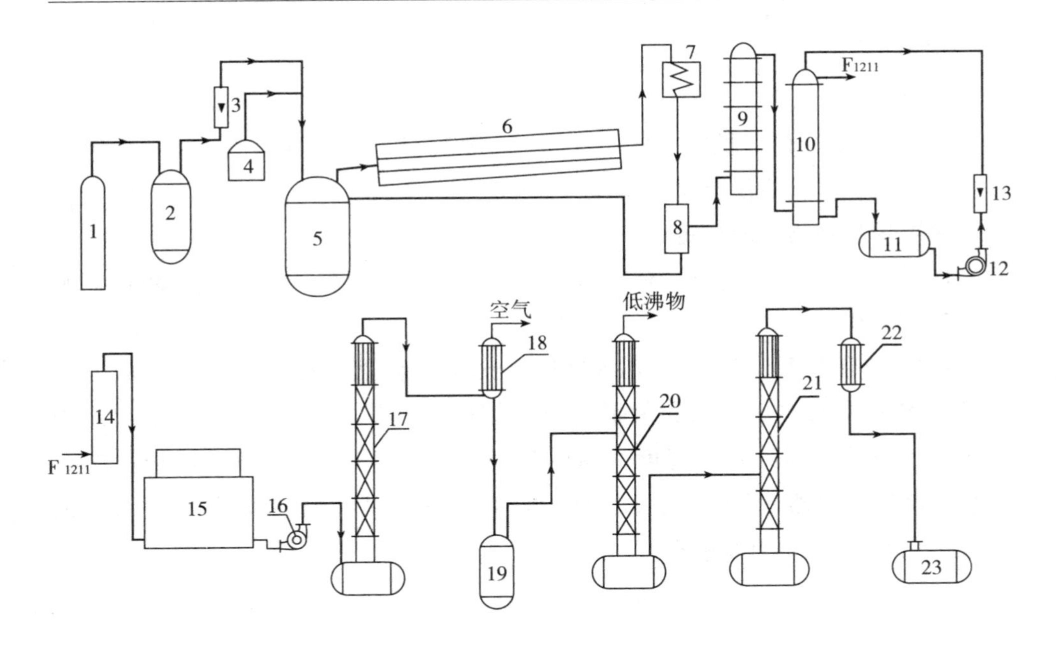

二氟一氯溴甲烷生产流程图

1. F_{22}钢瓶　2,缓冲器　3. 流量计　4. 溴素　5. 溴化器　6. 反应炉　7. 急冷器　8. 气液分离器　9. 水洗塔　10. 碱洗塔　11. 碱水槽　12. 碱泵　13. 流量计　14. 气水分离器　15. 大浮桶　16. 压缩泵　17. 分油塔　18. 冷凝器　19. 中间槽　20. 提馏塔　21. 精馏塔　22. 冷凝器　23. 成品槽

包装:钢瓶装,容积 10 升、30 升、50 升、80 升、500 升,压力 30 公斤/厘米^2。

二氟二氯甲烷

Difluorodichloromethane

又名:F_{12}

分子式:CCl_2F_2　　　　**分子量:**120.92

性状:干燥的 F_{12}性稳定,在 100 ~ 180℃下未发现分解,它在常压下为无色气体,略具芳香味,不燃烧,对金属材料无作用,在室温下与强酸、强碱无作用,用火焰直接接触时,才分解成毒性物质,在水中微溶与醇、酮及其他溶剂以任何比例混溶。

用途:F_{12}是一种稳定的制冷剂能得到 -60℃低温,其毒性小,广泛用于香料、医药、喷漆等工业。

规格：

沸点(℃)	−29.8 ±0.5	酸度	无
含量(色层分析面积比)	≥99%	水分(V/V)	≤0.05%
高、低沸点物(色层分析面积比)	≤1.0%		

主要原料规格及消耗定额：

四氯化碳	1.356 吨/吨	氢氟酸	0.385 吨/吨

工艺流程：

反应：在氟化反应釜内，先加入催化剂五氯化锑，然后在稳定的空气压力下，连续均匀地投入四氯化碳和氢氟酸，控制投料比 HF: CCl_4 = 1∶3.4，反应压力 6.5 ~7.0公斤/厘米^2，反应温度，内温 45 ~ 80℃，外温 110 ~ 150℃，反应结束后，气体经降膜吸收器，用水洗去大部分氯化氢后，进入碱液喷淋塔用 1% ~10% 的液碱洗去酸雾，进入气柜贮存。

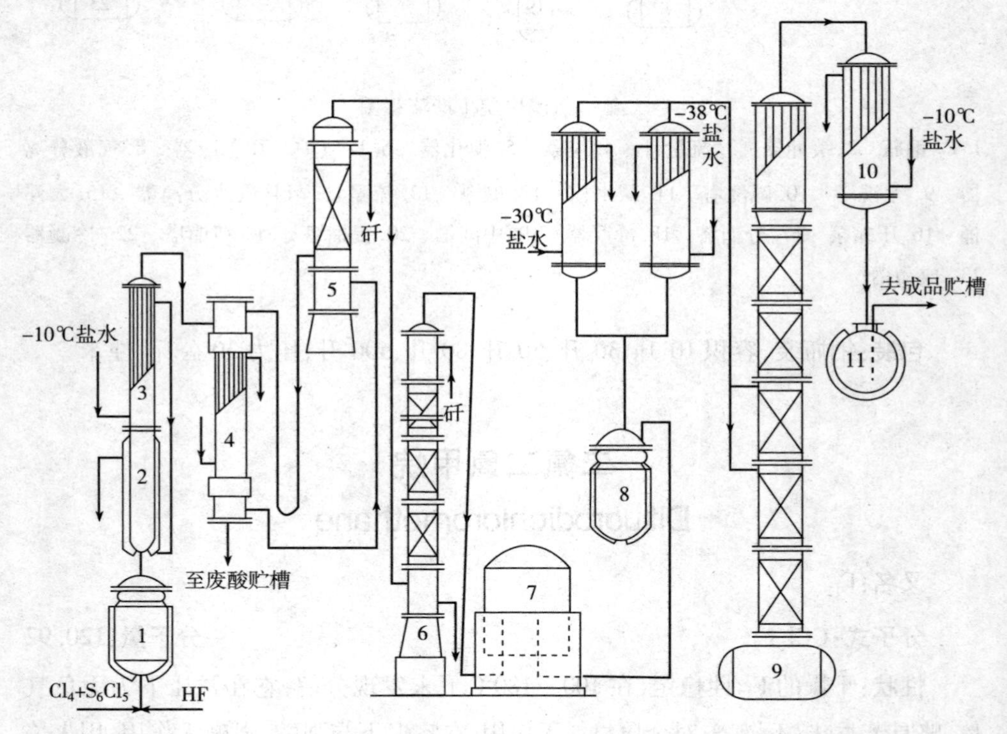

二氟二氯甲烷生产流程图

1. 反应釜 2. 挡板回流器 3. 冷凝器 4. 石墨冷凝器 5. 尾气吸收塔 6. 碱洗塔 7. 气柜 8. 脱水釜 9. 精馏塔 10. 冷凝器 11. 成品贮槽

反应式：

$$CCl_4 + HF \xrightarrow{SbCl_5} CCl_8F + HCl$$

$$CCl_3F + HF \xrightarrow{SbCl_5} CCl_2F_2 + HCl$$

冷却：粗制 F_{12} 在 $-30℃$ 盐水冷凝器中冷凝大部分水，经压缩机压缩后通过中间冷凝器，(控制温度 0～10℃)，及尾气冷凝器，(温度 −10～10℃)，排去不凝性气体及低沸物，高沸点物进入中间贮槽以备精馏。

精馏：除低沸后的 F_{12} 压入精馏塔，控制塔顶压力 4.5～6.5 公斤/厘米^2，塔顶温度 10～20℃，塔顶馏出物冷凝器经冷凝后，即得成品。

综合利用和三废处理措施：

每生产 1 吨 F_{12} 可得 8%～10% 副产盐酸 6 吨，用氨气中和后，生成液体氯化铵作农肥。

催化剂下脚五氯化锑，经水解后应回收利用。

包装：钢瓶装，根据用户需要。

二硫化钼

Molybdenum disulfide

分子式：MoS_2　　　　**分子量：**160.07

性状：外观为蓝灰色至黑色固体粉末，有金属光泽，触之有滑腻感，比重为 4.8～5.0，莫氏硬度 1～1.5，化学稳定性良好，除硝酸及王水外，一般酸均不起作用。热稳定性，在常态下温度在 400℃ 开始氧化，但随颗粒度的变细，氧化温度逐渐下降，氧化物为三氧化钼。

用途：二硫化钼为良好的固体润滑材料，摩擦系数在 0.05～0.09 之间，有极高的抗压力，对高温、低温、高负荷、高速、有化学腐蚀以及现代超高真空条件下的设备有优异的润滑功效，作为添加在润滑油、润滑脂、四氟乙烯、尼龙、石蜡，硬脂酸中，可以提高润滑性能。

规格：品种有二硫化钼粉剂、二硫化钼油剂、二硫化钼水剂、二硫化钼油膏、二硫化钼蜡笔等规格。

主要原料规格及消耗定额：

钼精矿	含量(MoS_2)≥75%	1.43 吨/吨
氢氟酸	45%～55%	0.89 吨/吨
盐酸	31%	3.35 吨/吨

工艺流程：

二硫化钼作为固体润滑材料，对它的纯度要求很高，它的粒度大小需根据使用条件而决定，在某种情况下颗粒度要求越细越好，工艺流程主要分化学提纯和机械粉碎二部分。

化学提纯：钼精矿含二硫化钼 75%，在 25% 杂质中主要是 Fe_2O_3、SiO_2、CaO、FeS_2 等，为此需用盐酸，氢氟酸在直接蒸汽加热下搅拌数小时，反复处理除杂 3 ~ 4 次，即可使含量到达 97% 以上。酸处理时反应式如下：

$$Fe_2O_3 + 6HCl \longrightarrow 2FeCl_3 + 3H_2O$$

$$SiO_2 + 4HF \longrightarrow SiF_4 + 2H_2O$$

$$CaO + 2HCl \longrightarrow CaCl_2 + H_2O$$

经酸处理后的钼精矿用热水洗涤数次，然后在离心机中洗至中性后甩干，再在 110℃ 干燥。

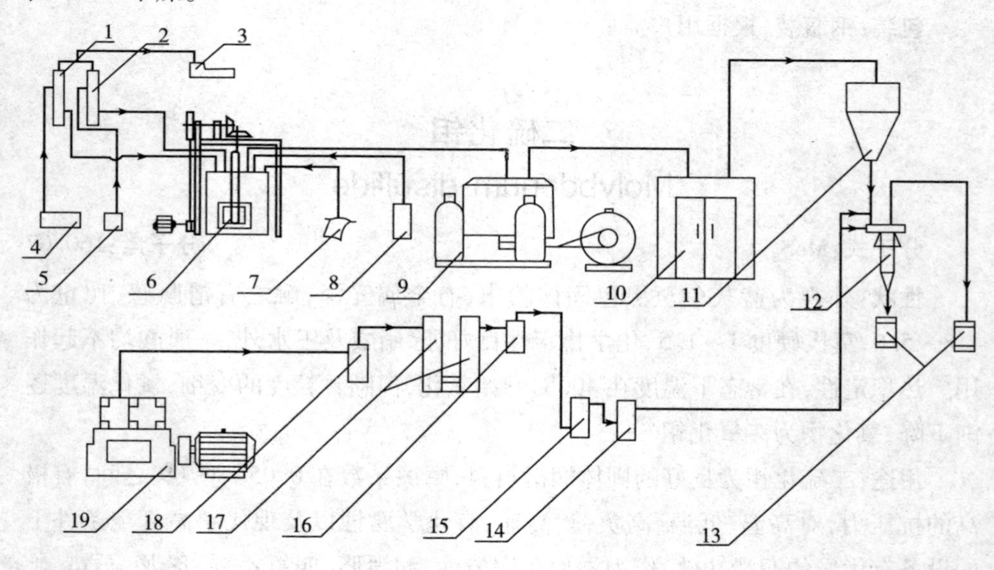

二硫化钼生产流程图

1. 盐酸高位槽　2. 氢氟酸高位槽　3. 真空泵　4. 盐酸贮槽　5. 氢氟酸　6. 搅拌反应料桶　7. 二硫化钼原料　8. 蒸汽存气桶　9. 离心机　10. 烘房　11. 存料斗　12. 气流粉碎器　13. 成品　14. 存气桶　15. 干燥器　16. 水分离器　17. 水冷却器　18. 油分离器　19. 空气压缩机

二氧化锆

Zirconium oxide

分子式:ZrO_2　　**分子量:**123.22

性状:白色无定形粉末,比重5.5~5.73,熔点2700℃,不溶于水和酸可溶于热浓盐酸。

用途:压电晶体,涂料,耐火材料,瓷釉。

规格:

含量	≥99.5%	二氧化钛(TiO_2)	≤0.02%
三氧化二铁(Fe_2O_3)	≤0.02%	氧化铝(Al_2O_3)	≤0.02%
二氧化硅(SiO_2)	≤0.05%		

主要原料规格及消耗定额:

硫酸锆	含量18%	6.95吨/吨
盐酸	含量30%	7.5吨/吨
液氨		1.18吨/吨

工艺流程:

溶解中和:将硫酸锆用温水溶解,澄清。将清液稀释至浓度13°~14°Bé后,在搅拌下,用氨水渐渐中和到pH=8~9。

反应式:

$$Zr(SO_4)_2 + 4NH_4OH \longrightarrow Zr(OH)_4 \downarrow + 2(NH_4)_2SO_4$$

压滤洗涤、酸溶:将沉淀物氢氧化锆在压滤机内过滤,并用热水洗至无硫酸盐为止。在中和桶内加入盐酸和氢氧化锆,用直接蒸汽加热溶解,溶液浓度控制在18°~20°Bé,并加入适量的明胶水溶液,助沉,静置4~8小时澄清。取澄清液,真空浓缩到38°Bé放出,使之冷却结晶,进离心机甩干用1:1工业盐酸洗到色白。

反应式:

$$Zr(OH)_4 + 2HCl + 5H_2O \longrightarrow ZrOCl_2 \cdot 8H_2O$$

焙烧:将氧氯化锆放入电烘箱内煅烧,控制煅烧温度800~900℃,煅烧时间6小时左右,即得成品。

反应式:

$$ZrOCl_2 \cdot 8H_2O \longrightarrow ZrO_2 + 2HCl + 7H_2O$$

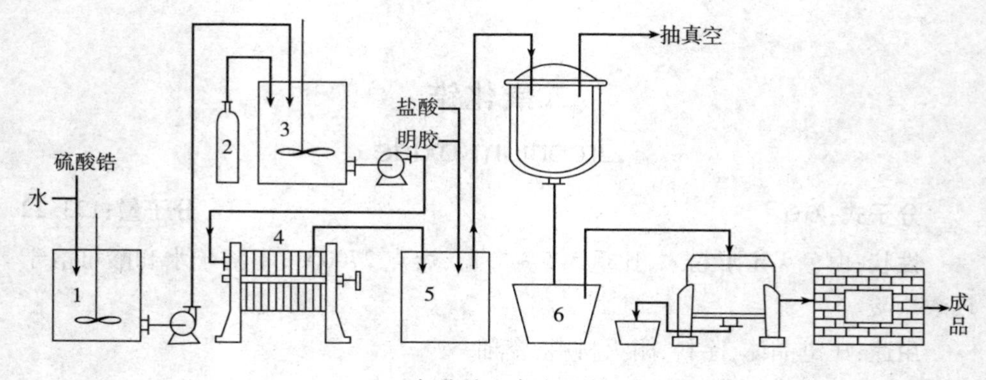

二氧化锆生产流程图

1. 溶解锅　2. 液氨　3. 中和桶　4. 压滤机　5. 酸溶锅　6. 结晶器

综合利用和三废处理措施：

中和时产生的硫酸铵溶液作铵肥用。

浓缩时盐酸冷凝回收。

煅烧时产生的氯化氢气体用水喷淋回收。

二氧化锡

Stannic oxide

又名：锡灰

分子式：SnO_2　　**分子量：**150.7

性状：松散的白色粉末，不溶于水，稀酸和碱，熔点为1127℃。

用途：主要用于搪瓷和电磁材料上。

规格：

含量	≥99.5%	铁(Fe)	≤0.006%
溶于HCl中的杂质(Sn,SnO)	≤0.1%	灼烧失重	≤0.4%
硫化氢组重金属	≤0.05%	硫酸盐(SO_4)	合格

主要原料规格及消耗定额：

金属锡	含量99.9%	0.83吨/吨
硝酸	含量96%	1.05吨/吨

工艺流程：

熔锡，酸化：将纯锡块放在铁锅内加热熔化，待锡块完全熔化以后，将熔锡通过密布洞眼的勺子，缓缓倒入盛满冷水的容器内，爆成锡花，取出锡花。

以浓度为20°Bé的硝酸，投入有吸风装置的酸化器中，开启搅拌，然后投入锡花，进行酸化反应，生成β－偏锡酸沉淀，当液面无烟逸出反应告终。

反应式：　　$Sn + 4HNO_3 \longrightarrow H_2SnO_3 \downarrow + 4NO_2 + H_2O$

漂洗干燥：将β－偏锡酸放入漂洗器内，用热水洗涤，在洗涤过程加氯化铵以助除杂澄清，澄清后，弃去上都清水，再用去离子水洗涤，洗至铁、重金属分析合格，再用试剂硝酸调整至pH＝3～4，用布袋沥干。放入烘箱内，在120℃烘干。

焙烧：将烘干物碾细成粉，然后投入高铝坩埚内加热焙烧，焙烧温度控制在1200℃左右，焙烧数小时后，物料呈白色为成品。

反应式：

$$H_2SnO_3 \xrightarrow{\triangle} SnO_2 + H_2O$$

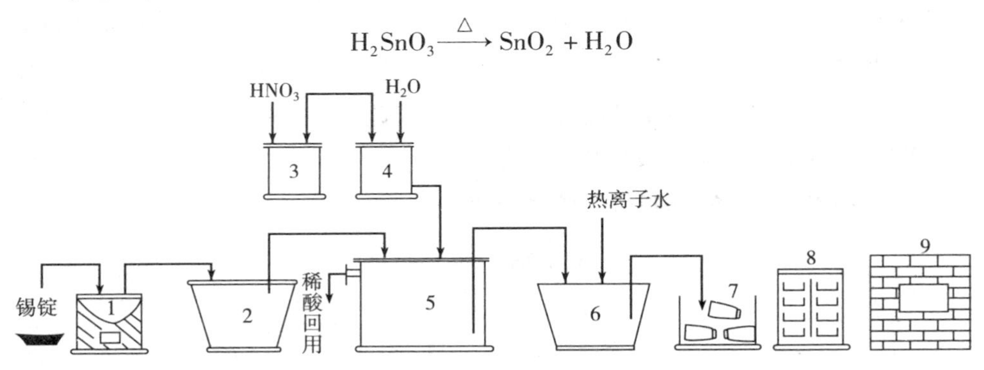

二氧化锡生产流程图

1. 熔锡锅　2. 冷水缸（爆锡花）3. 硝酸贮槽　4. 配酸槽
5. 反应桶　6. 洗涤缸　7. 沥干　8. 烘箱　9. 焙烧炉

包装：铁听内衬塑料袋，净重30公斤。

二硫化碳

Carbon disulfide

分子式：CS_2　　**分子量**：76.14

性状：无色或微黄色挥发性液体，易燃，有毒。微溶于水，能与乙醇、乙醚等以任意比例混合。比重（D_4^{20}）1.2632。

用途：用作制造人造纤维，四氯化碳，选矿药剂等的原料；也可用作树脂，橡胶等的溶剂，还可做航空煤油及其他一些物质的添加剂。

规格：	精制品	工业品
外观	无色透明液体	无色透明或微黄色液体
沸程	(46 ~47℃)≥95%	(45 ~47℃)≥97%
残渣	≤0.01%	≤0.01%
硫化氢	无	—
硫酸盐和亚硫酸盐	无	—
游离硫	合格	—
酸碱度	中性	—
水分	合格	—

主要原料规格及消耗定额：

木炭	0.38 吨/吨	硫黄	0.98 吨/吨

工艺流程：

二硫化碳生产有电炉内热法，原料为木炭、硫黄；还有羟硫工艺，包括甲烷(或天然气)和硫蒸汽催化反应成二硫化碳。

这里用木炭、硫黄为原料，生产流程如下：

$$C + 2S \xrightarrow{\triangle} CS_2$$

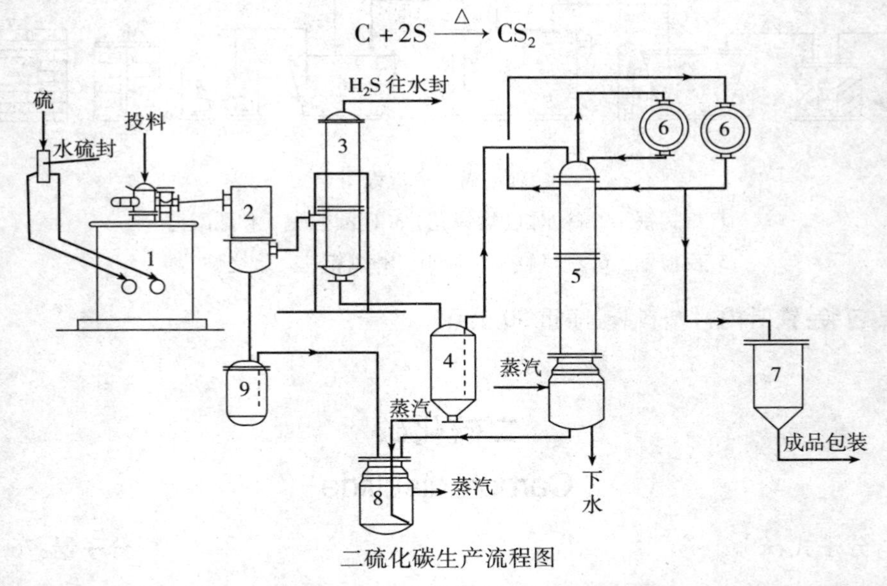

二硫化碳生产流程图

1. 电炉　2. 干法除硫器　3. 冷凝器　4. 粗制品计量槽　5. 精馏塔　6. 塔顶冷凝器　7. 成品计量槽　8. 蒸渣器　9. 除硫器

原料木炭经过烘炭炉直接焙烧后间断投入电炉，硫黄以蒸汽间接加热熔融后连续均匀投入电炉。电炉中木炭的电阻层经电极间隙通入电流所发生的热量而加热，反应温度为1000℃左右，炉气从电炉顶大导管而入干法除硫器(挡板式)除去未反应的硫黄、木炭等杂质，再进入列管冷凝器，以冷冻盐水($CaCl_2$)间接冷凝为粗制品。然后再将其压到精制工序，连续投到双套筒填料塔(瓷圈)进行精馏，外套筒出来的气体经冷凝即得到无色透明的液体成品。

综合利用和三废处理措施：

废气中含 CS_2 及 H_2S，今后采用氧化法回收成硫黄或 SO_2 供制亚硫酸钠。

废水中含 CS_2，今后采用活性炭吸附回收，再经爆气法处理，放下水道。

包装：铁桶

二氯乙酸

Dichloroacetic acid

又名：二氯醋酸

分子式：$CHCl_2COOH$ **分子量：**128.94

性状：具有刺激性无色透明液体，能溶于水、醇及乙醚中，比重1.57。

用途：药物和活性染料中间体制造。

规格：

外观	具有刺激臭透明液体	游离氯化物	≤0.10%
含量	≥90%	色泽(Pt－CO)	不深于50号
比重(D_4^{20})	1.550～1.565		

主要原料规格及消耗定额：

氯乙酸母液			0.723 吨/吨
液氯	含量≥99.5%	水分≤0.06%	1.533 吨/吨

工艺流程：

用冰醋酸或氯乙酸通氯取代，然后经减压蒸馏提纯而得。

氯化：在主反应锅和副反应锅内，分别加入氯乙酸母液，然后加硫黄粉作催化剂(氯乙酸母液的2%)并通入氯气进行氯化反应，二个反应锅为交叉串联装置，主反应锅控制温度135℃左右，副反应锅控制125℃左右，待料液比重为1.530/80℃时，即反应达终点。

反应式：

$$CH_2ClCOOH + Cl_2 \longrightarrow CHCl_2COOH + HCl$$

$$CHCl_2COOH + Cl_2 \longrightarrow CCl_3COOH + HCl$$

水解：反应好的粗品，在水解锅内加热至90℃，开始通入蒸汽水解，直至料液中无油状液(氯仿)出来,为水解完毕。

反应式: $CCl_2COOH \xrightarrow{水蒸气} CHCl_3 + CO_2$

蒸馏:将水解好物料进行减压蒸馏除去低沸物,控制成品比重在 1.53/20℃以上,接成品贮槽。

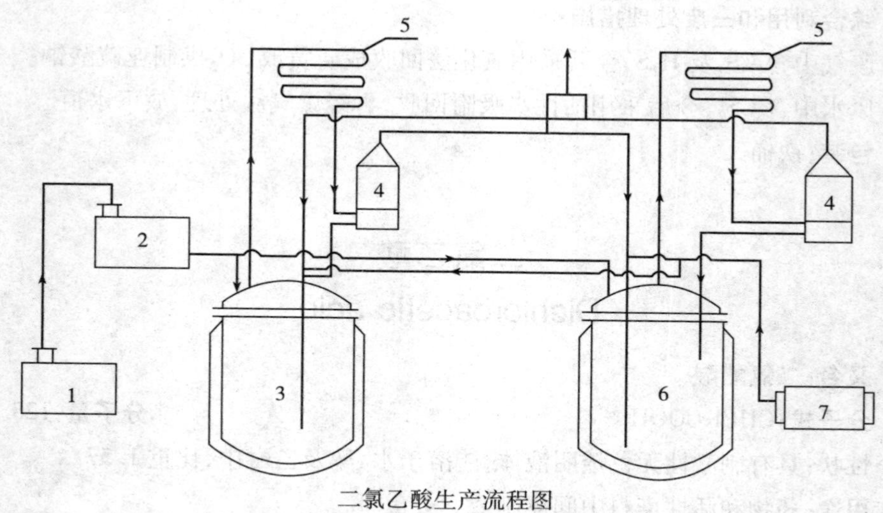

二氯乙酸生产流程图

1. 氯乙酸母液贮槽　2. 氯乙酸母液高位槽　3. 主反应锅
4. 列管冷凝器　5. 蛇管冷凝器　6. 副反应锅　7. 液氯钢瓶

综合利用和三废处理措施:

反应过程中,排出的氯化氢气体经水吸收成副产盐酸,未反应完全的氯气,由碱水循环吸收。

水解得副产粗氯仿,由人民公社进行精制。

包装:玻璃瓶外用木箱,净重 25 公斤。

二乙胺
Diethylamine

分子式:$(C_2H_5)_2NH$　　**分子量:**73.14

性状:无色易挥发有氨臭液体,易溶于水和醇,沸点 55.5℃。易燃。

用途:用于医药、农药和橡胶促进剂的原料,以及冶金工业做选矿剂。

规格:

含量　≥98%

主要原料规格及消耗定额:

乙醇　2.5 吨/吨　液氨　1.5 吨/吨

氢气　550 立方米^3/吨

工艺流程:

合成:乙醇经计量汽化后与定量比的氢气、氨气混合(C_2H_5OH: NH_3: H_2 = 1:0.8:3 摩尔比),经预热器预热,进入列管反应器,在温度 200℃左右和催化剂存在下,进行下列反应:生成二乙胺的混合物经冷凝后得粗制品送去蒸馏。

$$2C_2H_5OH + NH_3 \xrightarrow[\text{催化剂}]{H_2} (C_2H_5)_2NH + 2H_2O$$

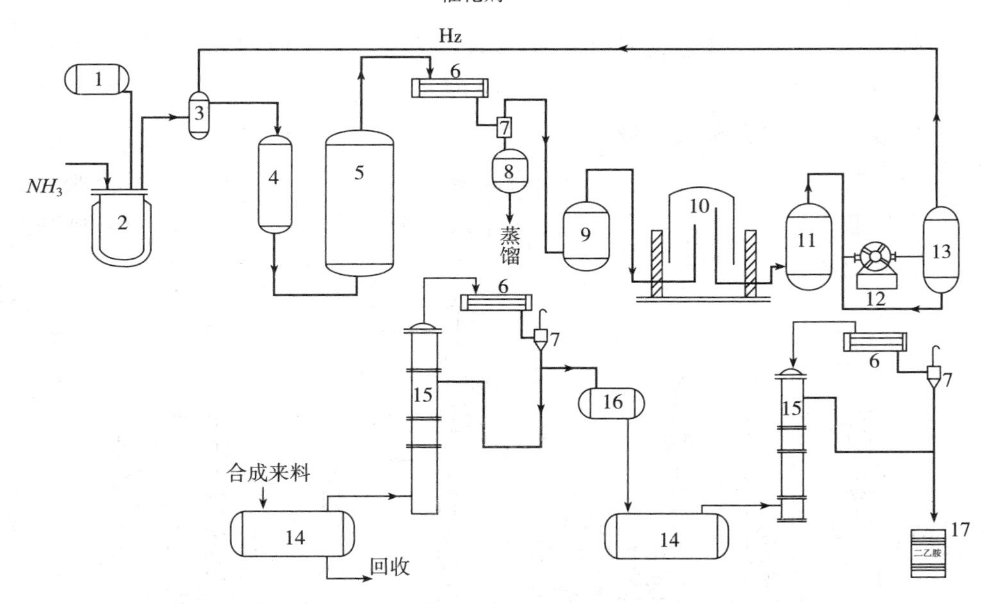

二乙胺生产流程图

1. 乙醇贮槽　2. 汽化器　3. 混合器　4. 预热器　5. 反应器　6. 冷凝器　7. 分离器　8. 粗品贮槽　9. 洗涤器　10. 气柜　11. 缓冲桶　12. 纳氏泵　13. 分离桶　14. 蒸馏釜　15. 蒸馏塔　16. 贮槽　17. 成品包装

蒸馏:由合成来的粗制品,经连续蒸馏赶氨后得初馏品,再继续间歇蒸馏收集 54~57℃馏分为成品。

综合利用和三废处理措施:

尾气中氨经吸收后,作肥料用。

蒸馏中尚有少量高沸馏分放出,目前正在试验,以期充分利用。

包装:铁桶装,净重 150 公斤。

二甲基乙醇胺
Dimethylethanolamine

又名:二甲氨基乙醇

分子式:$(CH_3)_2NCH_2CH_2OH$ **分子量:**89.14

性状:无色透明液体,微溶于水,能溶于有机溶剂。

用途:763号树脂的原料,也用作制药、染料以及油漆溶剂等原料。

规格:

外观	无色透明液体,微带黄色	伯、仲胺	≤0.5%
含量	≥95%		

主要原料规格及消耗定额:

氯乙醇	含量≥3.2%	5.5吨/吨
二甲胺	含量≥40%	2.2吨/吨

工艺流程:

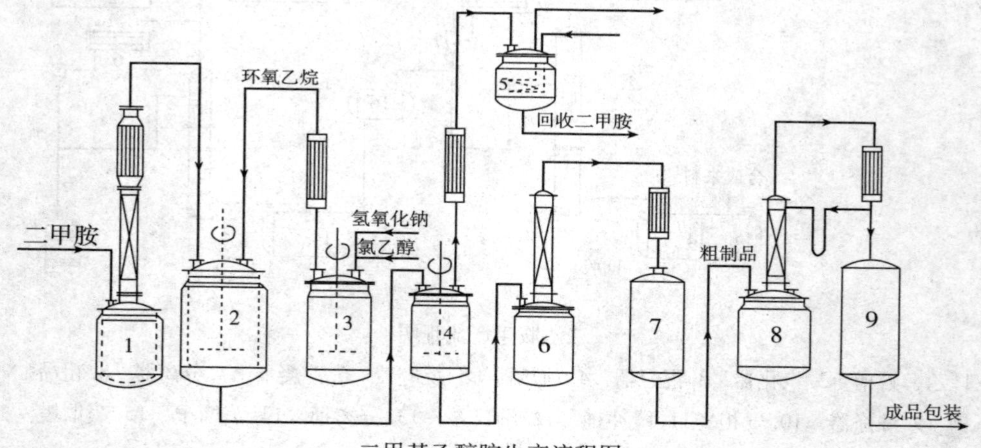

二甲基乙醇胺生产流程图

1. 二甲胺发生器 2. 合成反应锅 3. 环氧乙烷发生器 4. 二甲胺回收锅 5. 回收二甲胺计量桶 6. 蒸馏塔 7. 粗品贮槽 8. 精馏塔 9. 成品贮槽

氯乙醇与碱进行皂化生成环氧乙烷,再与二甲胺合成得成品,化学反应式如下:

$$ClCH_2CH_2OH+NaOH \longrightarrow \underset{\diagdown O \diagup}{CH_2-CH_2}+NaCl+H_2O$$

$$(CH_3)_2NH+\underset{\diagdown O \diagup}{CH_2-CH_2} \longrightarrow (CH_3)_2-NCH_2CH_2OH$$

二甲胺的提浓：将40%的二甲胺水溶液在冷却至0～5℃在该温度内，通入二甲胺气体，使成65%～70%的二甲胺水溶液。

合成反应：将32%氯乙醇加到反应锅，再逐渐加入30%液碱，操作温度控制在95℃，发生的环氧乙烷气体，通入到浓二甲胺水溶液，反应温度控制在10～30℃，二甲胺用量按理论量过量一倍，当反应完后过量的二甲胺加热蒸出回收。

精馏：粗品先经真空蒸馏，再用工业纯苯脱水精馏，取沸程132～135℃为成品。

包装：白铁桶装，净重180公斤。

综合利用和三废处理措施：

废水含氯化钠及微量胺可予回收。

二甲基乙酰胺

Dimethylacetamide

分子式：$CH_3CON(CH_3)_2$ **分子量**：87.12

性状：无色透明液体，能与水、醇、醚等有机溶剂混合，是一种极性溶剂。

用途：主要用于合成聚酰亚胺及其他高分子的优良溶剂，还可用于合成纤维等方面。

规格：

外观	无色透明液体	沸程(164～166.5℃)	≥95%
酸度(HAc)	≤0.01%	水分	0.08～0.15%
或碱度[$(CH_3)_2NH$]	或≤0.03%		

主要原料规格及消耗定额：

乙酸酐	含量≥95%	1.2吨/吨
二甲胺	含量40%	1.8吨/吨

工艺流程：

二甲胺与乙酸酐进行酰化反应，生成二甲基乙酰胺，其化学反应式如下：

$$(CH_3CO)_2O + NH(CH_3)_2 \longrightarrow H_3C-\overset{O}{\overset{\|}{C}}-N(CH_3)_2 + CH_3COOH$$

酰化：将二甲胺水溶液加入锅内，先加热汽化，再经冷凝器、固碱干燥塔进行脱水净化，然后于常温下通入乙酸酐中进行酰化反应，有反应热放出，至反应温度不再上升为酰化终点（约170℃）。

中和：将酰化液在0～20℃的条件下，加入碱液中和至pH＝8～9，分离出乙酸钠，随将中和液碱洗，分出料液。

蒸馏：料液中加入乙酸乙酯共沸脱水，先进行一次粗蒸，再进行精馏，取沸程164～166.5℃为成品。

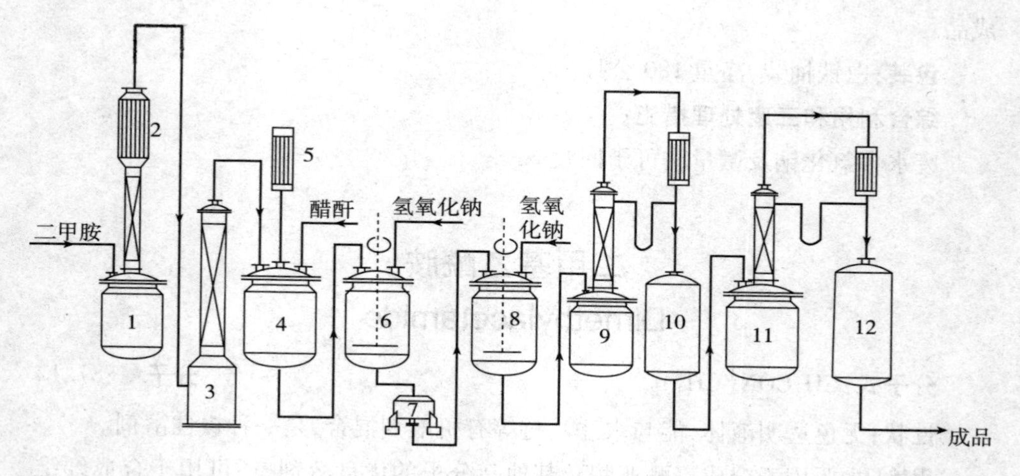

二甲基乙酰胺生产流程图

1.二甲胺发生器　2.回流冷凝器　3.二甲胺干燥塔　4.酰化反应锅　5.回流冷凝器　6.中和锅　7.离心机　8.碱洗锅　9.蒸馏塔　10.粗品贮槽　11.精馏塔　12.成品贮槽

包装：白铁桶装，净重180公斤。

二异丙胺

Diisopropylamine

分子式：$[(CH_3)_2CH]_2NH$　　**分子量：**101.19

性状：无色液体，有氨气味，易挥发，易燃，能溶于水和醇。

用途：医药中间体、橡胶促进剂、农药和除草剂等原料。

规格：

含量	≥95%	水分	≤1%

主要原料规格及消耗定额：

丙酮	含量≥98%	1.6吨/吨

氢气	1400 立方米/吨
液氨	0.8 吨/吨

工艺流程：

合成：丙酮经计量和汽化后与定量比的氨气、氢气混合，经预热器预热，进入列管反应器，在温度 180℃左右和催化剂存在下进行下列反应：

$$2CH_3COCH_3 + 2H_2 + NH_3 \xrightarrow[180℃]{催化剂} [(CH_3)_2CH]_2NH + 2H_2O$$

生成的二异丙胺混合物经冷凝后得粗制品，未反应氢气循环使用。

蒸馏：将粗制品进行间歇蒸馏，在回流比 8∶1，塔顶温度 74℃左右收集成品，其余料作回收原料使用。

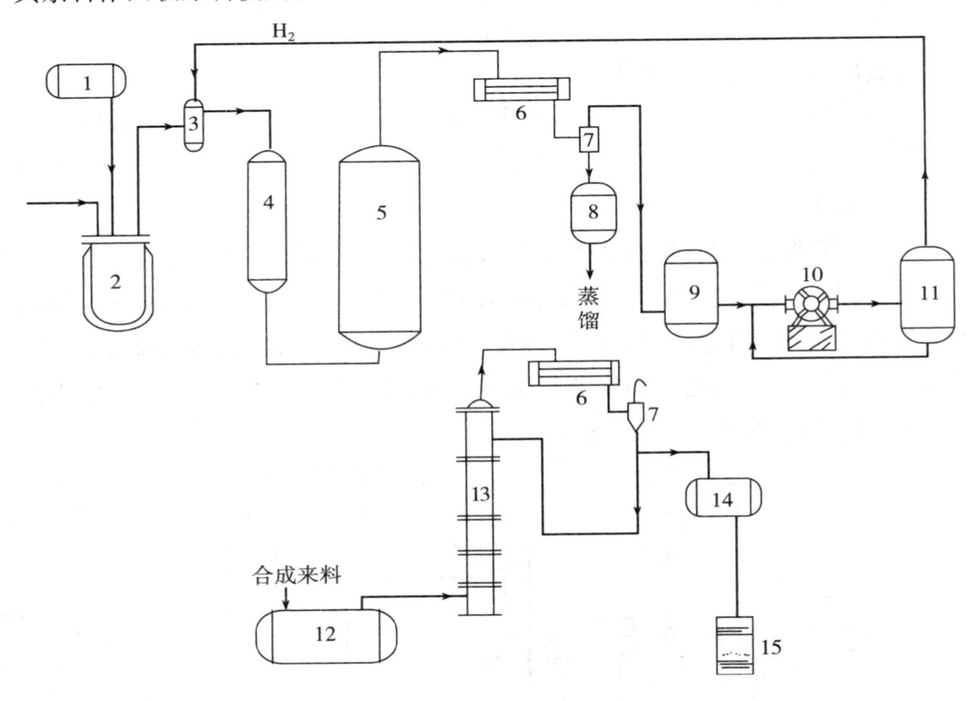

二异丙胺生产流程图

1. 丙酮计量槽 2. 汽化器 3. 混合器 4. 预热器 5. 反应器 6. 冷凝器 7. 分离器 8. 粗品贮槽 9. 缓冲桶 10. 纳氏泵 11. 汽水分离器 12. 蒸馏釜 13. 蒸馏塔 14. 成品贮槽 15. 成品包装

二氯乙酸甲酯

Methyl dichloroacetate

又名:二氯醋酸甲酯

分子式:$CHCl_2COOCH_2$　　**分子量**:142.97

性状:无色透明的液体,微溶于水,比重 1.37(20℃),沸点 143~144℃。

用途:合霉素、氯霉素原料及药物中间体。

规格:

沸程 140~145℃	≥96%	酸度	刚果红试验合格
水分	≤0.2%		

主要原料规格及消耗定额:

二氯乙酸	含量≥90%	1.1 吨/吨
甲醇	比重 0.791	0.36 吨/吨

工艺流程:

二氯乙酸与甲醇在加热下酯化,酯化物经真空蒸馏处理后为成品。

酯化:在反应锅内先投入二氯乙酸,加热至 120℃以上,滴加甲醇进行反应,生成酯及水不断蒸出,蒸汽由冷凝器冷凝,冷凝液为酯、水、醇、酸混合物,混合物进入分水器,酯由下部经 U 型管液封,流入粗甲酯贮缸,醇与水由分水器之溢流管返回酯化反应锅,继续参与酯化反应。

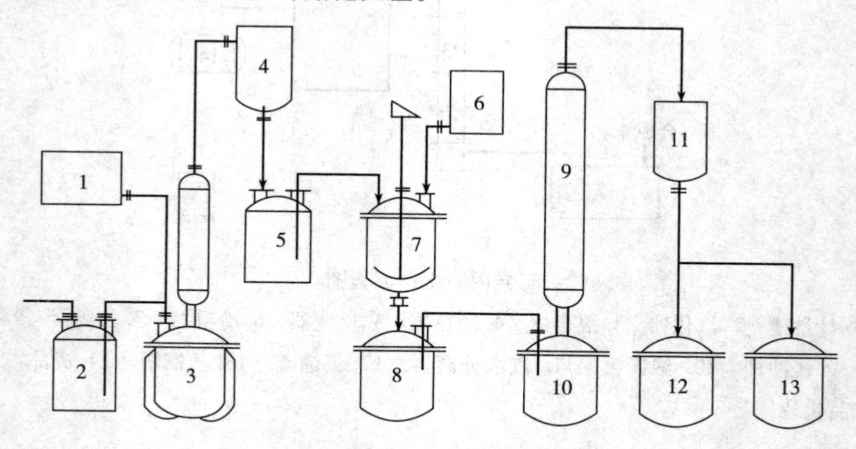

二氯乙酸甲酯生产流程图

1. 甲醇高位槽　2. 贮槽　3. 反应锅　4. 冷凝器　5. 酯、水受器　6. 碱水高位槽　7. 水洗锅　8. 粗酯接受器　9. 蒸馏塔　10. 蒸馏锅　11. 冷凝器　12. 低沸物贮槽　13. 成品贮槽

反应式：

$$CHCl_2COOH + CH_3OH \longrightarrow CHCl_2COOCH_3 + H_2O$$

中和洗涤：二氯乙酸甲酯粗品以10%纯碱水在室温下中和至微碱性，静置分层后，用清水洗涤2次。

蒸馏：在减压至700毫米汞柱，液温在60℃以上，进行蒸馏使溶解在酯中的水分及甲醇等低沸物蒸出，待气相温度在65℃以上，并稳定后，蒸出物即为成品。

包装：玻璃瓶或塑料桶装，净重30公斤。

2－氨基－5－萘酚－7－磺酸

2－Amino－5－naphthol－7－sulfonic acid

又名：J酸

分子式：$NH_2(OH)C_{10}H_5SO_3H$ **分子量：**239.26

结构式：

HSO_3 — 萘环 — NH_2 ; OH

性状：干品为灰白色粉末，微溶于水，易溶在碱中成为钠盐溶液。

用途：制造偶氮染料的中间体。

规格：	一级	二级
偶合值	≥35%	≥35%
色光	符合一级品标准样品	符合二级品标准样品
溶解度	不大于一级品标准样品	不大于二级品标准样品

主要原料规格及消耗定额：

吐氏酸	含量100%	1.45吨/吨
发烟硫酸	游离SO_3≥20%	5.7吨/吨
烧碱	含量≥45%	4.5吨/吨
硫酸	含量≥92.5%	1.65吨/吨

工艺流程：

采用2－萘胺－1－磺酸（吐氏酸）磺化后，经水解、碱熔、酸析而得。

磺化：磺化锅内加入定量25%发烟硫酸，开启搅拌徐徐加入吐氏酸进行二磺化，温度为35～45℃，投料结束后保温2小时。然后升温至110℃，保温10小时进行三磺化。

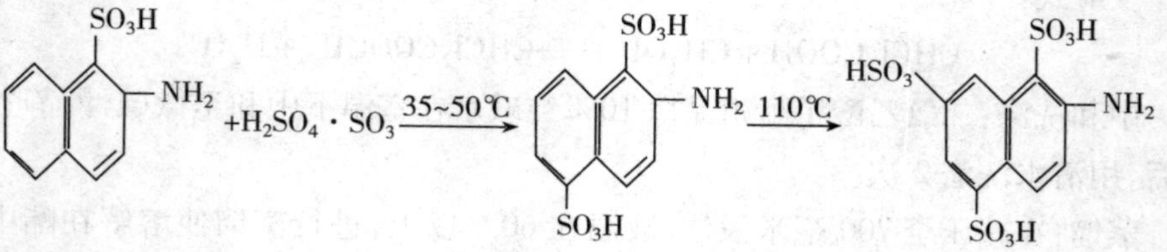

SO_3H, NH_2 $+H_2SO_4\cdot SO_3$ $\xrightarrow{35\sim50℃}$ SO_3H, NH_2, SO_3H $\xrightarrow{110℃}$ SO_3H, HSO_3, NH_2, SO_3H

水解、盐析:水解槽内先加入预备液,其酸度和硫酸钠浓度均为 130 ~ 190 克/升,然后在搅拌下加入磺化物进行水解盐析,反应温度为 105℃左右,并保温 4 小时。

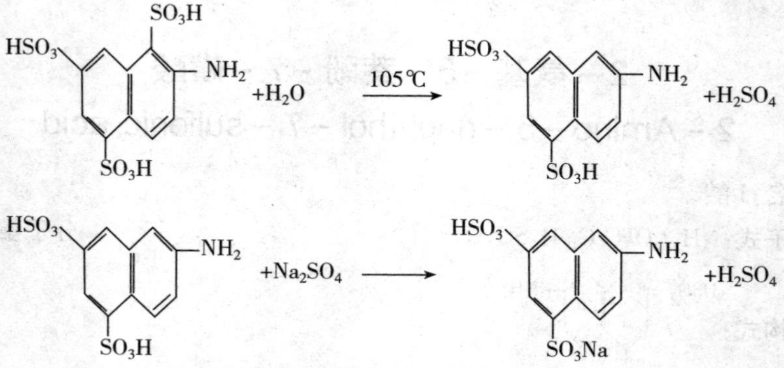

SO_3H, HSO_3, NH_2, SO_3H $+H_2O$ $\xrightarrow{105℃}$ HSO_3, NH_2, SO_3H $+H_2SO_4$

HSO_3, NH_2, SO_3H $+Na_2SO_4$ $\longrightarrow$ HSO_3, NH_2, SO_3Na $+H_2SO_4$

碱熔:水解物经充分静置和冷却后进行抽滤得氨基 J 酸,先用酸性硫酸钠溶液洗涤,然后用烧碱溶解成钠盐,并浓缩至氨基值含量为 500 ~ 550 克/升,在搅拌下逐渐加到已有热碱液的碱熔锅内进行碱熔,加热到 190℃,然后保温,直至物料中亚硫酸钠含量小于 20%,即用水稀释。

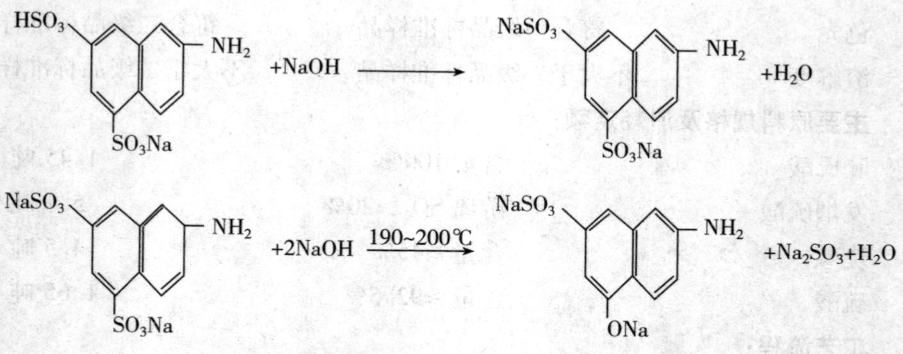

HSO_3, NH_2, SO_3Na $+NaOH$ $\longrightarrow$ $NaSO_3$, NH_2, SO_3Na $+H_2O$

$NaSO_3$, NH_2, SO_3Na $+2NaOH$ $\xrightarrow{190\sim200℃}$ $NaSO_3$, NH_2, ONa $+Na_2SO_3+H_2O$

酸析、包装:酸析缸内先加入硫酸溶液,然后在搅拌下加入碱熔稀释物进行反酸析,投料结束后,继续搅拌半小时,然后放入抽滤池中抽滤,滤饼经洗涤抽干后,即可包装。

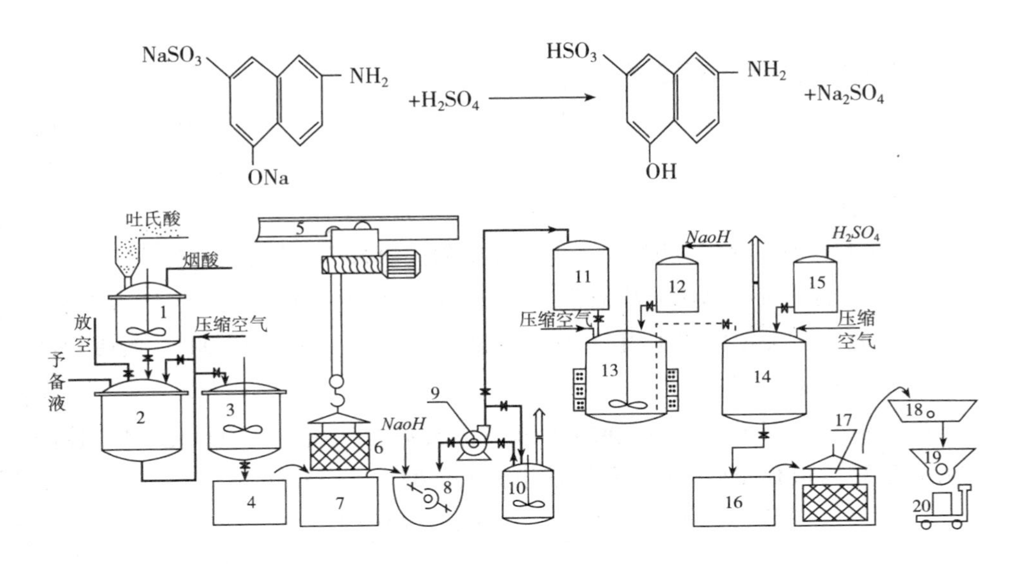

2－氨基－5－萘酚－7－磺酸生产流程图

1. 磺化锅　2. 水解锅　3. 冷却锅　4. 吸滤池　5. 电动葫芦　6. 叶片过滤机　7. 洗滤池　8. 溶解池　9. 泵　10. 浓缩锅　11. 计量槽　12. 液碱槽　13. 碱熔锅　14. 酸析锅　15. 计量槽　16. 吸滤池　17. 洗滤池　18. 抽干池　19. 包装器　20. 磅秤

综合利用和三废处理措施:

废气:酸析反应中排放出的二氧化硫气体,送制酸系统回收利用。

废水:生产一吨产品约有8吨酸性母液,作肥料原料用。

包装:铁桶内衬塑料袋装,净重40公斤。

二氯乙烷

1,2－Dichloroethane

分子式:$CH_2Cl \cdot CH_2Cl$　　**分子量:**98.97

性状:无色透明油状液体,比重(25℃)1.250,融点－35.3℃,沸点83.5℃,难溶于水,无限溶于甲醇、乙醚。

用途:农药矮壮素,药物驱蛔灵,固化剂多乙烯多胺的原料,也可作为离子交换树脂生产的膨胀剂以及有机溶剂用。

规格:

含量≥99%　　比重(D_4^{20})　　1.25

水分 ≤0.12%

主要原料规格及消耗定额：

重油	熔点 26~28℃	2.0~2.3 吨/吨
氯气	含量 >94%	0.8~0.85 吨/吨

工艺流程：

裂解：重油进蓄热炉裂解，控制裂解温度 750~850℃，即得混合石油气。

净化：混合石油气从吸收塔底部进入，塔底温度 110~130℃，吸收压力 4.5~4.8 公斤/厘米^2，除去 C_3 以上组分，然后经解吸塔，塔底温度 80~90℃，解吸后即得 30~35% 乙烯气。

乙烯的氯化：稀乙烯和氯气同时鼓泡通入充满有二氯乙烷的氯化塔中，控制氯化温度 35~40℃，即得粗二氯乙烷，溢流入贮槽。反应式如下：

$$C_2H_4 + Cl_2 \longrightarrow CH_2Cl—CH_2Cl$$

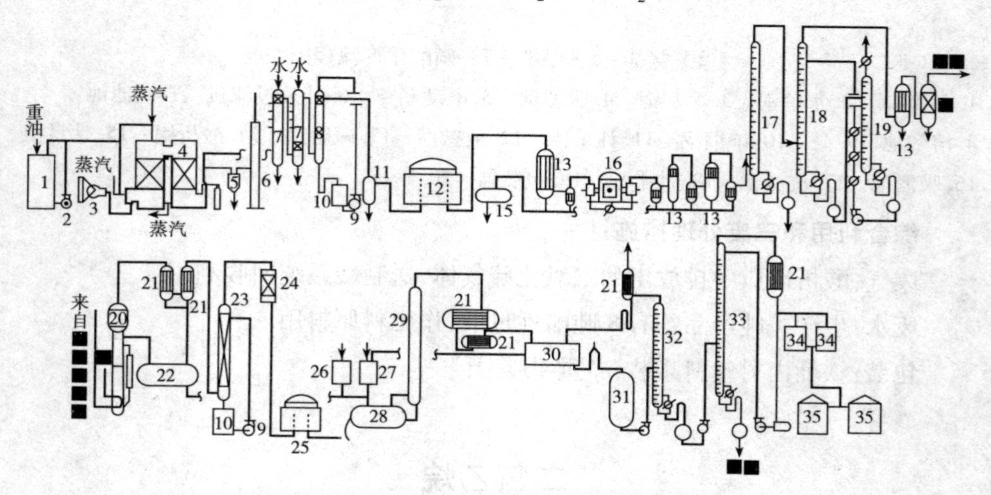

二氯乙烷生产流程图

1. 重油贮槽 2. 泵 3. 鼓风机 4. 蓄热炉 5. 急冷器 6. 烟囱 7. 水洗塔 8. 碱洗塔 9. 泵 10. 碱循环槽 11. 气液分离器 12. 气柜 13. 冷却器 14. 分离器 15. 轻油贮槽 16. 压缩机 17. 重组分塔 18. 吸收塔 19. 解吸塔 20. 氯化塔 21. 冷凝器 22. 氯化液贮槽 23. 碱洗塔 24. 活性炭吸附器 25. 气柜 26. 碱液高位槽 27. 水高位槽 28. 闪蒸釜 29. 闪蒸塔 30. 分层器 31. 闪蒸液贮槽 32. 低沸塔 33. 高沸塔 34. 量槽 35. 成品贮槽

提纯：粗二氯乙烷进入闪蒸塔用 5% 液碱中和至中性后流入分离器分层，下层二氯乙烷经中间槽送入低沸塔进行蒸馏，（低沸塔底温度 90~100℃），再进高沸塔，控制塔底温度 110℃ ±5℃，塔顶温度 83℃ ±1℃，塔顶出来的二氯乙烷即为成品。

包装:白铁桶装、净重 250 公斤。

综合利用和三废处理措施:

蓄热炉石油污水经浮选,曝气生化处理。

轻油从压缩机前后冷凝,冷却收集开展综合利用,作副产物。

净化分离出 C_3 以上组分待作丙烯提纯利用。

高沸残液主要是二氯丙烷及二氯乙烷作副产物。

2 - 巯基苯骈咪唑

2 - Merca ptobenzimidazole

又名:防老剂 MB

结构式:(苯环并咪唑环,NH、N=C-SH)　　**分子量:**150. 16

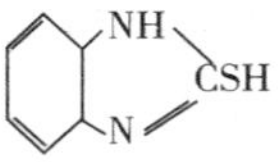

性状:淡黄色至灰黄色细粉,无臭,有苦味,不溶于水、苯及四氯化碳,难溶于汽油及二氯甲烷中,可溶于醇、酮、酯和强碱中;初熔点为 290℃ 以上。

用途:用于天然和各种合成橡胶的防老剂,能防止因热和空气引起的老化,适用于制白色和艳色制品,在胶乳中又能发挥其防老与敏化剂时双重作用。也用作聚酰胺类和聚氯乙烯的耐热抗氧剂。

规格:	一级	二级
初熔点(℃)	296	290
灰分	<0. 4%	<0. 5%
水分	<0. 4%	<0. 5%
细度 40 目	全通	全通

主要原料规格及消耗定额:

邻硝基氯苯		1. 52 吨/吨
二硫化碳	含量≥95%	0. 914 吨/吨

工艺流程:

氨化:在高压釜中抽入熔融的邻硝基氯苯和浓氨水,升温至 170 ~ 180℃,生成邻硝基苯胺和氯化铵,回收过量的氨水后压入反应锅。

反应式:

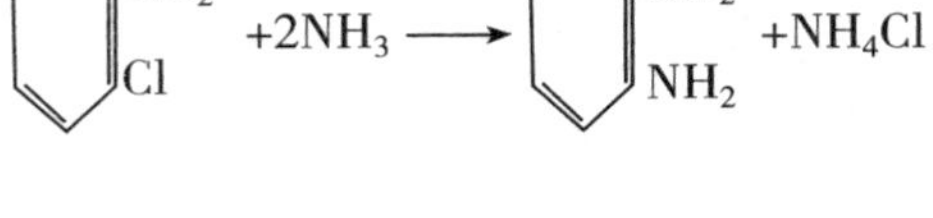

$$C_6H_4(NO_2)Cl + 2NH_3 \longrightarrow C_6H_4(NO_2)NH_2 + NH_4Cl$$

还原:将料液冷却,邻硝基苯胺即沉淀,抽去上层澄清的氯化铵水溶液,加入硫化钠水溶液,升温至100～104℃,还原反应后得邻苯二胺等混合物。

反应式:

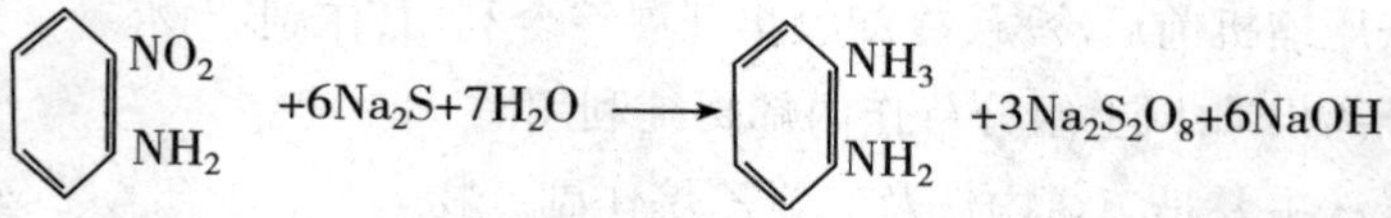

$$C_6H_4(NO_2)(NH_2) + 6Na_2S + 7H_2O \longrightarrow C_6H_4(NH_3)(NH_2) + 3Na_2S_2O_8 + 6NaOH$$

缩合:将邻苯二胺混合物冷却至30℃以下,加入二硫化碳,反应温度保持在40℃左右,数小时后升温回收二硫化碳,投入适量的碳酸氢钠,分离得到粗制品2—巯基苯骈咪唑,洗净。

反应式:

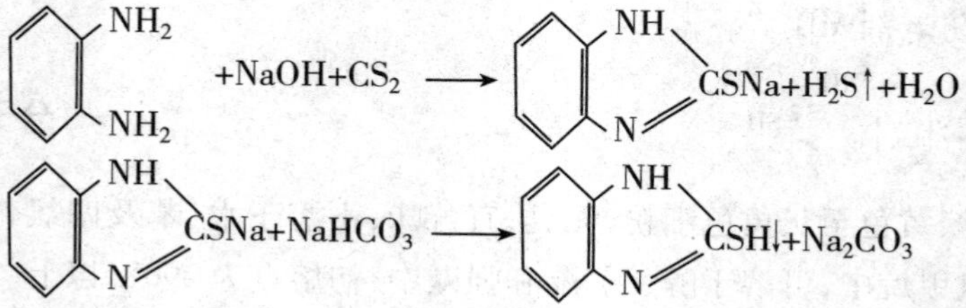

$$C_6H_4(NH_2)_2 + NaOH + CS_2 \longrightarrow C_6H_4(NH)(N{=})CSNa + H_2S\uparrow + H_2O$$

$$C_6H_4(NH)(N{=})CSNa + NaHCO_3 \longrightarrow C_6H_4(NH)(N{=})CSH\downarrow + Na_2CO_3$$

精制、干燥、粉碎:上述粗制品用液碱溶解,必要时加入少量活性炭脱色,过滤,滤液用稀盐酸或稀硫酸酸化,离心分离,洗净、脱水、干燥、粉碎之。

反应式:

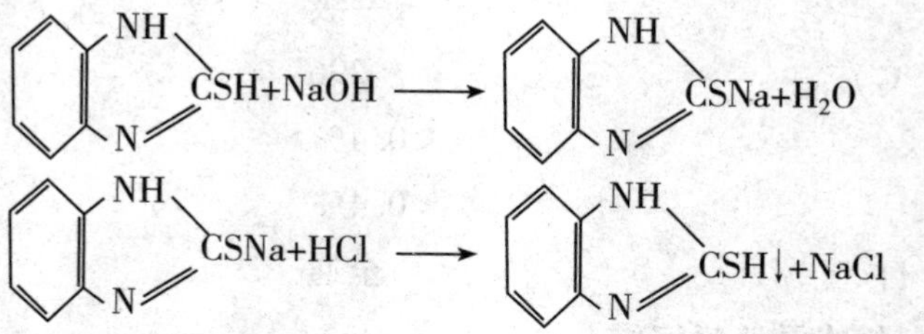

$$C_6H_4(NH)(N{=})CSH + NaOH \longrightarrow C_6H_4(NH)(N{=})CSNa + H_2O$$

$$C_6H_4(NH)(N{=})CSNa + HCl \longrightarrow C_6H_4(NH)(N{=})CSH\downarrow + NaCl$$

综合利用和三废处理措施:

氨化时,副产氯化铵溶液中尚含部分游离氨和溶解在内的邻硝基苯胺,在储槽中进一步冷却澄清,可析出一部分邻硝基苯胺,澄清液供农村作氮肥。

分离粗品2-巯基苯骈咪唑后的废水,内含硫代硫酸钠外,尚含碳酸钠、硫化钠、硫氢化钠、碳酸氢钠或液碱,可供硫代硫酸钠生产之用。

精制2-巯基苯骈咪唑有废水产生,因浓度过淡,直接排入下水道。

N – 苯基 – *N'* – 异丙基对苯二胺

N – Phenyl – *N'* – isopropyl – paraphenylenediamine

又名：防老剂 4010NA

分子式：⬡NH⬡NHCH$(CH_3)_2$　　　　**分子量：**226. 3

性状：灰褐色结晶，比重 1. 14，可溶于油类，苯、醇等溶剂中，难溶于汽油，不溶于水，无毒，是优良的抗氧剂和抗臭氧剂，喷霜性小，对臭氧、热、氧、气候和屈挠引起的老化有优良的防护作用。

用途：用于橡胶工业和聚乙烯、聚苯乙烯等作热稳定剂。

规格：

外观	浅棕色至紫色粉末	干燥失重	≤0. 5%
熔点	70 ~ 74℃	铜(Cu)	≤0. 005%
灰分	≤0. 5%		

主要原料规格及消耗定额：

对硝基氯苯	1. 9 吨/吨	碳酸钾	0. 9 吨/吨
苯胺	1. 8 吨/吨	氢气	273 米^3/吨

工艺流程：

缩合：在缩合锅内，先加入碳酸钾和二甲基乙酰胺，然后投入对硝基氯苯和过量的苯胺，用氰化亚铜作催化剂，反应温度控制在 190℃左右，反应时间约 12 小时，反应完毕，回收苯胺和二甲基乙酰胺，放料过滤，得到 4 – 硝基二苯胺，反应式如下：

$$2⬡NH_2 + 2NO⬡Cl + K_2CO_3 \longrightarrow 2⬡NH⬡NO_2 + 2KCl + CO_2 + H_2O$$

二次蒸馏：缩合后的料液压入蒸馏釜，在减压条件下进行蒸馏，控制蒸馏温度 200℃左右，除去未反应的对硝基氯苯等有机杂质。

热压过滤：除有机杂质后的料液进入热滤锅，在 200℃温度的条件下进行压滤，除去氰化亚铜、氯化钾等无机杂质，即得 4 – 硝基二苯胺精料。

加氢合成：将 4 – 硝基二苯胺于高压反应釜中，然后加入丙酮，进行加氢合成，用铜 – 铬触媒，控制反应温度 260 ~ 280℃，压力 80 公斤/厘米^2，反应完毕，利用釜内剩余氢压将料压出，进行冷冻结晶，过滤、干燥即得成品。反应如下：

$$⬡NH⬡NO_2 + 2(CH_3)_2CO + 4H_2 \longrightarrow$$

$$C_6H_5-NH-C_6H_4-NH(CH_3)_2CH+(CH_3)_2CHOH+3H_2O$$

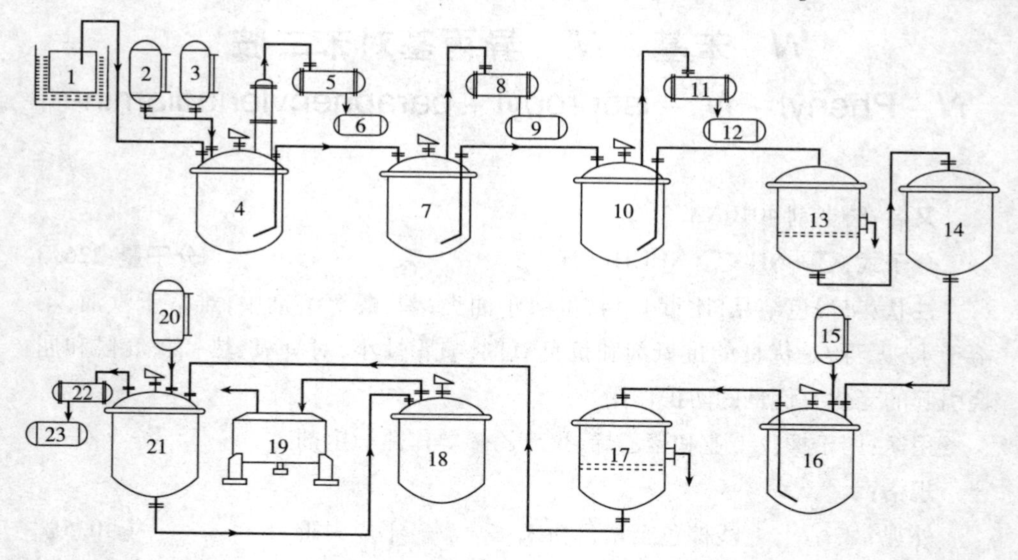

N－苯基－N′－异丙基对苯二胺生产流程图

1. 对硝基氯化苯溶解槽　2. 二甲基乙酰胺计量槽　3. 苯胺计量槽　4. 缩合锅　5. 冷凝器　6. 脱水苯胺贮槽　7. 一次蒸馏锅　8. 冷凝器　9. 回收苯胺贮槽　10. 二次蒸馏锅　11. 冷凝器　12. 苯胺贮槽　13. 热滤锅　14. 对硝基二苯胺贮槽　15. 丙酮计量槽　16. 高压釜　17. 热滤锅　18. 结晶锅　19. 离心机　20. 异丙醇计量槽　21. 浓缩锅　22. 冷凝器　23. 粗丙酮计量槽

综合利用和三废处理措施：

缩合工序产生的氯化钾用 711 树脂吸附后，用碳酸氢铵解吸，所得碳酸氢钾干燥后，作缩合时回用。

加氢合成生成的异丙醇副产出售，作溶剂用。

包装：塑料袋外套纸板圆桶装，净重 25 公斤。

偶氮二甲酰胺

Azoformamide

又名：AC 发泡剂

分子式：$NH_2CON=NCONH_2$　　**分子量：**116.08

性状：淡黄色粉末，在常温下可经久贮藏，不易变质。溶于碱，不溶于酸、醇、苯、汽油和水。本品为强力的发泡剂，它分解温程短，反应敏感，主要发生氮气和二氧化碳，分解生成物无毒、无臭、无色、无污染性。

用途：制造多种泡沫塑料的发泡剂。

规格：

发气量（毫升/克）	≥200	灰分	≤0.1%
分解温度（℃）	195±5	水分	≤0.1%
细度（350目）	≥99%		

主要原料规格及消耗定额：

次氯酸钠（有效氯10%）		11.87吨/吨
30%液碱		6.7吨/吨
硫酸	含量≥92.5%	3.8吨/吨
液氯		0.73吨/吨
尿素		2.52吨/吨

工艺流程：

以水合肼、尿素加硫酸缩合成中间体联二脲经再氧化后得成品。

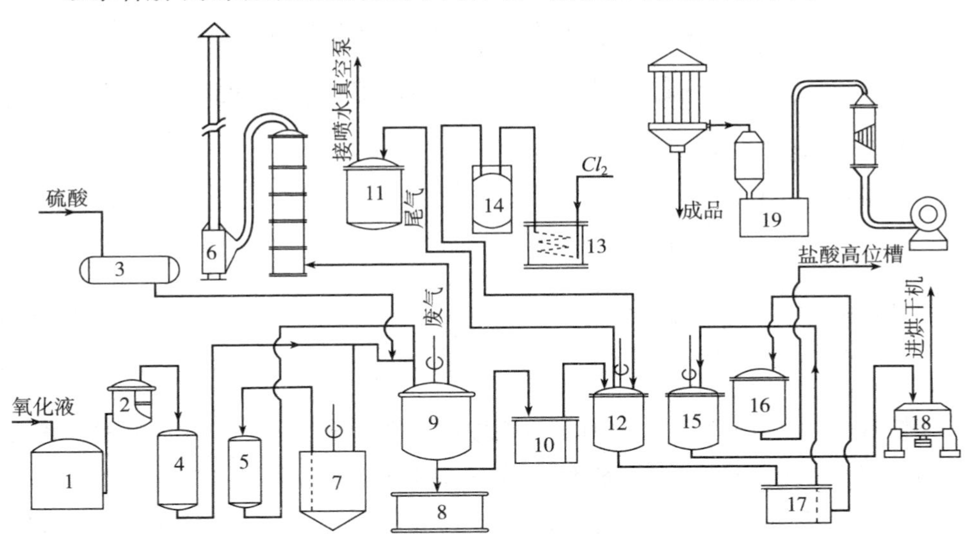

偶氮二甲酰胺生产流程图

1. 氧化液贮槽　2. 过滤器　3. 硫酸贮槽　4. 氧化液抽滤槽　5. 压料槽　6. 废气塔　7. 和料槽　8. 缩合母液地池　9. 缩合锅　10. 联二脲过滤槽　11. 氯尾气吸收锅　12. 通氯锅　13. 液氯汽化器　14. 缓冲器　15. 抽料搪玻璃锅　16. 抽酸搪玻璃锅　17. 粗料抽滤槽　18. 离心机　19. 烘干机

缩合:以尿素溶于2%水合肼溶液,加到反应锅,在搅拌下,加硫酸使料液pH值达到1~2,加热使pH值转为2~5,再缓缓加入硫酸,保持此pH值,反应数小时后,可取样测定,用0.1N I_2溶液滴定含肼量,以证实反应的终点,反应式如下:

$$2NH_2CONH_2 + NH_2NH_2 + H_2SO_4 \longrightarrow NH_2CONHNHCONH_2 + (NH_4)_2SO_4$$

缩合成的联二脲,滤出硫酸铵母液后,用热水洗涤,供氧化工序用。

氧化:将联二脲放入反应锅用水溶解,加入溴化钠,通入氯气,反应温度控制在30~50℃,反应式如下:

$$NH_2CONHNHCONH_2 + Cl_2 \xrightarrow{NaBr} NH_2CON{=\!=}NCONH_2 + 2HCl$$

成品先用温水洗至中性,经离心机甩干后,烘干,进行包装。

综合利用和三废处理措施:

生产1吨成品约有15~17吨的硫酸铵溶液(含氮量约2%),供化肥用。

生产1吨成品约有3吨盐酸,酸浓度14%~17%。

包装:木桶内衬塑料袋装,净重25公斤。

2,6-二叔丁基-4-甲基苯酚

2,6-Ditertbutyl-4-methylphenol

又名:防老剂264

分子式:$C_{15}H_{24}O$ **分子量:**220.19

结构式: (苯环:1位 OH,2、6位 $C(CH_3)_3$,4位 CH_3)

性状:纯品为白色结晶,在有机溶剂中的溶解度分别为:苯40%、甲醇20%、异丙醇20%,可溶于甲基乙基酮和丙酮,不溶于水及苛性碱。

用途:各种石油产品优良抗氧剂,油溶性良好,加入后不影响油品色泽,可使油的使用期延长,广泛使用于变压器油,透平油等,一般用量为0.1%~0.2%,特殊情况下酌增。并可作天然和合成橡胶的防老剂,一般用量在0.5%~2%。

规格:

	一级	二级
熔点(℃)	≥69	≥68.5
灰分	≤0.01%	≤0.03%

水分	≤0.06	—
游离甲酚	0.02%	0.04%

主要原料规格及消耗定额：

异丁醇(或叔乙醇)	≥95%	1.4～1.5 吨/吨
对甲酚	≥80%	0.9～1 吨/吨
乙醇	≥95%	0.3 吨/吨

工艺流程：

异丁醇经汽化后，在触媒存在下进行脱水反应生成异丁烯，与对甲酚进行烷化反应，流程如下：

造气：异丁醇经汽化后，连续定量地通过触媒活性氧化铝，进行脱水反应，温度控制在380±10℃，生成的异丁烯气体，经冷却，分水，干燥，然后通入对甲酚中。

$$(CH_3)_2CH-CH_2-OH \xrightarrow[380℃]{Al_2O_3} (CH_3)_2C=CH_2 + H_2O$$

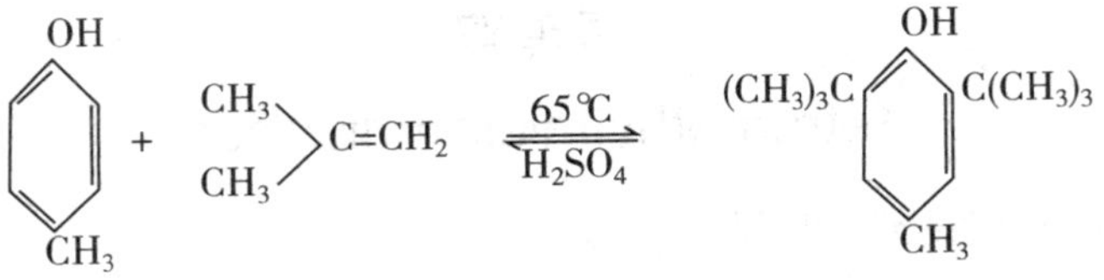

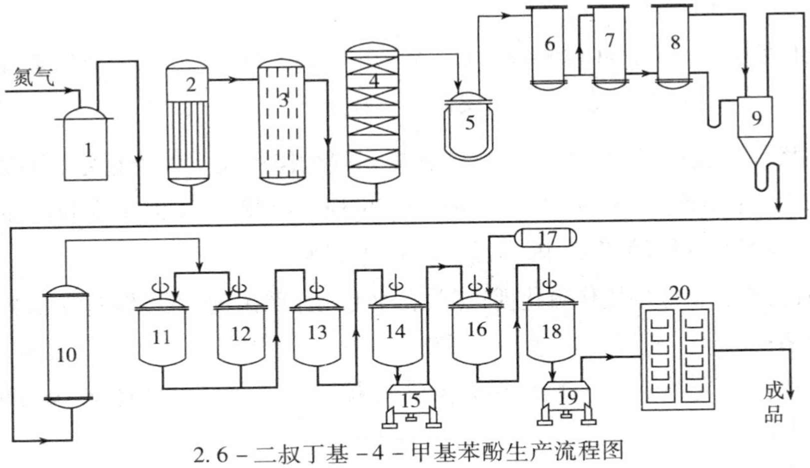

$$\text{对甲酚(OH, }CH_3) + (CH_3)_2C=CH_2 \underset{H_2SO_4}{\overset{65℃}{\rightleftharpoons}} \text{2,6-}(C(CH_3)_3)_2\text{-4-}CH_3\text{-苯酚(OH)}$$

2.6－二叔丁基－4－甲基苯酚生产流程图

1.异丁醇贮槽 2.汽化器 3.预热器 4.转化器 5.冷却锅 6,7,8.冷却器 9.气水分离器 10.干燥塔 11,12.烷化锅 13.洗涤锅 14.粗品结晶锅 15.离心机 16.熔化锅 17.乙醇高位槽 18.成品结晶锅 19.离心机 20.干燥机烷化：在反应锅内加入对甲酚和催化剂硫酸，在65℃时通入异丁烯，烷化完毕，生成“264”溶液。

中和：将“264”溶液用60℃热水洗涤，先除去酸性，然后加入碳酸钠中和，再用70～80℃水洗涤到中性。

结晶：将“264”溶液送入结晶锅，当液温达10～15℃时即有结晶析出，经离心机甩水后得粗品。

重结晶：粗品送入结晶锅，加入50%乙醇及0.5%硫脲，加热到80～90℃，趁热过滤，滤液送入结晶锅，结晶经离心机甩干后进行干燥为成品。

综合利用和三废处理措施：

母液中含大量单烃基酚和少量“264”，在减压蒸馏后，“264”回收，单烃基酚可生产活化剂“420”之原料。

酚污水经磺化媒树脂吸附后含酚量从2000ppm下降到200ppm，尚未达到排放标准。

包装：木桶内衬塑料袋装，净重35公斤、50公斤。

福美双

Tetramethylthiuramdisulfide

又名：TMTD促进剂、四甲基秋兰姆

结构式：

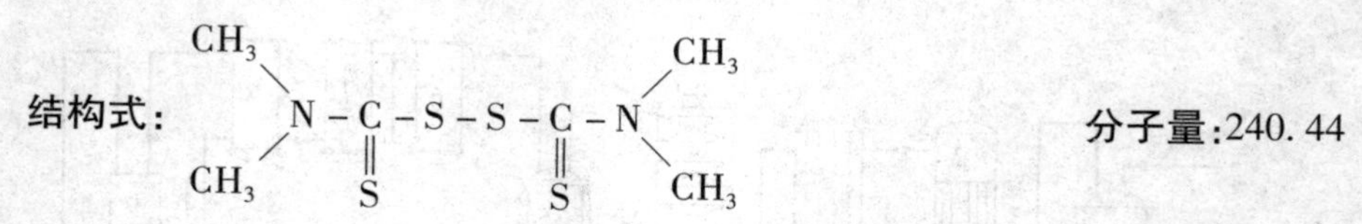

分子量：240.44

性状：白色或淡黄色粉末，有特殊臭味和刺激作用在空气中稳定，遇酸分解。比重1.29，粗品熔点135～148℃。纯品熔点147～148℃，不溶于水和汽油，微溶于乙醇和四氯化碳，溶于苯、丙酮、氯仿和二硫化碳。

用途：橡胶工业中用作硫化促进剂，农业上用作杀菌剂、也可作润滑油添加剂。

规格：

	一级	二级
外观	白色至淡黄色粉末	白色至淡黄色粉末
熔点(℃)	≥140	≥136
细度	100目全通	100目全通
水分	≤0.5%	≤0.5%
灰分	≤0.3%	0.5%

主要原料规格及消耗定额:

40% 二甲胺			1.024 吨/吨
二硫化碳	含量≥98%		0.71 吨/吨
硫酸	含量≥98%		0.47 吨/吨
39% 双氧水	0.452 吨/吨	20% 氨水	0.81 吨/吨

工艺流程:

由二甲胺、二硫化碳、氨水进行缩合反应得二甲基二硫代氨基甲酸铵,再经双氧水氧化为成品。

缩合:在反应锅内加入稀氨水,在搅拌下加入二甲胺、再在 10℃ 温度下逐渐加入二硫化碳,继续搅拌使反应完全,反应终点 pH 值控制在 8.5 ~ 8.8,反应完后将料放入澄清槽内静置。

反应式:$$(CH_3)_2NH + CS_2 + NH_4OH \longrightarrow (CH_3)_2N-\underset{\underset{S}{\|}}{C}-SNH_4 + H_2O$$

氧化:在反应锅内加入二甲基二硫代氨基甲酸铵澄清液,在搅拌下逐渐加入氧化剂,反应温度控制在 10℃ 以下,当溶液的 pH 值在 3 ~ 4 为终点。

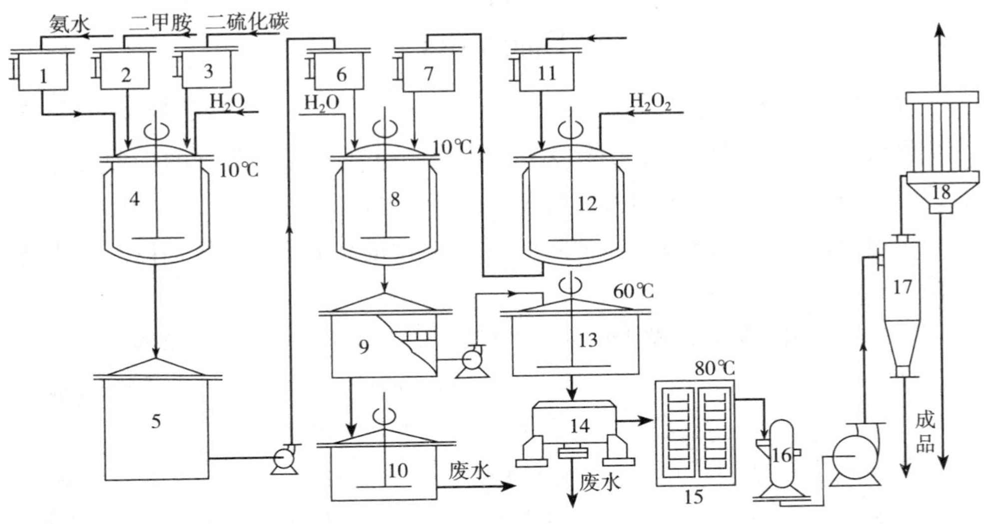

福美双生产流程图

1. 氨水高位槽 2. 二甲胺高位槽 3. 二硫化碳高位槽 4. 缩合锅 5. 二甲基二硫代氨基甲酸铵澄清槽 6. 高位槽 7. 氧化剂高位槽 8. 氧化锅 9. 漂洗桶 10. 废水中和桶 11. 硫酸高位槽 12. 氧化剂配制桶 13. 加热桶 14. 离心机 15. 烘房 16. 粉碎机 17. 旋风分离器 18. 布袋收集器

反应式:2

$$2\ (CH_3)_2N-\underset{\underset{S}{\|}}{C}-SNH_4 + H_2O_2 + H_2SO_4 \longrightarrow (CH_3)_2N-\underset{\underset{S}{\|}}{C}-S-S-\underset{\underset{S}{\|}}{C}-N(CH_3)_2 + (NH_4)_2SO_4 + 2H_2O$$

(氧化剂的配制:水:硫酸:双氧水 = 1.2:0.1:0.1　　氧化剂比重应在 1.052~1.062)

成品:将氧化后的料液放入漂洗桶,用水洗至中性,转入加热桶加热至 60℃,然后经离心机脱水,再在 80℃以下干燥,粉碎后包装。

综合利用和三废处理措施:

漂洗排出的酸性水,用氨水中和,供农肥使用。

包装:纸板桶内衬塑料袋装,净重 25 公斤。

硅胶

Silica gel

分子式:$mSiO_2 \cdot nH_2O$　　**分子量:**$m62 \cdot n18$

性状:硅胶是一种无臭、无毒、无味、无腐蚀,化学稳定性很好的一种人造硅石,具有多孔性、多表面积等特性、粗孔孔径 80~100Å、细孔孔径 20~30Å。

用途:粗孔硅胶用于变压器油的再生,相对湿度高的吸附干燥剂以及催化剂载体。

细孔硅胶用于吸湿防潮干燥剂,制氧仪表等工业中空气净化干燥用。

规格:

	球型硅胶		微球硅胶
	粗孔	细孔	
含水量	≤3%	≤3%	内控
吸水量	≥72%	≥32%	≥70%
机械强度	≥95%	≥95%	≥75%
堆积比重(克/升)	400~500	≥670	400~500

主要原料规格及消耗定额:

水玻璃	模数 3.36	比重 40°Bé	4.2 吨/吨

硫酸　　　　93% ~98%　　　　0.7 吨/吨

工艺流程:

硅胶的种类很多,从性能分有细孔,、粗孔、特粗孔、特细孔、特种硅胶等。从外型分有定型和无定型硅胶,目前生产的定型硅胶分为大球硅胶(包括:粗孔、细孔、变色),小球和微球等各种硅胶。现将大球粗孔硅胶工艺流程简述如下:

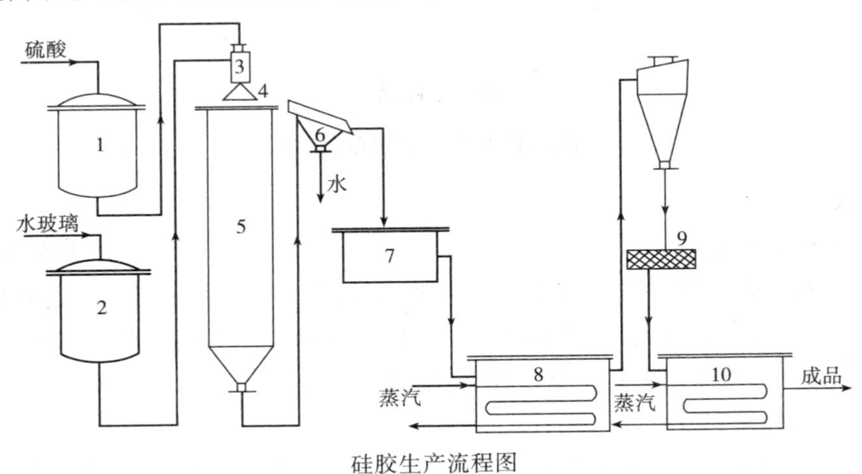

硅胶生产流程图

1. 硫酸扬液器　2. 水玻璃扬液器　3. 喷头　4. 分配伞　5. 成型塔　6. 水球分离器　7. 漂洗池　8. 烘房　9. 筛子　10. 活化烘房

化合:将浓水玻璃和浓硫酸用水配成水玻璃含 Na_2O　4.8% ~5% 浓度,硫酸 20% 左右,沉清后,再用泵打入扬液器内,用压力输送至强化喷嘴里进行中和反应,生成水溶胶滴入油柱内,由于溶胶的不稳定,开始在油层内凝聚生成硅凝胶,由于油的表面张力,使凝胶聚成球状硅凝胶,然后再用水输送到下工序——湿处理。反应式如下:

$$Na_2O \cdot mSiO_2 + H_2SO_4 + nH_2O \longrightarrow Na_2SO_4 + mSiO_2 \cdot nH_2O$$

湿处理:湿处理分老化、水洗和活性处理三步。

老化:生成的硅凝胶用 1% ~2% 酸进行处理,使其形成较稳定的骨架,同时除去某些杂质离子,置换凝胶上的碱金属离子,便于水洗。

水洗:用水洗去凝胶中的盐类,主要是化合时生成的硫酸钠。

活性处理:根据所需要的硅胶特性,进行各种不同的处理,如生产粗孔硅胶,用 0.1% 氨水及 0.05% 表面活性剂处理,控制胶球中含 NH_3 量为 0.07% 左右,易形成粗孔硅胶。

干燥:干燥目的将硅凝胶中的结合水除去,以便形成多孔性的硅胶,由于干燥方法不同,对球胶形成的性能也就不同,一般来说静态干燥形成粗孔结构,动态干燥形成细孔结构,在生产粗孔硅胶时系将经湿处理后的胶球,于隧道烘房进行静态干燥;温度一般在 100~120℃,经除结合水以后,进行二次干燥,水分小于 3% 以下。再经筛选分档后包装。

包装:纸板箱内衬塑料袋,净重 30 公斤。玻璃瓶装,净重 500 克。

过氧化氢

Hydrogen peroxide

又名:双氧水

分子式:H_2O_2 **分子量**:34.01

性状:无色透明液体,在常温时可与水、乙醇及乙醚等任意混合。过氧化氢很易放出氧气具有强大的氧化能力;同时又能与其他金属氧化物作用,夺取一部分氧或全部的氧而使金属还原;因此过氧化氢具有氧化及还原两种性能。加热易分解,遇光易变质。

用途:大量用在纤维类及复质等的漂白,医药上作为消毒剂,高分子工业作为环氧增塑剂和引发剂的原料,高浓度的用在火箭等作为液体燃料推进剂。

规格:	30%	40%
外观:	近似无色透明液体	
含量	30%	40%
游离酸	≤0.06%	≤0.08%
硫酸根	≤0.08%	≤0.1%
不挥发物	≤0.15%	≤0.18%
机械杂质	≤0.005%	≤0.005%

主要原料规格及消耗定额:

硫酸铵 0.06 吨/吨　　电 5400 度/吨　　煤 2.9 吨/吨

工艺流程:

生产过氧化氢方法有电解法,化学合成法,采用电解硫酸铵法,简述如下:

提纯:

(1)硫酸铵提纯:先将工业硫酸铵放在提纯桶内,加热溶解成饱和溶液,冷却后通入氨气,使 pH 在 7~8,静置澄清滤出清液,加入适量的硫酸后使用,其硫酸浓度控制在 310~340 克/升,硫酸铵 190~210 克/升,含铁量在 1~3 毫克/升,料液无蓝色。

(2)水解工序来的残液提纯：残余液体先流入提纯桶内，用蒸汽加热至120℃左右，破坏大部分氧化剂后，停止加热，当料液在70℃左右时，加入30°Bé亚硫酸氢铵，使氧化剂完全破坏，吹去二氧化硫，再加入适量5～7°Bé黄血盐，沉出铁离子，冷却澄清用过滤棒滤出清液，清液供电解用。

电解：提纯好的电解液，先流入电解槽阴极室，滴入硫氰酸铵溶液，为电解液的0.015%左右，再进入阳极室进行氧化，生成230～270克/升过硫酸铵溶液。

反应式：$$2NH_4HSO_4 \xrightarrow{\text{电解}} (NH_4)_2S_2O_8 + H_2\uparrow$$

水解：将来自电解槽的过硫酸铵溶液通过铅管，经管外沸水预热后，导入搪玻璃薄膜水解，每套热面积4.8米^2，在减压情况下进行水解蒸馏，温度120～130℃。水解馏出的气体经分酸塔，在温度90～105℃除去酸雾，然后进蒸馏塔蒸去部分水分，得到较浓过氧化氢液体，再流入锡管，经浓缩冷却后得30%和40%成品，残余液体再流回提纯处理。

反应式：$$(NH_4)_2S_2O_3 + 2H_2O \longrightarrow 2NH_4HSO_4 + H_2O_2$$

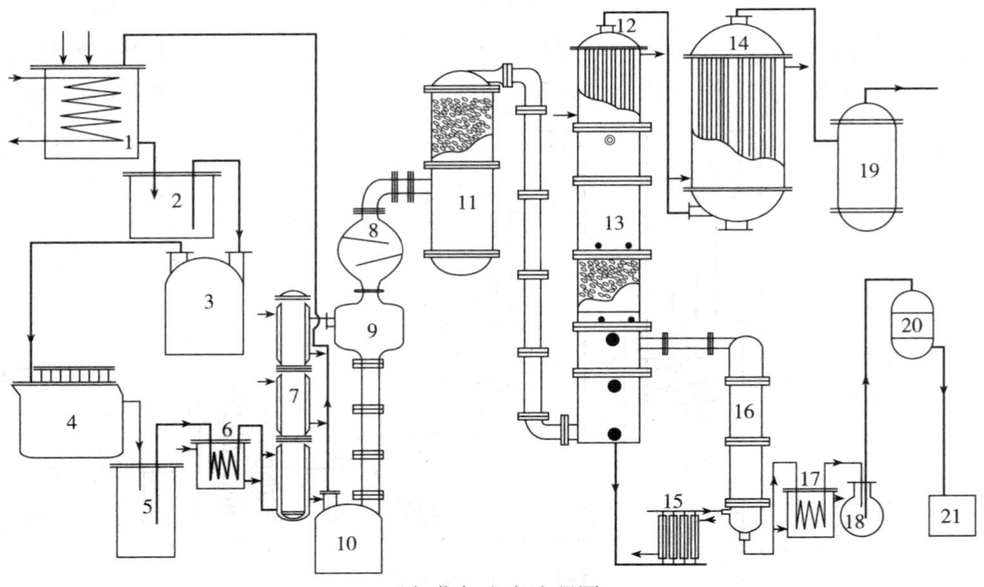

过氧化氢生产流程图

1.硫酸铵提纯桶 2.澄清贮槽 3.电解液高位 4.电解槽 5.过硫酸铵贮槽 6.预热器 7.薄膜水解蒸馏塔 8.挡板分酸器 9.旋风分离器 10.剩余液贮槽 11.分酸塔 12.半冷凝器 13.蒸馏塔 14.冷凝器 15.加热器 16.浓缩塔 17.冷却器 18.粗品 19.真空缓冲桶 20.成品槽 21.成品

包装单位：塑料听装，净重20公斤。

过硼酸钠

Sodium perborate

分子式:$NaBO_2 \cdot H_2O_2 \cdot 3H_2O$ **分子量**:153.86

性状:是过氧化物的一种,带有咸味的白色结晶,热至 40℃ 开始分解,溶于碱,甘油及水中,溶液呈碱性,酸度值在 10~11 之间,是一种温和的氧化剂,易放出活性氧。

用途:用在士林染料显色的氧化剂,及原布的漂白,脱脂,还可作为洗涤剂,医药上为消毒及杀菌剂等。

规格:

含量	96%~98%	有效氧	≥10%	铁(Fe)	≤0.01%

主要原料规格及消耗定额:

硼砂	含量>96%	0.72 吨/吨
过氧化氢	含量 30%	0.98 吨/吨
氢氧化钠	含量 30%	0.45 吨/吨

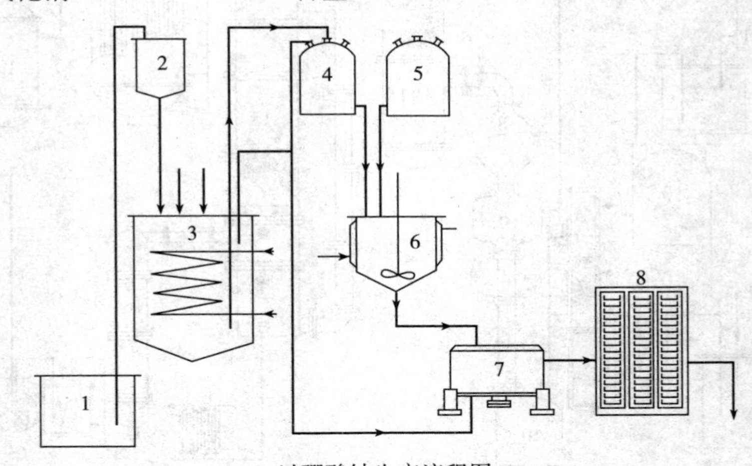

过硼酸钠生产流程图

1. 液碱贮槽 2. 液碱计量槽 3. 溶解桶(偏硼酸钠反应锅) 4. 偏硼酸钠计量槽 5. 双氧水计量槽 6. 反应锅 7. 离心机 8. 烘房

工艺流程:

偏硼酸钠制备:在溶解桶内先加入硼砂,再加入约四倍量的母液与适量液碱,加热煮沸数小时,然后冷却至室温,取样分析:要求偏硼酸钠含量为 140 克/

升，含铁量 <0.001%，无游离碱，清液浓度在 17～18°Bé，可供合成用。

反应式： $Na_2B_4O_7 + 2NaOH \longrightarrow 4NaBO_2 + H_2O$

合成：在铝制反应锅内，先加入偏硼酸钠，然后渐渐滴加过氧化氢，反应温度维持在 35～40℃，酸度值 10～11，使晶体成粗粒状，反应停止后，再继续搅拌 10～15分钟。

反应式： $NaBO_2 + H_2O_2 + 3H_2O \longrightarrow NaBO_2 \cdot H_2O_2 \cdot 3H_2O$

干燥：合成后的过硼酸钠，进入离心机脱水，中途用稳定剂 10% 硫酸镁液体淋洗，甩出的母液循环使用，待甩干后，进烘房干燥，温度不超过 40℃，经 8 小时出料即得成品。

包装：木桶装，净重 25 公斤。

硅酸钠

Sodium silicate

又名：泡化碱、水玻璃

分子式：$Na_2O \cdot 2.4SiO_2$ **分子量：**206

性状：微红色透明稠状液体具有碱性，能溶于水，遇酸分解而析出硅酸的胶质沉淀。

用途：用于胶合、洗涤剂填充、电镀、印染、铸造等方面。

规格：	40° Bé	51 °Bé
比重(20℃)	1.376～1.386	1.530～1.550
氧化钠含量(Na_2O)	10.14%～10.94%	13.10%～14.20%
二氧化硅(SiO_2)	23.6%～25.50%	30.5%～33.10%
分子比	1:(2.4±0.1)	1:(2.4±0.1)
氯化钠含量	≤1.5%	≤2.0%
铁(Fe)	≤0.04%	≤0.06%
水不溶物	≤0.1%	≤0.15%

主要原料规格及消耗定额：

30% 液碱(按 100 计%)	0.138 吨/吨	7# 石英砂	0.32 吨/吨

工艺流程：

反应：30% 液碱和水，分别经计量后放入配料槽，在搅拌下，陆续投入石英砂，然后经离心泵打入反应锅用直接蒸汽和夹套蒸汽加热，控制反应压力在 6 公

斤/厘米^2,待反应完毕,靠锅内余压将料液压到吸滤槽。反应式如下:

$$2NaOH + 3.43SiO_2 \longrightarrow Na_2O \cdot 2.4SiO_2 + H_2O + 1.03SiO_2$$

吸滤:料液用叶片吸滤器进行真空吸滤,滤液经调整浓度达 40°Bé 即为成品。生产 51°Bé 的硅酸钠,将料液打入真空蒸发器浓缩即得成品。

综合利用和三废处理措施:

吸滤时从叶片上利下之滤泥可重复回用,以利用其中石英砂,一般回用 3 次后弃去。

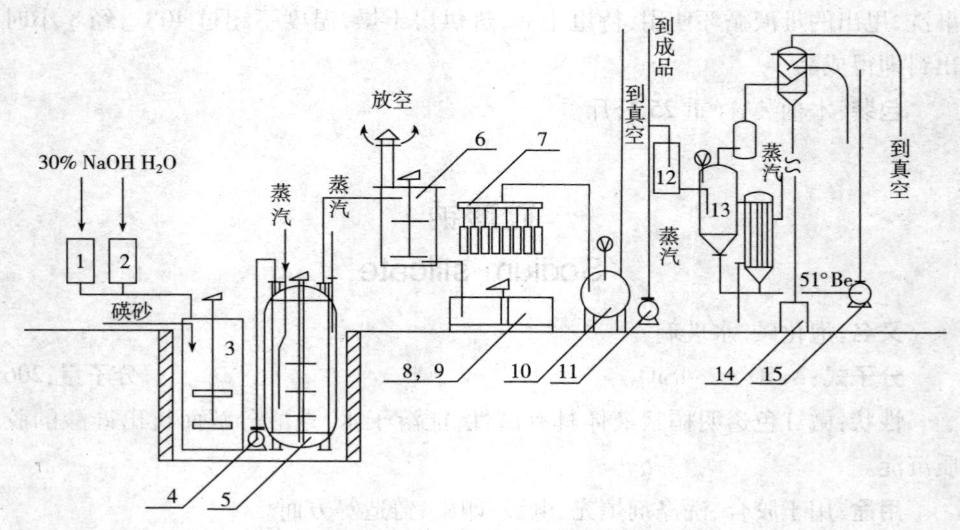

硅酸钠($Na_2O \cdot 2.4SiO_2$)生产流程图

1. 碱液计量槽 2. 水计量槽 3. 配料槽 4. 离心泵 5. 反应锅 6. 中间高位槽 7. 叶片吸滤机 8. 吸滤槽 9. 清洗槽 10. 滤液槽 11. 料泵 12. 中间贮槽 13. 真空蒸发器 14. 下水槽 15. 料泵

包装:槽车。

硅酸钠

Sodium silicate

又名:泡化碱、水玻璃

分子式:$Na_2O \cdot 3.3SiO_2$ **分子量:**260.3

性状:青灰色或黄绿色黏稠状液体具有碱性,能溶于水,遇酸分解而析出硅酸的胶质沉淀。

用途：作为胶粘剂，特别是瓦楞纸的胶合，用量最大，其他如铸造、纺织、冶金、洗涤剂。

规格：

	40°Bé		
比重（20℃）	1.376～1.386	分子比	1∶(3.3±0.1)
氧化钠（Na_2O）	8.52%～9.09%	铁（Fe）	≤0.05%
二氧化硅（SiO_2）	27.2%～29.1%	水不溶物	≤0.4%

主要原料规格及消耗定额：

纯碱	含量≥98%	0.113 吨/吨
石英砂	含量≥97%	0.28 吨/吨
重油		0.09 吨/吨

工艺流程：

煅烧：纯碱与石英砂按摩尔数 1∶3.3 的比例经拌料机混合，再经过贮料罐、加料斗、螺旋输送机进入反射炉进行反应，石英砂含水量应控制在 5%～10%，炉内用重油喷雾加热煅烧，熔融温度控制在 1450～1500℃，当物料全部熔融，即反应完毕。

反应式：　$Na_2CO_3 + 3.3SiO_2 \longrightarrow Na_2O \cdot 3.3SiO_2 + CO_2 \uparrow$

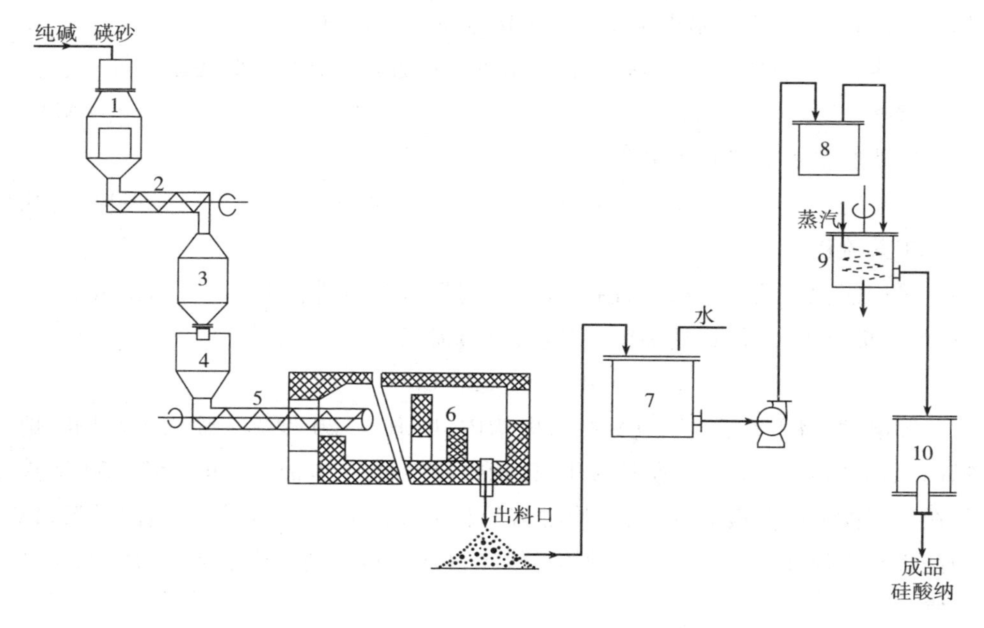

硅酸钠（$Na_2O \cdot 3.3SiO_2$）生产流程图

1. 加料室　2. 螺旋输送机　3. 贮料罐　4. 加料斗　5. 螺旋输送机
6. 反射炉　7. 浸溶槽　8. 沉降槽　9. 浓缩桶　10. 成品贮桶

浸溶:经煅烧后的生成物、由下料口流入水冷却槽中,经水骤冷后碎裂成玻璃碎块,经小型履带式输送器送入贮料桶内,经过磅由电动行车将桶内的玻璃块倒入滚筒内,然后加一定量热水,通蒸汽溶解,蒸汽压力 4 ~ 5 公斤/厘米^2,滚筒转速 2 转/分,至全部溶解,控制溶液浓度在 30°Bé 左右,放入沉清槽,自然沉降除去杂质。

浓缩:除杂后的溶液,送入浓缩槽进行浓缩;槽内用蒸汽盘管加热,槽底利用烟道废气加热,液相温度不超过 100℃,至溶液浓度达到要求,放入贮桶即得成品。

包装:铁桶装,净重 250 公斤。

钙

Calcium

分子式: Ca　　**原子量:**40.07

性状:银白色金属,熔点 850℃,沸点 1 440℃,比重 1.55(d_4^0)金属钙纯度越高,其表面在空气中变暗得越慢。与水接触发生反应,放出氢气。

用途:维生素 A 的药物原料之一,冶炼工业脱硫剂、脱碳剂、还原剂等。

规格:含量　　≥98%

主要原料规格和消耗定额:

氯化钙	3.7 吨/吨	电耗	8000 度/吨

工艺流程:

采用氯化钙熔融电解法,用直流电通过阳极阴极进行电离,Ca 从阴极析出,Cl_2 从阳极析出。(阴极用圆钢,阳极用石墨碳板)

$$CaCl_2 \longrightarrow Ca + Cl_2 \uparrow$$

开电槽:将干燥后的氯化钙投入电槽内,用 H_{10} - 20 型焊炬喷出氧炔焰喷熔槽内原料,即开冷却水,将阴极放下,接触料液表面,通电流(电压表 50 ~ 60 伏)。氧炔焰只能喷向阳极旁的原料,使融熔的料液流向阴极通电,切勿喷向阴极,以免阴极头子损坏。待原料大部融熔后继续再加新料直到离槽沿 2 ~ 3 厘米,温度正常。

正常操作:结钙电流为 350 ~ 450 安,电压为 20 ~ 25 伏,在敲击阴极结的金属钙以前,应将电流降低 50 ~ 100 安,待敲好后,将钙放入油中,阴极再接触电解质液面,开电流升高 50 ~ 100 安,为保持炉温,料应陆续加入。

电解槽:

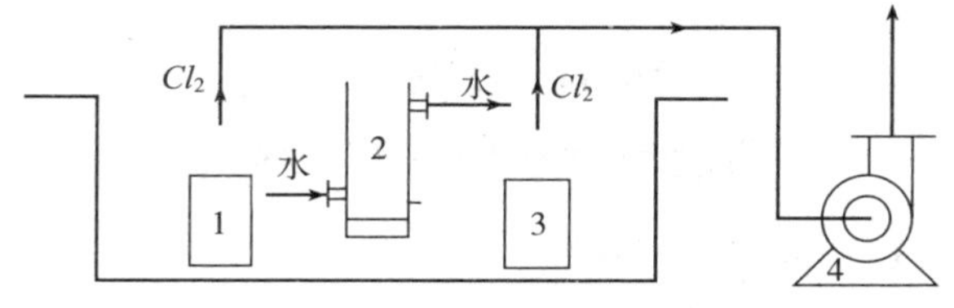

1. 碳板　2. 阴极　3. 碳板　4. 鼓风机

电槽尺寸:长 34 厘米、阔 22 厘米、高 17 厘米

阳极板尺寸:长 14 厘米、阔 4 厘米、高 15 厘米

阴极:φ4. 5 ~5. 1 厘米(圆钢)

电流密度:阳极　A/单位面积 =1. 19 ~1. 217 A/厘米^2

　　　　　阴极　18. 38A/厘米^2 ~23. 6A/厘米^2

包装:铁桶油封,净重 25 公斤、50 公斤。

镉

Cadmium

分子式: Cd　　　　**原子量:**112. 41

性状:银白色金属,有兰彩,质软,富有延展性,熔点 321℃,沸点 767℃,不溶于水,易溶于淡硝酸,能溶于热盐酸,在潮湿空气中易被氧化失去光泽,生成一层氧化物薄膜,可防止进一步氧化。

用途:电镀、各种合金、半导体、焊料、光电管、光学材料等;镉的化合物可制颜料,用于油漆、搪瓷、玻璃等方面。

主要原料规格及消耗定额:

原料来自生产氧化锌的下脚

工艺流程:

生产镉的方法有火法、湿法和联合法。在高温冶金过程中,镉的损失太大,一般都不采用火法。湿法是生产镉的主要方法,其作业包括含镉原料的浸出,浸出液净化和置换沉淀海绵镉,镉溶液电解等。

金属镉的制备:由生产氧化锌过程中来的下脚,用硫酸调整 pH =5. 4,压滤以后,将滤液加热到 90℃,加入高锰酸钾氧化使铁、锰盐形成沉淀,滤去杂质,加入锌片得到海绵镉;先用淡硫酸漂洗一、二次,再用清水漂洗后压团,加氢氧化钠冶炼,冷却,洗掉氢氧化钠即可得金属镉。

过氯乙烯树脂

Chlorinated PVC resin

结构式:

$$\left[\begin{array}{cccccc} H & Cl & Cl & Cl & H & Cl \\ | & | & | & | & | & | \\ -C- & C- & C- & C- & C- & C- \\ | & | & | & | & | & | \\ H & H & H & H & H & H \end{array}\right]_{\frac{n}{8}}$$

分子量:30000 ~ 60000

状性:本品是由聚氯乙烯树脂经溶液氯化法而制得,它是无定型结构的热塑性树脂,不易燃烧,对无机酸、碱、盐类具有良好的耐腐蚀性,在常温下能溶于丙酮、苯、酯类等溶剂中。它的热稳定性较差,加热至 130℃以上就会分解,软化点在 80 ~ 90℃,所以使用时最高不应超过 60℃。

用 途:用作油漆、粘合剂、纤维等。

规格:(涂料用)

	一级	二级
外观	白色或带浅黄色的颗粒,直径不大于 50 毫米。允许有少量疏松块状物。	
溶解时间(分)	<60	<120
10% 树脂混合溶剂溶液黏度(秒 20/℃)	14 ~ 20	14 ~ 20
	20 ~ 28	20 ~ 40
10% 树脂混合溶剂透明度(厘米)	≥15	≥9
热分解温度(℃)	≥90	≥80
溶液色度	<150 号	<300 号
含氯量	61% ~ 65%	61% ~ 65%
灰分	≤0. 1%	≤0. 3%
铁(Fe)	≤0. 01%	≤0. 03%
水分	≤0. 5%	≤0. 5%

主要原料规格及消耗定额:

聚氯乙烯树脂	0. 80 ~ 0. 85 吨/吨
氯气	0. 6 ~ 0. 7 吨/吨
一氯化苯	0. 6 ~ 0. 75 吨/吨

工艺流程:

将聚氯乙烯树脂溶解在一氯化苯,在加温下氯化制得。生产过程分氯化、水析、干燥三步。

氯化：在搪玻璃反应锅内加入聚氯乙烯树脂和一氯化苯进行溶解，加入少量偶氮二异丁腈和通入氮气以吹除锅内空气，然后加温至35℃，开始通氯，当温度升至112℃时通氯量逐渐增大，并在(112 ±2℃)恒温反应一段时间，当氯化终了时，再用氮气吹除料液内的氯气和氯化氢气体，使料液内含氯量小于0.05%，氯化氢小于0.05%然后将料液送往水析。

聚氯乙烯氯化反应式：

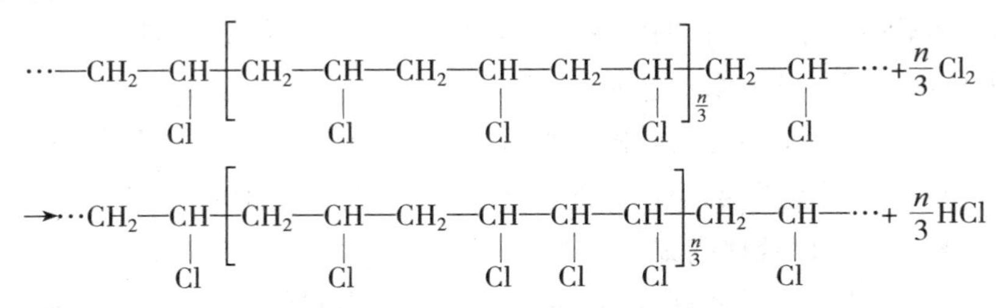

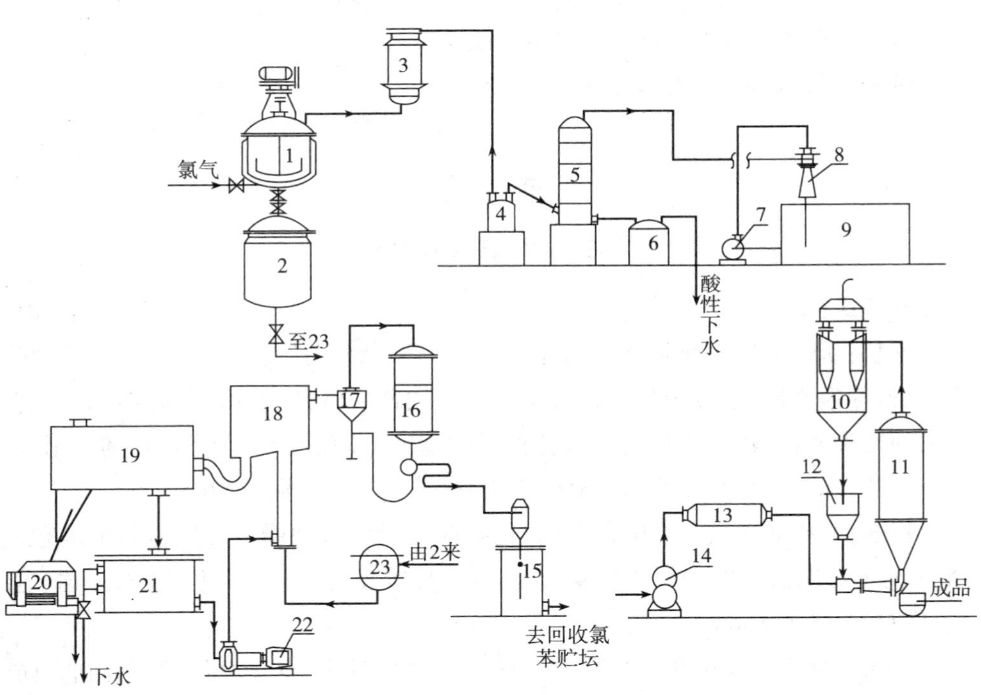

过氯乙烯树脂生产流程图

1. 氯化釜　2. 氯化液贮槽　3. 回流冷凝器　4. 缓冲器　5. 水洗塔　6. 液封缸　7. 污水泵　8. 喷射泵　9. 石灰池　10. 旋风分离器　11. 喷动干燥器　12. 加料贮斗　13. 空气加热器　14. 鼓风机　15. 氯苯沉降器　16. 列管冷凝器　17. 旋风分离器　18. 水析塔　19. 长网脱水器　20. 离心机　21. 热水箱　22. 热水泵　23. 氯化液过滤器

在氯化反应和吹酸过程中逸出的气体,主要为氯化氢、一氯化苯、氯气,流经冷凝回流器将氯苯冷凝回流入反应锅,氯气,氯化氢流经水洗塔除去氯化氢气体,氯气再由石灰乳吸收。

水析:水析操作是在耐酸搪瓷水析塔内进行,氯化液经塔底喷出,被加热蒸汽击成雾状,将一氯化苯与过氯乙烯树脂分离,由塔内循环热水将物料由塔底送往塔顶分离器,一氯化苯与水成共沸蒸出,经冷凝回收,水析出的过氯乙烯树脂经水封分离后随热水流入长网脱水机,然后进入离心机再进一步脱水,热水流入水箱,由热水循环泵送入水析塔。

干燥:水析出的树脂经离心机脱水后,水分降至 50% 左右,再用热空气(85 ~ 100℃)进行气流喷动干燥,当水分降至 0. 5% 以下时进行出料。

综合利用和三废处理措施:

氯化工序排出尾气中有氯化氢、氯气、及少量氯苯目前用石灰乳吸收后排放。

水析工序的废水中含氯苯目前用活性炭吸附后排放。

包装:塑料袋装,净重 15 公斤。

活性炭

Carbon activated

分子式:C　　　　**分子量:**12. 01

性状:活性炭是一种非极性吸附剂,有粉状粒状之分,是以炭素质如木屑、果壳、煤粉等为原料,经过炭化活性加工而成。内部有特殊的发达的孔隙构造,有很大的比表面积,其内外表面均有各种活性基团,具有很大的吸附力,其吸附性是有选择性的,同时有异常的化学稳定性,不溶于水及各种溶剂中。

用途:粉状活性炭主要用在医药、化学药品、糖类、油脂,食品、饮料的脱色、精制,除臭;水的净化;金属与金属盐类的吸附;稀有金属的分离和提纯;浮选、电镀、橡胶、干电池等等。

粒状活性炭主要用在气相吸附方面,如触媒、载体、空气净化、溶剂回收、防毒面具、以及水处理等各方面。这里我们介绍粉状活性炭的氯化锌法生产工艺。

规格:按品种分类另订。

主要原料规格及消耗定额:

木屑	杉木屑	水分 <10%	3. 9 吨/吨
氯化锌		含量≥98%	0. 5 吨/吨

盐酸	含量≥31%	0.75 吨/吨

工艺流程:

原料准备:木屑经回转干燥器干燥后,由空气输送至高位储槽,以供生产。将氯化锌加入溶解池中,用自来水和回收工序放回的氯化锌溶液溶解,配制浓度:糖用炭 50°Bé/60℃,工业炭 45°Bé/60℃,然后以工业盐酸调节氯化锌溶液的 pH 值,糖用炭调至 pH =6 ~7,工业炭 pH =4 ~5,静置一定时间后,由真空泵将氯化锌溶液抽到高位槽备用。

拌和,活化:将准备好的原料木屑和氯化锌溶液,分别计量投入捏和机内,开搅拌使其充分捏和,拌屑时间约 15 分钟,然后将料送至炭活化回转炉,进行炭化活化,活化温度控制在 700℃左右。经活化后的料放入运料箝供下工序用。

氯化锌的回收:活化料用卷扬机吊起投入洗锌桶内,洗涤回收氯化锌供配制氯化锌溶液用。回收完毕将料放入漂洗桶。

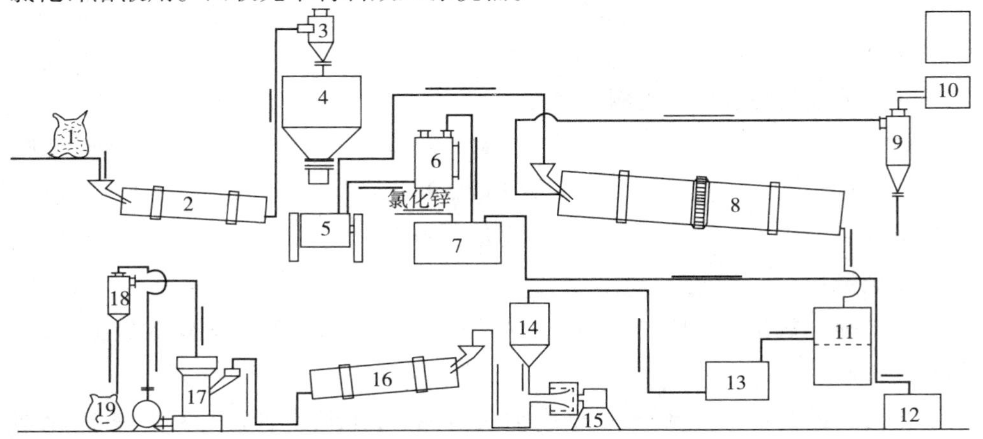

活性炭生产流程图

1. 原料木屑 2. 回转干燥器 3. 旋风分离器 4. 木屑贮槽 5. 捏和机 6. 锌盐溶液计量槽 7. 氯化锌溶解池 8. 活化炉 9. 旋风分离器 10. 喷淋塔 11. 洗锌桶 12. 淡水贮槽 13. 漂洗桶 14. 高位贮槽 15. 离心机 16. 干燥机 17. 雷蒙机 18. 旋风分离器 19. 成品

漂洗:在漂洗桶内加入热水并通蒸汽煮沸,然后将水滤去,再加入适量盐酸和水至炭面,继续煮沸,待炭内所含铁盐和氧化铁全被溶解后,继用清水漂洗,直至滤液与铁氰化钾不起蓝色反应为止。最后按不同规格要求分别以自来水或纯水进行漂洗至杂质含量符合要求为止,再按不同品种调节 pH 值。

干燥、磨粉:漂洗好的炭和水用泵打入高位,然后进入离心机脱水,再经回转干燥器干燥后,送至雷蒙机磨粉、包装、即为成品。

活性氧化锌

Zinc oxide activated

分子式:ZnO　　　　**分子量**:81.38

性状:白色或微黄色球形状微细粉末,不溶于水和醇,能溶于稀酸或氢氧化钠溶液中,在空气中能缓缓吸收二氧化碳和水分生成碳酸锌。

用途:用于橡胶或电缆工业作补强剂、活化剂、也可作为白色胶的着色剂和填充剂,在天然氯丁胶中作为硫化剂。

规格:

含量	95%~98%	盐酸不溶物	≤0.02%
灼烧减量	0.5%~4.0%	氧化铅	≤0.04%
水分	≤0.7%	氧化锰	≤0.0005%
水溶性盐	≤0.7%	氧化铜	≤0.0002%

主要原料规格及消耗定额:

硫酸	含量≥92.5%	1.42吨/吨
碳酸钠	含量≥98%	1.48吨/吨
氧化锌	含量≥90%	1.1吨/吨

工艺流程:

以硫酸和氧化锌反应,生成硫酸锌,经精制后用碱中和生成碱式碳酸锌,经焙烧得成品。

硫酸锌的制备与精制:反应槽内加入淡硫酸,在搅拌下加入氧化锌,直至溶液 pH=5 时为反应完毕。溶液浓度控制在41~43°Bé。化学反应式如下:

$$ZnO + H_2SO_4 \longrightarrow ZnSO_4 + H_2O$$

$$Zn + H_2SO_4 \longrightarrow ZnSO_4 + H_2$$

粗品硫酸锌含有硫酸铁、硫酸铜、硫酸镉等杂质须经过提纯,提纯方法利用氧化和置换法。先将料液加热到80~99℃,溶液浓度在39~40°Bé,pH值在5.4左右时,加入高锰酸钾进行氧化,氧化反应式如下:

$$2KMnO_4 + 6FeSO_4 + 14H_2O \rightarrow 2MnO_2 + 6Fe(OH)_3 + K_2SO_4 + 5H_2SO_4$$

$$2KMnO_4 + 3MnSO_4 + 2H_2O \rightarrow 5MnO_2 + K_2SO_4 + 2H_2SO_4$$

反应1小时后,滤去杂质,再加热到75~79℃,溶液浓度控制在33~37°Bé,加入锌粉,按下列反应式进行除杂。

$$Zn + CuSO_4 \longrightarrow Cu + ZnSO_4$$

$$Zn + NiSO_4 \longrightarrow Ni + ZnSO_4$$

$$Zn + CdSO_4 \longrightarrow Cd + ZnSO_4$$

$$H_3AsO_3 + 3H_2 \longrightarrow AsH_3 + 3H_2O$$

置换后的硫酸锌还含有少量杂质再用高锰酸钾进行氧化除杂。

中和：精制后的硫酸锌溶液用纯碱中和至 pH = 6.8（游离碱 0.4 ~ 0.5%），为使反应完全在中和完毕后再稍加热。化学反应式如下：

$$3ZnSO_4 + 3Na_2CO_3 + 3H_2O \rightarrow ZnCO_3 \cdot 2Zn(OH) \cdot H_2O + 2CO_2 + 3Na_2SO_4$$

焙烧：中和后的产物碱式碳酸锌由叶片吸滤机滤出，再用水洗去硫酸盐和过量的碱。然后由挤压泵加入转炉经逆流干燥，出料口温度控制在 250 ~ 300℃，干燥后碳酸锌含水量 <4%，由输送机送入轧粉机轧粉后进入转炉焙烧，出料口温度控制在 500 ~ 550℃。成品纯度控制在 96 ~ 98%。焙烧时按下列反应式生成氧化锌。

$$ZnCO_3 \cdot 2Zn(OH)_2 \cdot H_2O \rightarrow 3ZnO + CO_2 + 3H_2O$$

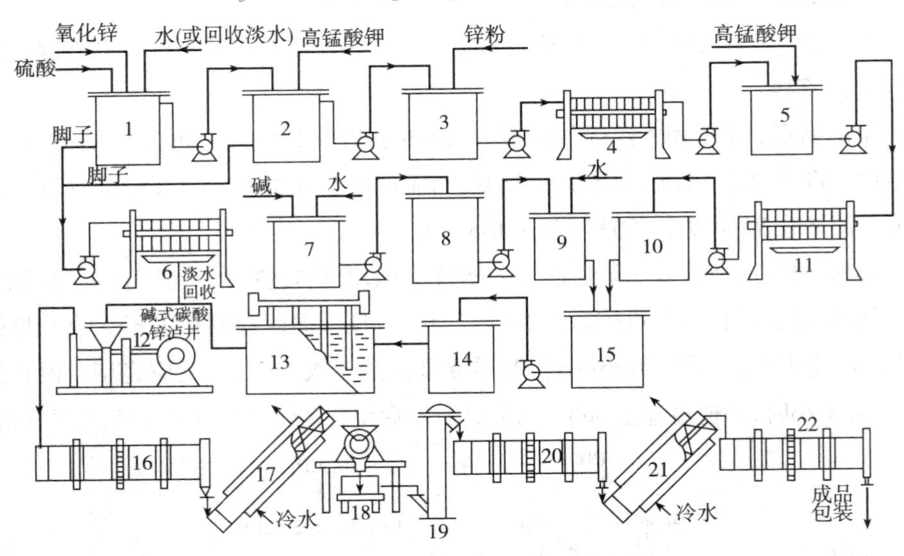

活性氧化锌生产流程图

1. 粗制品槽　2. 一次氧化槽　3. 置换槽　4,6,11. 压滤机　5. 二次氧化槽　7. 溶碱槽　8. 高位澄清槽　9. 配碱槽　10. 澄清槽　12. 挤压泵　13. 叶片吸滤机　14. 贮浆槽　15. 中和槽　18. 转炉干燥　17,21. 水冷螺旋输送机　18. 轧粉机　19. 斗式提升机　20. 转炉焙烧　22. 小转炉冷却

综合利用和三废处理措施：

硫酸锌精制过程中生成的废渣已回收到金属镉、铅等。

合成樟脑

Camphor synthetic

分子式: $C_{10}H_{16}O$　　**分子量**: 152.24

性状: 白色结晶粉末，气味芳香，在常温下易挥发，能溶于醇或醚，不溶于水，点燃发生多烟火焰。

用途: 用在硝化纤维的增韧剂，无烟火药安定剂，制造赛璐珞，喷漆的增塑剂，医药上用作防腐剂，驱虫剂，强心剂等。

规格:

	一级	二级
熔点(℃)	165	—
含量	≥96%	≥94%

主要原料规格及消耗定额:

松节油(含蒎烯 90%)　1.55 吨/吨　　冰醋酸　0.62 吨/吨

工艺流程:

蒎烯精馏：用含 90% 蒎烯的松节油，预热至 95～105℃，经泡罩塔精馏，塔顶真空度 700 毫米汞柱，温度不超过 83℃，回流比控制在 1 左右。经精馏后的产品含 α－蒎烯在 95% 以上(沸程 154～158℃)。

异构：将精馏所得 α－蒎烯抽入异构反应锅，开启搅拌，加热到 100℃时，加入催化剂偏钛酸(偏钛酸总量控制在 2%～2.5%)，反应温度控制在 118℃，真空度维持在 480 毫米汞柱，反应数小时后，取样测凝固点 3 次不变，则反应完毕。停止搅拌，静置 4 小时，加速冷却至 60℃出料，经压滤后得含莰烯 75% 上的淡黄色异构液。

反应式：

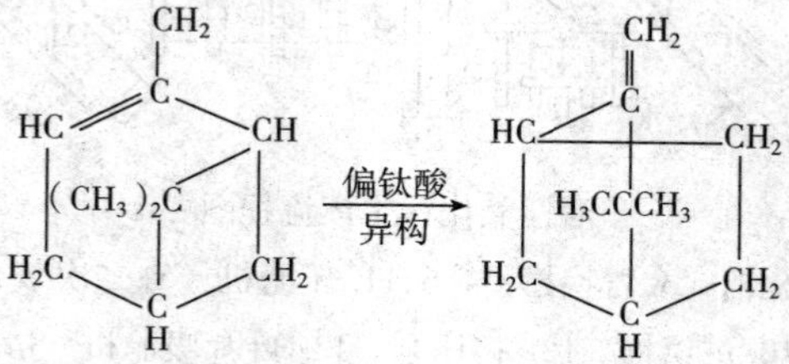

CH₂ / HC / C / CH / (CH₃)₂C / H₂C / CH₂ / C / H　—偏钛酸 / 异构→　CH₂ / C / HC / CH₂ / H₃CCCH₃ / H₂C / CH₂ / C / H

莰烯精馏：异构所得莰烯预热到 100～110℃，经泡罩塔精馏，塔顶真空度 640～660毫米汞柱，温度在 98～103℃，回流比控制在 2～3，凝固点在 44～45℃，精馏后的莰烯为无色粒状晶体，含量达 98% 以上，熔点 54℃。

酯化蒸馏：在搪玻璃反应锅内，先加入冰醋酸与莰烯，开启搅拌，然后加入硫酸作催化剂，反应温度控制在45℃左右，反应数小时后取样测定溴数在10以下，则反应完毕。加水洗涤，分层放出淡酸及废水后，加纯碱中和，得含酯量85%以上的淡黄色异龙脑乙酯，然后再经泡罩塔蒸馏，蒸出水分及未反应酸性莰烯。得到含量95%以上的白色精制异龙脑乙酯。蒸馏条件：塔釜温度在160～165℃，真空度不低于700毫米汞柱。

反应式：

CH_2 = C; HC, CH_2, H_3CCCH_3, H_2C, CH_2, C–H $\xrightarrow[CH_3COOH]{50\%H_2SO_4}$ CH_2, C, H_2C, C(H)($OCOCH_3$), H_3CCCH_3, H_2C, CH_2, C–H

水解：在加压反应锅内，加入异龙脑乙酯和45%液碱及二甲苯溶剂，进行水解皂化，反应温度控制在140℃左右，反应数小时后，取样测定达到含酸量在0.2%～0.3%时，则反应完毕。加水洗涤至中性，将乙酸钠溶液放出，存下是异龙脑。

反应式：

CH_2, C, H_2C, C(H)($OCOCH_3$), H_3CCCH_3, H_2C, CH_2, C–H + NaOH $\xrightarrow[皂化]{二甲苯}$ CH_2, C, H_2C, C(H)(OH), H_3CCCH_3, H_2C, CH_2, C–H + CH_3COONa

脱氢：将异龙脑放入脱氢锅，逐步升温，排尽水分，锅温达到150℃时，然后加入催化剂铜触媒，反应20小时，温度逐步升至180～190℃，取样测定异龙脑，含量低于2%即脱氢完毕。再将料液经汽化锅，温度控制在190～210℃，汽化后的二甲苯和樟脑混合气体进樟脑分馏塔，蒸馏出二甲苯，塔内的樟脑液入升华锅加热到210℃，由导管进入升华室，室温不超过100℃，生成白色粉状晶体，即为合成樟脑。

反应式：

CH_2, C, H_2C, C(H)(OH), H_3CCCH_3, H_2C, CH_2, C–H $\xrightarrow[CuCO_3 \cdot Cu(OH)_2]{脱氢}$ CH_2, C, H_2C, C=O, H_3CCCH_3, H_2C, CH_2, C–H + $H_2\uparrow$

综合利用和三废处理措施：

莰烯精馏塔釜重油退脚副产双戊烯，双萜烯作油漆溶剂用。

异构催化剂钛触媒下脚，给农村当燃料用。

酯化，皂化反应洗涤出淡乙酸，供生产醋酸钠。

脱氢后，剩余催化剂铜触媒及樟脑，经回收装置后，作为燃料，剩下渣脚用作回收铜。

包装：木箱或麻袋内衬塑料袋，净重50公斤。

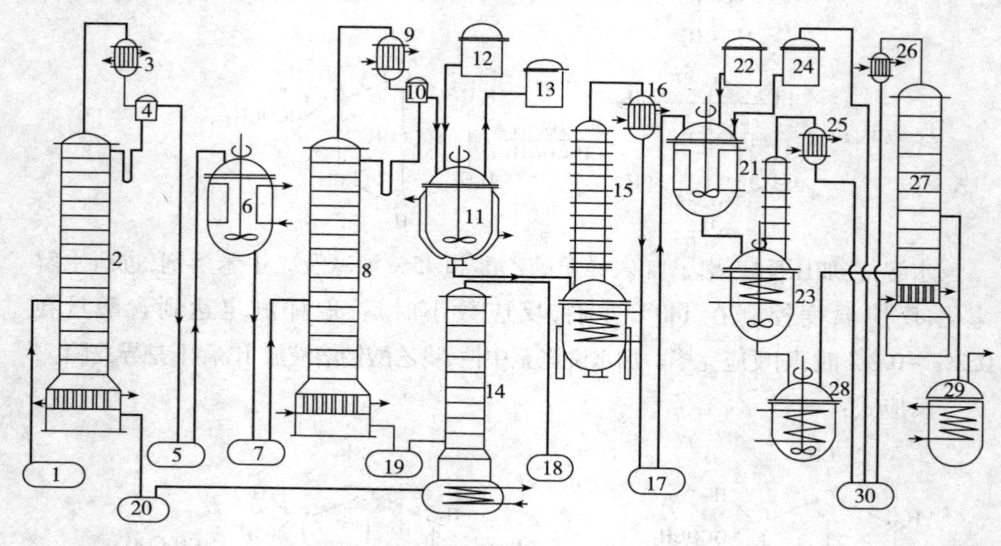

合成樟脑生产流程图

1. 松节油贮槽 2. 蒎烯精馏塔 3. 冷凝器 4. 分配器 5. 蒎烯贮槽 6. 异构锅 7. 异构液贮槽 8. 莰烯精馏塔 9. 冷凝器 10. 分配器 11. 酯化锅 12. 硫酸计量槽 13. 冰乙酸计量槽 14. 双戊烯分馏塔 15. 乙酯精馏塔 16. 冷凝器 17. 乙酯贮槽 18. 双戊烯贮槽 19. 二烯贮槽 20. 双萜烯贮槽 21. 水解锅 22. 液碱计量槽 23. 脱氢塔 24. 二甲苯计量槽 25,26. 冷凝器 27. 樟脑液分馏塔 28. 汽化锅 29. 升华锅 30. 二甲苯贮槽

环氧氯丙烷

Epichlorohydrin

分子式：$CH_2{-}CH\,CH_2Cl$（CH_2与CH之间以O相连成环） **分子量**：92.5

性状：无色透明液体，具有如乙醚、氯仿相似的气味。能溶于乙醇、乙酯、乙醚等，不溶于水。其挥发性很强且带有麻醉性。

用途：合成环氧树脂以及树胶用溶剂。

规格:

比重(D_4^{20})	1.178～1.183	水分	30℃ ±1℃不浑浊
含量	≥90%		

主要原料规格及消耗定额:

甘油	含量 95%	1.2 吨/吨
液碱	含量 30%	3.1 吨/吨

工艺流程:

甘油经预热后加入反应锅,并加入 3% 量的乙酸作催化剂,然后通入氯化氢气体,反应温度控制在 80～90℃,当料液经分析达要求后即可准备出料。

反应式: $C_3H_5(OH)_3 + 2HCl \longrightarrow C_3H_5(OH)Cl_2 + 2H_2O$

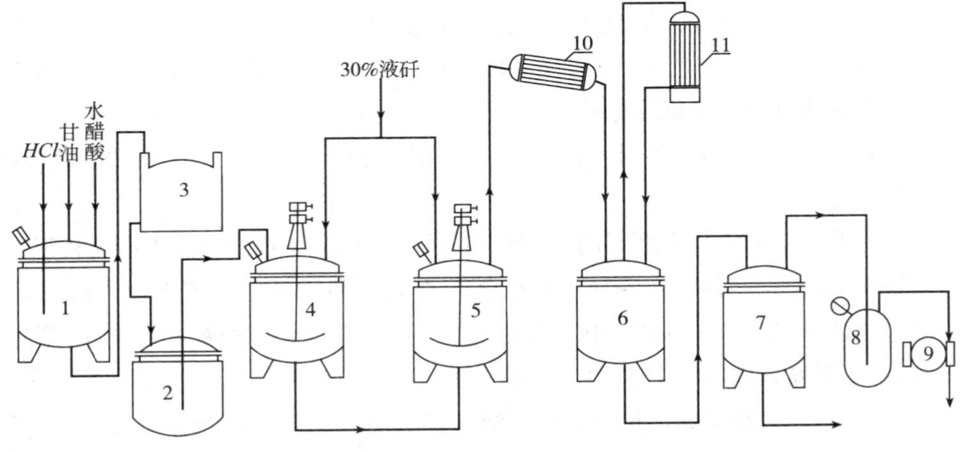

环氧氯丙烷生产流程图

1. 反应釜 2. 压料釜 3. 中间品贮槽 4. 中和釜 5. 环化釜 6. 接收器 7. 成品贮槽 8. 贮气桶 9. 泵 10. 卧式列管冷凝器 11. 立式列管冷凝器

料液冷却后,压入中和釜,在低温下用液碱中和至 pH =6～7,再抽入环化锅,加入 30% 液碱进行环化,控制料液与液碱之比为 1∶0.8,最后经减压蒸馏收集成品。

反应式 $C_3H_5(OH)Cl_2 + NaOH \longrightarrow \underset{\diagdown O \diagup}{CH_2\text{—}CH} - CH_2Cl + NaCl + H_2O$

综合利用和三废处理措施:

反应时过剩氯化氢经石墨塔水淋吸收成盐酸。

环化蒸馏残液主要成分为氯化钠,目前稀释后排放。

包装:黑铁桶装,净重 200 公斤。

黄抛光膏

Polishing compound yellow

又名:101 黄色抛光膏

性状:红棕色条状油膏,遇热变软熔化,熔点 45℃,不溶于水、乙醇、溶于酸类。

用途:用作金属制品的镀前抛光,抛光后能去除镀件表面的毛刺和丝痕、污粘、使镀件光洁平滑,然后进行电镀。亦可作非金属制品如有机玻璃、赛璐珞胶木的抛光和抛亮。

规格:

外观	剖面光洁,色泽均匀,无气泡	含油量	≥21%
硬固点	45～51℃	磨料含量	≥79%

主要原料规格及消耗定额:

油腊	0.238 吨/吨	长石粉	0.788 吨/吨

工艺流程:

黄色抛光膏系由作为磨料的长石粉和各种混合油脂结合而成,生产流程下:

熔油:将预先准备好之各种油脂按其熔点高低和用量比例依次投入熔油坦克中,蒸汽间接加热,使油脂熔化,并缓缓蒸出油脂中的水分和撇去杂质,严密防止油溢,在温度升到 140℃时,再保温数小时,则认为熔油完毕。

混料:用牙齿泵将熔油坦克中已经溶解好的油脂抽至称量器称量后,放入反应锅,加热至 140℃用消石灰皂化后,然后陆续加入长石粉及添加剂铁红及红丹,在充分搅拌下使其反应完全,待 2 小时后反应结束。

成型:将已经搅拌反应好之物料放入冷却锅内进行冷却,使温度降至 100℃以下,然后由机械定量浇模,喷水冷却凝固后为成品。

包装:纸包装净重 9 公斤,麻袋装净重 54 公斤。

酒石酸钾钠

Sodium potassium tartrate

分子式:$KNaC_4H_4O_6 \cdot 4H_2O$　　**分子量**:282.23

性状:无色透明结晶,溶于水,不溶于乙醇,水溶液呈微碱性。比重 1.79,熔点 70～80℃,100℃时失去 3 个结晶水,130～140℃时成为无水物,在 220℃时开始分解。

用途:制镜工业用作还原剂,在电讯器材中用以制晶体喇叭或晶体话筒。

规格:

含量 ≥98%	pH 值 6.8~7.5	氯化物 ≤0.01%

主要原料规格及消耗定额:

酒石酸	含量≥98%	0.594 吨/吨
氢氧化钾	含量 47%~50%	0.28 吨/吨
氢氧化钠	含量≥95%	0.18 吨/吨

工艺流程:

在装有搅拌和蒸汽加热管的反应锅内,加入固碱、液体氢氧化钾、加水溶解,在加热和搅拌下加入酒石酸,直至溶液 pH=7,溶液浓度控制在 38~40°Bé,停止加料,趁热吸滤入中转槽,然后放入结晶锅,冷却结晶,经抽滤后,用水洗涤除去氯化物,在≤48℃下沸腾干燥后为成品。反应式如下:

$$H_2C_4H_4O_6 + KOH + NaOH + 2H_2O \longrightarrow KNaC_4H_4O_6 \cdot 4H_2O$$

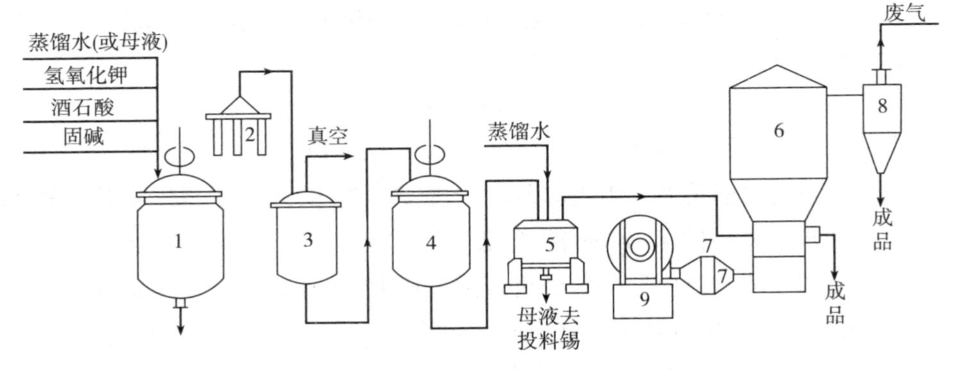

酒石酸钾钠生产流程图

1. 反应锅 2. 叶片吸滤机 3. 滤液贮槽 4. 结晶锅 5. 离心机 6. 沸腾干燥器 7. 电加热器 8. 旋风分离器 9. 鼓风机

包装:麻袋内衬塑料袋装,净重 50 公斤。

焦亚硫酸钠

Sodium metabisulfite

又名:偏重亚硫酸钠

分子式:$Na_2S_2O_5$ **分子量:**190.11

性状:白色或微黄色粉末,带有强烈二氧化硫气味,易溶于水,在空气中易氧化成硫酸钠。

用途:染料、香料、照相业中作还原剂、有机物漂白剂、酿造饮料制造中作防腐剂、杀菌剂。

规格:	优级	一级	二级
含量(以 SO_2计)	≥65%	≥64%	≥61%
pH 值	4.5~5.5	4.5~5.5	4.5~5.5
水不溶物	≤0.05%	≤0.05%	≤0.1%
重金属(Pb)	≤0.005%	—	—
铁(Fe)	≤0.002%	≤0.01%	≤0.05%

主要原料规格及消耗定额:

纯碱	含量≥99%	0.58 吨/吨
硫黄	含量≥95%	0.39 吨/吨

工艺流程:

以硫黄为原料,燃烧成二氧化硫气体,经碱液吸收生成焦亚硫酸钠,其反应式和生产流程如下:

$$S + O_2 \longrightarrow SO_2$$

$$Na_2CO_3 + 2SO_2 \longrightarrow Na_2S_2O_5 + CO_2$$

以压缩空气与硫黄喷入燃烧炉燃烧,生成 SO_2气体,气浓在 8%~12%,经冷却除尘器和水洗塔以除去升华硫和降低气浓温度至 50℃左右。经过净化后的 SO_2气体,通入串联的反应器与碱液进行逆向吸收,生成成品自反应器放入离心机甩干,再经气流干燥,热风控制在 140~160℃,干燥后的成品即进行包装。

从串联反应器出来的尾气,经吸收塔排出,离心机分离出来的母液,供纯碱配浆用。

综合利用和三废处理措施:无。

碱式硫酸铬

Chromium sulfate basic

又名:盐基性硫酸铬

分子式:$Cr(OH)SO_4$　　**分子量:**165.06

性状:碱式硫酸铬工业产品为 $Cr(OH)SO_4$与 Na_2SO_4的混合物,通式为 $Cr(OH)m(SO_4)n \cdot xH_2O$,是无定形墨绿色粉状物,用喷雾干燥所得绿色产品的松密度为960公斤/米^3。易溶于水，易吸湿。

用途：主要用于鞣革及媒染。

规格：	固体	液体
盐基度	26%～27%	13%～15%
	33%～34%	45%～48%
		38%～42%
		36%～38%
		33%～34%
		0～5%

主要原料规格及消耗定额：

重铬酸钠母液	（以100%重铬酸钠计）	0.2～0.215吨/吨
蔗糖		0.05～0.06吨/吨
酸性硫酸钠	含量以100%计	0.521吨/吨

工艺流程：

制造碱式硫酸铬的原料为重铬酸钠母液，含$Na_2Cr_2O_7 \cdot 2H_2O$ 1000～1300克/升。酸化剂为硫酸，工业生产常用铬酸酐生产之副产品硫酸氢钠作为酸化剂。硫酸氢钠先溶解成40～42°Bé的溶液，酸度（以H_2SO_4计）350～400克/升，在反应前先经澄清，除去$mCr_2O_3 \cdot nCrO_3 \cdot xH_2O$形态的不溶物。

还原反应系在衬铅或搪玻璃反应器中进行，重铬酸钠母液先与硫酸氢钠溶液混合，然后渐渐加入还原剂蔗糖或麦芽糖，使六价铬还原，反应式如下：

$$8Na_2Cr_2O_7 + 24H_2SO_4 + C_{12}H_{22}O_{11} \longrightarrow$$
$$16Cr(OH)SO_4 + 8Na_2SO_4 + 27H_2O + 12CO_2$$
$$8Na_2Cr_2O_7 + 48NaHSO_4 + C_{12}H_{22}O_{11} \longrightarrow$$
$$16Cr(OH)SO_4 + 32Na_2SO_4 + 27H_2O + 12CO_2$$

按上述反应所制得的产品，为1/3盐基度（$33\frac{1}{3}\%$）。酸的用量由盐基度而定，典型产品的用酸量如下：

盐基度（%）	硫酸用量（公斤H_2SO_4/公斤$Na_2Cr_2O_7 \cdot 2H_2O$）
45～48	0.86
38～42	0.93
36～38	0.95
33～34	1.00
0～5	1.38

每公斤 $Na_2Cr_2O_7 \cdot 2H_2O$ 需加入蔗糖0.2~0.25公斤，视盐基度高低而定，当盐基度高时用量需多些，反之用量可少些。采用麦芽糖作还原剂时，用量应比蔗糖多些，反应时放出较多热量，还原剂加入必须缓慢以防止暴沸，反应结束时，保持溶液沸腾，有利于还原反应的完全。

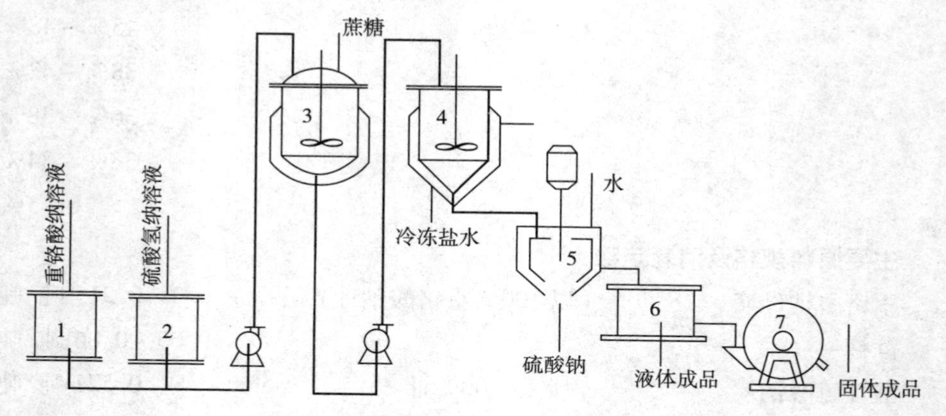

碱式硫酸铬生产流程图

1. 母液槽　2. 溶液槽　3. 反应锅　4. 结晶锅　5. 上悬式离心机　6. 成品槽　7. 干燥器

综合利用和三废处理措施：

十水硫酸钠用于制造元明粉及回收氢氧化铬。

包装：槽车装。

甲氧基乙酸甲酯

Methyl methoxyacetate

分子式：$CH_3OCH_2COOCH_3$　　**分子量：**104.11

性状：无色透明液体，有异味，微溶于水，能溶于醇、醚，沸点130℃，比重(D_4^{20})1.0511。

用途：B_6周效磺胺等药品中间体。

规格：

沸程(128~132℃)	90%~92%	水分	≤0.5%
氯化物	≤0.5%		

主要原料规格及消耗定额：

氯乙酸	1.17吨/吨	甲醇钠(总钠量)≥12%	2.04吨/吨

工艺流程：

用氯乙酸和甲醇加热酯化，生成氯乙酸甲酯，然后再和甲醇钠进行甲氧化反应，精制后得成品，反应式和生产流程如下：

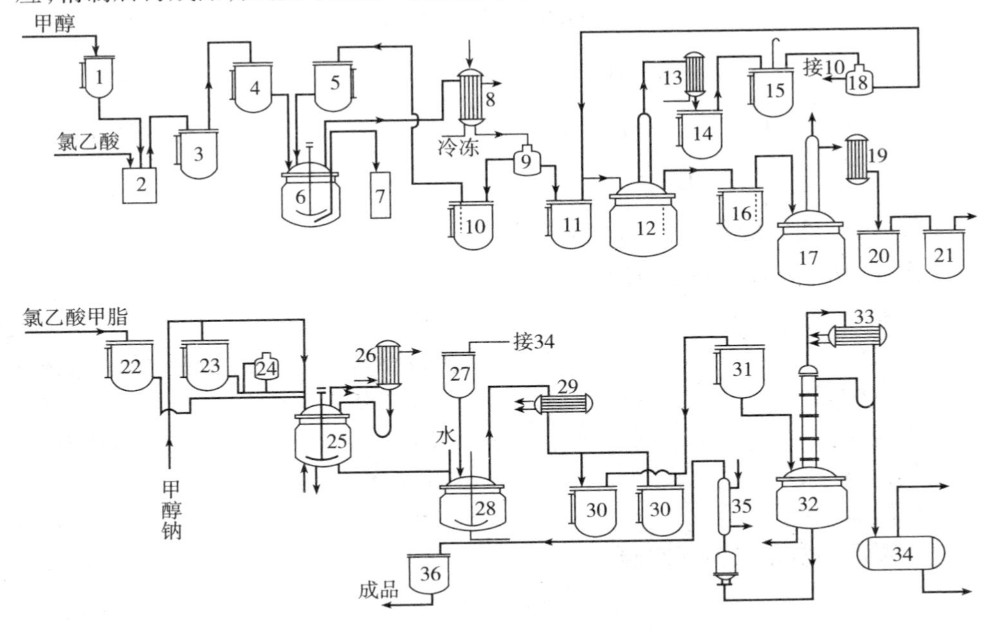

甲氧基乙酸甲酯生产流程图

1. 计量槽 2. 氯乙酸溶解槽 3. 氯乙酸甲醇溶液 4. 氯乙酸甲醇溶液高位槽 5. 淡甲醇高位槽 6. 酯化反应锅 7. 下脚贮筒 8. 冷凝器 9. 酯化分层瓶 10. 淡甲醇贮槽 11. 粗酯贮槽 12. 氯乙酸甲酯蒸馏釜 13. 冷凝器 14. 接受罐 15. 高位槽 16. 贮槽 17. 蒸馏釜 18. 分层瓶 19. 冷凝器 20. 氯乙酸甲酯接受罐 21. 计量罐 22. 高位槽 23. 甲醇钠高位槽 24. 甲醇钠计量瓶 25. 甲氧化反应罐 26. 冷凝器 27. 甲醇计量罐 28. 脱盐釜 29. 冷凝器 30. 粗品贮罐 31. 粗品高位槽 32. 回收甲醇锅 33. 冷凝器 34. 甲醇贮槽 35. 成品过滤器 36. 成品槽

氨化：用工业氨水和精双乙烯酮在水溶液条件下，加成反应成乙酰基乙酰胺。

反应式：

$$C_4H_4O_2 + NH_4OH \longrightarrow CH_3COCH_2CONH_2 + H_2O$$

控制反应温度 30 ~ 40℃，反应终点 pH = 7。

尾气回收：乙烯酮气体经两个吸收塔吸收后，尚有少量乙烯酮气体未被吸收而进入尾气吸收塔，用淡醋酸吸收成醋酸，这样连续不断循环使用，使淡醋酸浓度达 80% 以上，处理后作原料用。

季戊四醇
Pentaerythritol

分子式：$HOCH_2—C(CH_2OH)_3$

$$\begin{array}{c} CH_2OH \\ | \\ HOCH_2—C—CH_2OH \\ | \\ CH_2OH \end{array}$$

分子量:136.15

性状:白色结晶性粉末,微溶于冷水,较易溶于热水。

用途:用于油漆、合成树脂、炸药等的制造。

规格:

	一级	二级
外观	白色或微黄色粉末	白色或微黄色粉末
熔点(℃)	235	210
灼烧残渣	≤0.3%	≤0.5%
氯化物(Cl)	≤0.01%	—
硫酸盐(SO_4)	≤0.1%	—

主要原料规格及消耗定额:

甲醛	含量 36.5%	4.79 吨/吨
乙醛	含量 20%	0.55 吨/吨
生石灰	含量 ≥90%	

工艺流程:

季戊四醇的生产用氢氧化钠为缩合剂通称为钠法;用氢氧化钙为缩合剂通称为钙法。钙法定额较高,三废问题也多,目前采用钙法生产,钙法的生产流程简述如下:

配料:用水稀释乙醛成20%的乙醛溶液。将生石灰加入配制槽中用水配成约25%的石灰乳。

缩合:在反应锅内加入规定量的水,开动搅拌机加入定量甲醛,在室温下,再将稀乙醛溶液和石灰乳同时分路加到反应锅中与甲醛进行缩合反应,温度以不超过60℃为限,至缩合液颜色由灰变青,逐渐降温至45℃,即可放入酸化锅准备酸化。

反应式:$8CH_2O + 2CH_3CHO + Ca(OH)_2 \longrightarrow 2C(CH_2OH)_4 + (HCOO)_2Ca$

缩合反应的配料分子比(公斤): 乙醛: 甲醛: 石灰 = 1:4.7:(0.7~0.8)

酸化:用60%~70%的硫酸加到缩合液进行酸化,直至溶液的pH值2~2.5

为止，然后用压滤机除去硫酸钙，滤液放入沉降槽静置澄清。

除钙：澄清的滤液通过离子交换柱，除去残存的钙离子。（柱内填充强酸性离子交换树脂，定期进行再生。）

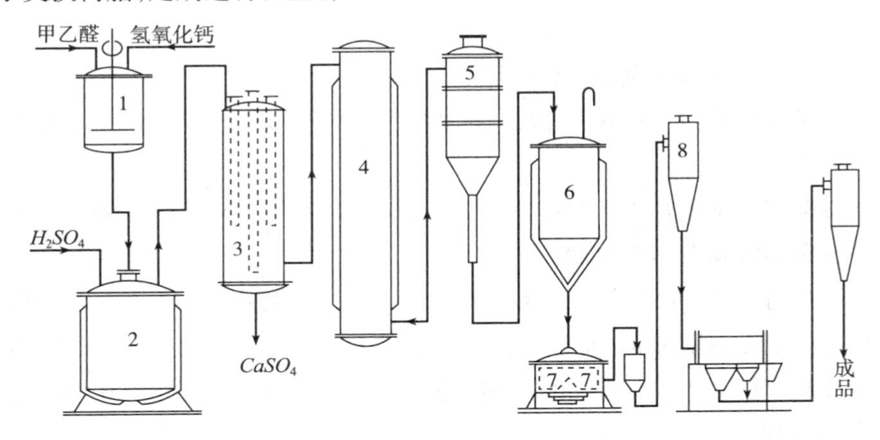

季戊四醇生产流程图

1. 反应锅　2. 酸化器　3. 压滤器　4. 交换柱　5. 蒸发器　6. 结晶器　7. 离心机　8. 气流干燥器

浓缩：除去钙离子的季戊四醇溶液在减压蒸发器中蒸发，气相温度维持在70℃以下，一般在55℃左右；真空度维持在580毫米汞柱，至结晶开始出现将浓缩液放入结晶槽。

结晶、离心及干燥：将浓缩液放入结晶槽，在搅拌下冷却结晶，再在离心机中分出湿成品，用水洗涤至 pH = 3，结晶在气流干燥器中干燥后包装。

综合利用和三废处理措施：

副产品硫酸钙作建筑材料。

浓缩时，蒸发器蒸出的冷凝液中含有甲酸，现尚未有方法利用。

包装：玻璃丝袋装，净重25公斤。

乙酸乙烯与反丁烯二酸酯共聚体

Copolymers of vinylacetate and fumarate

又名："六〇五"降凝增稠添加剂

分子式：$\left[CH(CH_3COO)—CH_2—CH(ROOC)—CH(ROOC) \right]_n$ **分子量：**750 ~ 3000

性状：浅黄色透明黏稠液体，具有较好的降凝、增黏和改善黏度指数的性能，易溶于各种矿物油中。

用途:适用于调制各种低凝固点的机械油,液压油、各种内燃机润滑油以及其他稠化油料。

规格:

外观　淡黄色黏稠油状液体。

增稠能力　向上炼 30# 机械油添加本品 5%,其黏度指数增进幅度为 34 左右。

降凝效果　向上炼 10# 机械油加入本品 0.5%,凝固点从 -18℃降至 -38℃。

主要原料规格及消耗定额:

$C_7 \sim C_9$ 混合脂肪醇	0.36 吨/吨	乙酸乙烯	0.175 吨/吨
$C_{14} \sim C_{18}$ 混合脂肪醇	0.444 吨/吨	汽油	0.14 吨/吨
反丁烯二酸	0.27 吨/吨	过氧化苯甲酰	0.005 吨/吨

工艺流程:

本品是采用 $C_7 \sim C_8$ 醇及 $C_{14} \sim C_{18}$ 醇分别与反丁烯二酸进行酯化,经精制得到的酯与乙酸乙烯在过氧化苯甲酰引发下,通过本体聚合制成的。

酯的制备与精制:在釜内加入按等当量配比的脂肪醇和反丁烯二酸然后加入无铅直馏汽油,加入量为醇和酸总量的 20%,在搅拌下加入浓硫酸,加入量为醇和酸总量的 0.4%,然后封闭反应釜,釜夹套内用蒸汽加热,保持温度 80 ~ 130℃,视正常回流为度,反应约 10 小时,待出水量达到理论值为止。

粗酯用碱及清水洗涤到 pH = 7,然后在减压下蒸去汽油及残余的水分,再在 130℃左右,用白土脱色,经过滤后,得到精制的酯。

化学反应式如下

$$R_1OH + R_2OH + HOOC{-}\underset{\displaystyle \|}{CH} \atop \qquad HC{-}COOH$$

$$R_1OH+R_2OH+HOOC-CH{=}CH-COOH \longrightarrow R_1OOC-CH{=}CH-COOR_2+2H_2O$$

$$CH_3-\overset{O}{\overset{\|}{C}}-OCH{=}CH_2+nR_1OOC-CH{=}CH-COOR_2 \longrightarrow \left[OH(CH_3COO)CH_2CH(ROOC)CH(ROOC)\right]_n$$

聚合:将反丁烯二酸酯按一定的碳数比例投入釜内,在加热的情况下,通氮气吹走釜内空气,在预热到 75℃时加入乙酸乙烯和过氧化苯甲酰溶液,保持恒温 75℃,并不断搅拌,待反应物达到一定的黏度时即可放料,成品为淡黄色黏稠液体。

甲脒亚磺酸

Formamidine sulfonic acid

又名:二氧化硫脲

分子式:$NH \cdot NH_2CSO_2H$　　**分子量:**108

性状:白色粉末,微溶于水,其水溶液呈酸性,在微碱性溶液中,则分解为尿素和次硫酸,不溶于有机溶剂,在110℃很快就分解,生成二氧化硫。

用途:用于合成纤维丙烯腈,增强拉力,改善色泽,化工方面用作稀有金属铑和铼的分离,增加聚氯乙烯稳定性,照相机乳胶敏化剂等。

规格:

外观	白色粉末	硫脲[$(NH_2)_2CS$]	≤2%
含量	≥95%	铁(Fe)	0.003% ~0.005%

主要原料规格及消耗定额:

双氧水	含量30%	3.4 吨/吨
硫脲	含量>98%	1.0 吨/吨

工艺流程:

氧化:在反应锅内加入蒸馏水,开启搅拌,锅外夹套,锅内盘管均用冷冻盐水循环,使锅内温度冷至8~10℃;开始加入硫脲和滴加双氧水,滴加速度视反应温度而调节,反应温度应保持在20℃以下,当pH值在3~5以后,可反复投料,投料速度约25公斤/时,整个反应将结束时,可适量加水直至反应温度不上升为止,当pH值在2~3,料温冷却到5℃左右,即可出料。

反应式:　$(NH_2)_2CS + 2H_2O_2 \longrightarrow NH \cdot NH_2CSO_2H + 2H_2O$

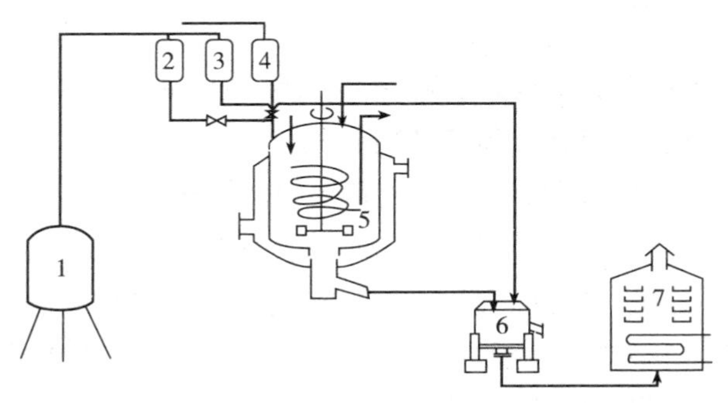

甲脒亚磺酸生产流程图

1. 蒸馏水贮槽　2. 3. 蒸馏水高位槽　4. 双氧水高位槽　5. 氧化锅　6. 离心机　7. 烘房

干燥:氧化所得成品,经离心机甩干,然后再进入烘房干燥、包装。

综合利用和三废处理措施:

目前母液放入污水道;经试验,在母液内加入氨水使甲脒亚磺酸分解,可回收硫黄及尿素。

包装:纤维板木桶,内衬塑料袋,净重 30 公斤。

聚四氟乙烯树脂
Polytetrafluoroethylene resin

分子式:$\mathrm{-[CF_2-CF_2]-}_n$ **分子量:**30 万 ~40 万

性状:聚四氟乙烯的特点是耐腐蚀性特强,几乎对所有的酸或碱都无作用,在热的硝酸或碱液中也无作用,是目前化学稳定性最高的材料。比重 2.1 ~2.3,工作温度 -180 ~ +250℃

用途:聚四氟乙烯树脂分为悬浮法和分散法二类,悬浮法聚四氟乙烯树脂用于模压,车削等工艺加工成型。分散法聚四氟乙烯树脂用于推压,模压,压延等工艺加工成型。聚四氟乙烯有优异的介电性能,耐化学腐蚀,低摩擦系数和不吸水等特性,因此在电气、航空、化工、医药工业等方面用来制作耐腐蚀、高耐热性、化学高稳定性的材料。

规格:

悬浮法聚合树脂	分散法聚合树脂
技术指标符合部标准	技术指标符合部标准

主要原料规格及消耗定额:

F_{22}(二氟一氯甲烷) 2.7 ~3 吨/吨

工艺流程:

将二氟一氯甲烷热裂解得到裂解气,经过精馏后取得纯四氟乙烯,然后聚合成聚四氟乙烯,其反应式和生产流程如下:

$$2CHF_2Cl \longrightarrow CF_2{=}CF_2 + 2HCl$$

$$nCF_2{=}CF_2 \longrightarrow \mathrm{-[CF_2-CF_2]-}_n$$

裂解:二氟一氯甲烷以气相进入缓冲器,再经流量计定量进入裂化炉,出来的裂化气进入套管和列管急冷器被冷却至 45℃以下,然后进入旋风分离器除去高沸物后,经过水洗和碱洗进入气柜。

精馏:从气柜出来的裂解气经冷冻脱水后再经过压缩和除油,进入硅胶干燥器进一步除去水分，然后依次进入三个预冷器，冷凝下来的裂化液进入中间槽后（不凝性气体及部分低沸物从第三预冷器排出供制取二溴四氟乙烷），以液相进入脱气塔以除去低沸物等进入单体精馏塔，收集塔顶馏出物供聚合使用。

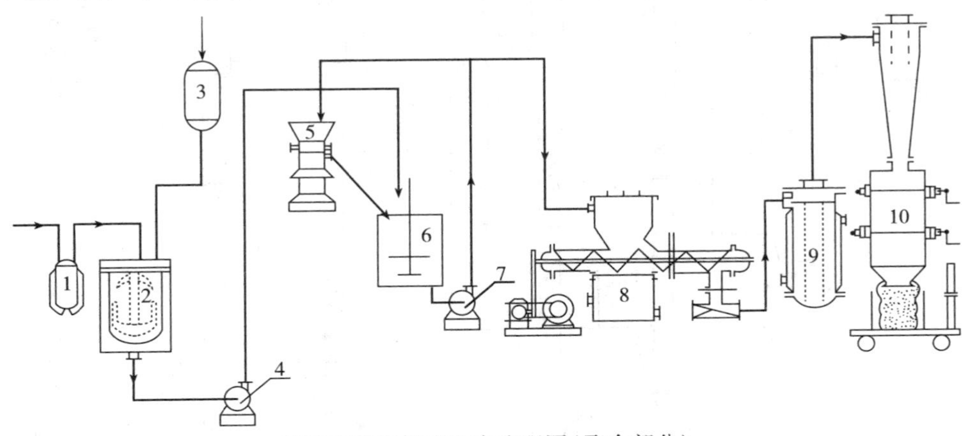

聚四氟乙烯树脂生产流程图（聚合部分）

1. 单体计量槽　2. 聚合釜　3. 蒸馏水计量槽　4. 泵　5. 研磨机　6. 捣碎桶　7. 循环泵　8. 吸滤加料器　9. 旋风干燥器　10. 出料器

精馏塔釜中还含有少量单体的釜液以液相进入单体回收塔，由塔顶回收含有单体的裂化气送回至浮桶，不含单体的釜液进入 F_{22} 回收塔，回收后进贮槽，供裂化使用，残液排放至残液槽。

聚合：单体经计量后再以气相进入聚合釜进行聚合，聚合体经捣碎、研磨后、再经干燥为成品。

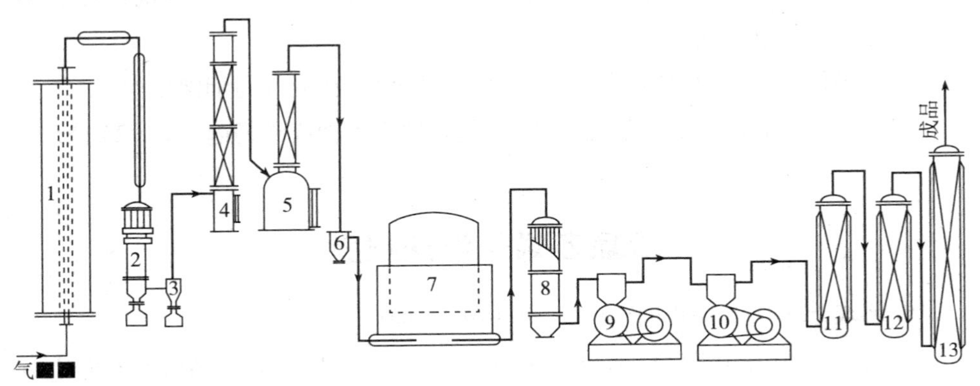

聚四氟乙烯树脂生产流程图（裂化部分）

1. 裂化炉　2. 裂管急冷器　3. 旋风分离器　4. 水洗塔　5. 碱洗塔　6. 气液分离器　7. 气柜　8. 冷冻脱水器　9. 一级压缩机　10. 二级压缩机　11. 12. 油分离器　13. 硅胶干燥器

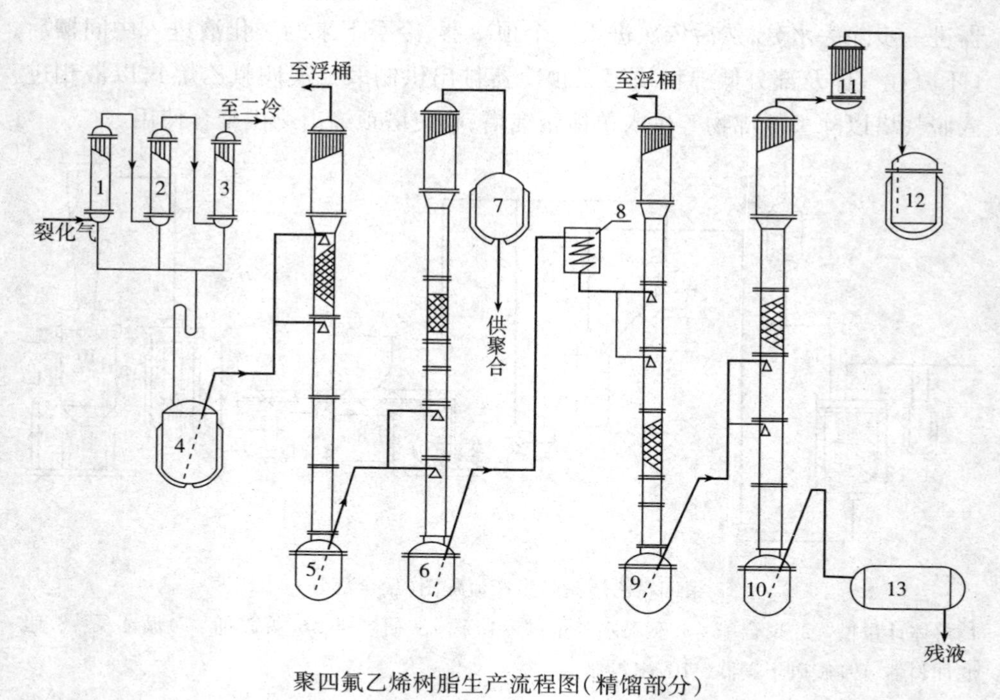

聚四氟乙烯树脂生产流程图(精馏部分)

1. 第一预冷器 2. 第二预冷器 3. 第三预冷器 4. 裂化液中间槽 5. 脱气塔 6. 单体精馏塔 7. 单体贮槽 8. 中间冷凝器 9. 单体回收塔 10. F_{22} 回收塔 11. 回收塔冷凝器 12. F_{22} 回收槽 13. 残液贮槽

综合利用和三废处理措施:

精馏工序中废气含有四氟乙烯气,现回收利用,供制二溴四氟乙烷合成用。

氯化氢气体制成淡盐酸。

残液平均每天有 70 公斤左右,经汽化等处理后,在废气高烟囱排空。

包装:聚乙烯袋,外套聚氯乙烯袋,再装入硬质纸桶或铁桶内,净重 25 公斤。

聚氯乙烯悬浮法树脂

分子式:$\left[CH_2 = CHCl \right]_n$　　$n = 90 \sim 1500$

性状:白色粉末状颗粒,不溶于水,耐酸碱,绝缘性能良好,在 100℃左右软化,加热至 120℃以上开始分解析出氯化氢,短时间加工能耐 150 ~ 200℃温度。

用途:高级电缆料,电器材料,抽丝、薄膜人造革,硬质制品唱片、过氯乙烯等。

规格:

编号	指标名称		一级品						二级品
			XJ XS －1	XJ XS －2	XJ XS －3	XJ XS －4	XJ XS －5	XJ XS －6	XJ XS －1 XJ XS －6
1	1%树脂的1,2－二氯乙烷溶液20℃时的绝对黏度(厘泊)		2.1 以上	1.90 以上 ~2.10	1.80 以上 ~1.90	1.70 以上 ~1.80	1.60 以上 ~1.70	1.50 以上 ~1.60	同一级品指标
2	水分及挥发物含量(%)	XJ型树脂≤	0.3	0.3	0.3	0.3	0.4	0.4	0.5
		XS型树脂≤	0.5	0.5	0.5	0.5	0.5	0.5	0.6
3	40目筛孔过筛率(%)XJ型树脂≥		99.8	99.8	99.8	99.8	99.8.	99.8	99.70
	30目筛孔过筛率(%)XS型树脂≥		99.8	99.8	99.8	99.8	99.8	99.8	
4	100克树脂中黑黄点总数(颗)≤		共40颗其中黑点不大于15颗						共180颗其中黑点不大于60颗
5	10%树脂水萃取液的电导率(1/欧姆—厘米)		10×10.5	10×10.5	不考核				不考核
6	表观密度(克/毫升)	XJ型树脂≥	0.55						0.55
		XS型树脂<	0.55						0.55

注:XJ—悬浮法紧密型树脂;XS—悬浮法疏松型树脂

主要原料规格及消耗定额:

电石(300升/千克) 1.45吨/吨

氯化氢(折100%计) 0.75吨/吨

或氯乙烯 1.06吨/吨

工艺流程:

乙炔发生:电石由吊斗经电动小车送到提升井口,然后由电动葫芦吊送至堆料仓,过磅后加料。加料贮斗用氮气置换其中乙炔气后,电石在继续通氮情况下,经第一、第二贮斗和电磁振动加料器进入发生器,电石遇水反应生成乙炔气,从发生器顶部逸出,电石分解放出大量的热,借连续加入发生器内的水来调节发生器内反应温度,控制在80~85℃,电石渣浆从溢流管不断排出。含矽铁的渣由耙齿耙至发生器下部间断排出。

反应式: $CaC_2 + 2H_2O \longrightarrow Ca(OH)_2 \downarrow + C_2H_2$

乙炔气清净:粗乙炔气中内含 PH_3, H_2S, AsH_3 等杂质,会导致氯乙烯合成的 $HgCl_2$ 触媒"中毒",降低使用寿命,所以必须进行清净。粗乙炔气经冷却塔进入乙炔气柜或水环泵加压至0.8~1(表压)进入第一,第二清净塔,塔内用次氯酸钠稀溶液循环淋洗乙炔气,经清净后乙炔气含酸性,进入中和塔用碱液除去,然后乙炔气进入二台串联列管冷凝器除去大量水分,备合成用。

氯乙烯合成:精制乙炔气经预冷器预冷后与干燥氯化氢气体通过流量调节,在混合器充分混合后,(混合温度 <50℃),进入石墨冷却器,混合气中水分以 40% 酸雾部分流出,部分则夹带于气流中,进入酸雾过滤器中由硅油玻璃棉捕集分离,然后气体经预热器预热至 65℃左右,送入转化器上部,通过列管中填装的吸附于活性炭上的 $HgCl_2$ 触媒,转化为粗氯乙烯,转化最高反应温度≤180℃,反应式如下:

$$C_2H_2 + HCl \xrightarrow{HgCl_2} CH_2{=\!=}CHCl$$

加压精馏:粗氯乙烯内含低沸物 C_2H_2,CO_2 等惰性气体及高沸物二氯乙烯、乙醛、三氯乙烷等,必须加以分离。粗氯乙烯经水洗碱洗等处理后,进入预冷器,水分离器分离出部分冷凝水,经往复式压缩机加压至 5 ~ 6 表压,送入全凝器,使大部分气体冷凝液化,再经水分离器除水后送入低沸塔,使凝液中低沸物蒸出,塔釜内氯乙烯和高沸物溢出进入中间控制槽,然后藉减压加入高沸塔釜,将氯乙烯蒸出,经塔身分离而成精氯乙烯。

聚合、沉析:聚合釜内先加入离子交换水及分散剂明胶或聚乙烯醇,然后将精氯乙烯加入釜内,开搅拌用高压水将引发剂过氧化二碳酸二异丙酯压入釜内,升温至规定温度,直至反应结束。由釜内残余压力将悬浮液压至单体回收槽回收氯乙烯,然后用送料泵压至沉析槽,加定量液碱,吹风以破坏分散剂,低分子化合物等。经沉析处理的悬浮液流入离心机,脱水,并喷入 60℃离子交换水洗涤,含水 8% ~20% 湿树脂送至气流干燥器中,当水分在 1% ~5% 左右,经旋风分离器入沸腾干燥器,经冷却、分离、过筛即为成品。

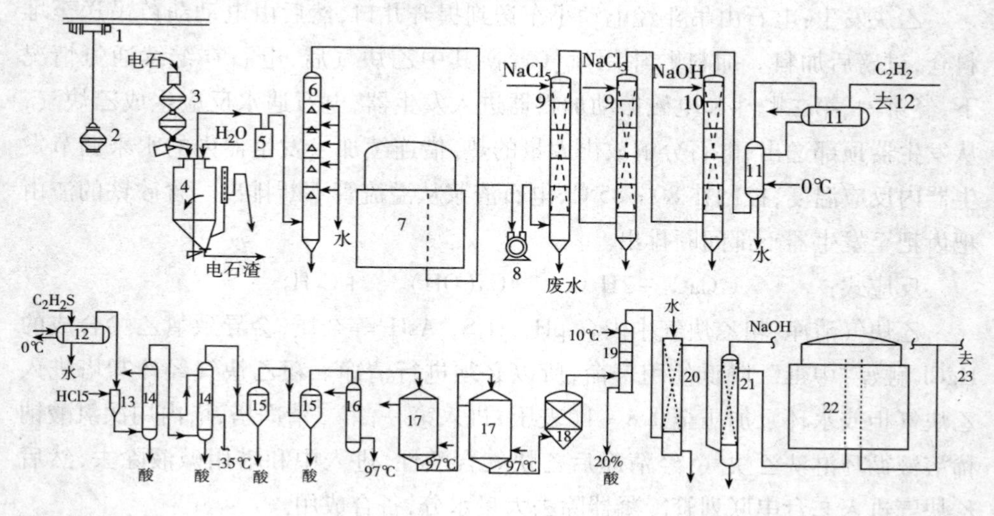

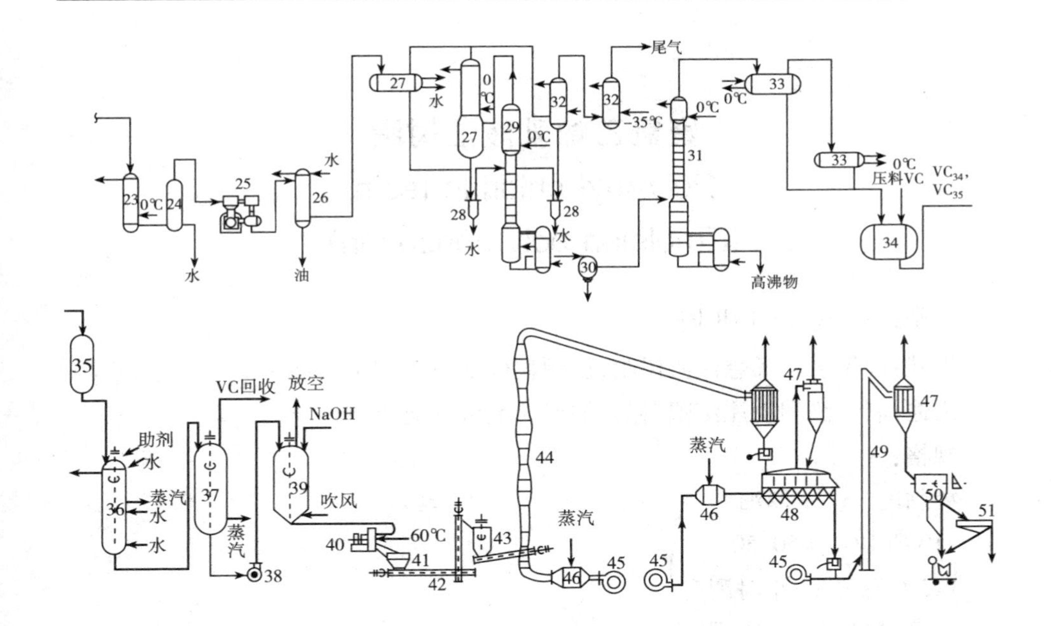

聚氯乙烯生产流程图(悬浮法)

1. 电动葫芦 2. 电石吊斗 3. 加料贮斗 4. 乙炔发生器 5. 水封 6. 冷却塔 7. 气柜 8. 乙炔压缩机 9. 清净塔 10. 中和塔 11. 冷却器 12. 乙炔预冷器 13. 混合器 14. 石墨冷却器 15. 酸雾过滤器 16. 预热器 17. 转化器 18. 吸附器 19. 泡沫塔 20. 水洗塔 21. 碱洗塔 22. 气柜 23. 机前预冷器 24. 水分离器 25. 压缩机 26. 机后冷却器 27. 全凝器 28. 水分离器 29. 低沸塔 30. 中间槽 31. 高沸塔 32. 尾气冷凝器 33. 成品冷凝器 34. 成品贮槽 35. 单体计量槽 36. 聚合釜 37. 单体回收槽 38. 送料泵 39. 沉析槽 40. 离心机 41. 湿料斗 42. 螺旋输送机 43. 圆盘加料器 44. 气流干燥管 45. 鼓风机 46. 散热片 47. 旋风分离器 48. 沸腾干燥器 49. 气流冷却管 50. 滚筒筛 51. 振动筛

综合利用和三废处理措施:

电石渣干燥后可用作氯仿生产原料代替石灰,或与煤屑,少量水泥混合后用于制砖供建筑工业用。

合成气中过量氯化氢,用活性炭吸附器回收合成气中带逸汞,经筛板塔一次循环回收15% ~25% 废盐酸。酸中含汞量达到排放标准0.005 毫克/升

分馏尾气中含5% ~10% 氯乙烯,用吸附器间歇进行吸附、解吸、干燥冷却循环,回收尾气中氯乙烯。

未聚合的单体利用聚合釜作贮水釜,用“灌水排气法”回收氯乙烯。

包装:布袋内衬塑料袋或纸袋装,净重25 公斤。

聚氯乙烯乳液法树脂
Polyvinyl chloride resin (Emulsion polymerization)

分子式：$\left[CH_2=CHCl\right]_n$

性状：同聚氯乙烯悬浮法树脂，但颗粒极细在 1 ~15 微米。

用途：制浆法和浇注法塑料品，加泡沫剂可制泡沫塑料。

规格：

		一级	二级
糊黏度 (PVC:DOP=50:50, 25℃搁置 24 小时测定)	厘泊	≤3	3 ~7
过筛率(160 目/时，孔径 0.088 毫米)		≥99%	≥97%
水分		≤0.5%	≤0.5%
绝对黏度(厘泊) (1%1,2-二氯乙烷溶液 20℃测定)		RH-1 型 2.01 ~2.40 RH-2 型 1.81 ~2.00 RH-3 型 1.60 ~1.80	

注：RH-乳液法糊树脂

主要原料规格及消耗定额：

氯乙烯	1.1 吨/吨	十二烷基硫酸钠	0.01 吨/吨
过硫酸铵	0.001 吨/吨		

工艺流程：

同聚氯乙烯悬浮法树脂，仅聚合部分工艺不一，现叙述如下：

聚合：将氯乙烯单体放在水中，加乳化剂烷基磺酸钠或十二烷基硫酸钠和引发剂过硫酸铵或过硫酸钾，用平板式桨叶进行搅拌，控制转速 68 转/分，使单体分散在水中，形成乳浊液而进行聚合，当压力降至 4 公斤/厘米^2，含固量 38% ~42% 聚合反应结束，停止搅拌，用氮气加压出料，至乳浆高位槽，测其比重，再经过滤，进行喷雾干燥，控制干燥箱下层温度 63℃ ±3℃，由于喷雾下来的干燥物很细，所以在收集中除用旋风分离器外，还需用布袋除尘器进一步捕集。

包装：布袋内衬塑料袋或纸袋装，净重 25 公斤。

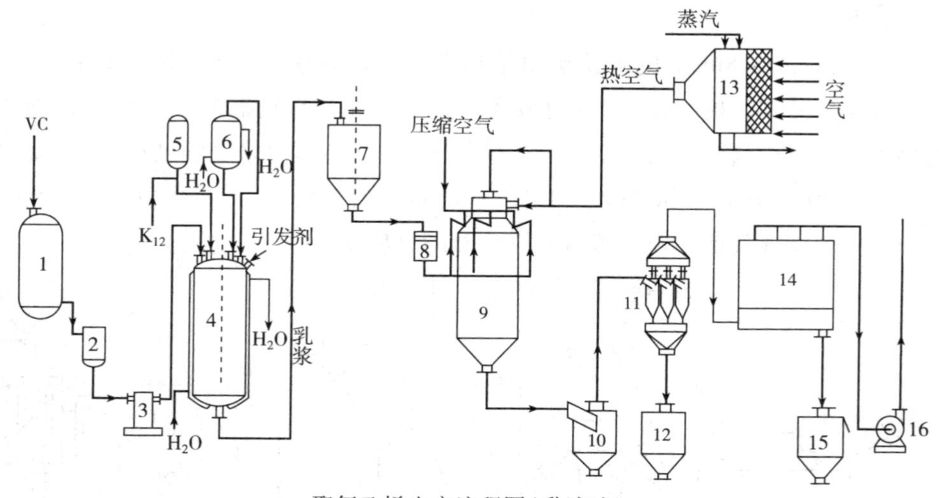

聚氯乙烯生产流程图(乳液法)

1. 单体计量槽　2. 单体过滤器　3. 柱塞泵　4. 聚合釜　5. 乳化剂计量槽　6. 回流冷凝器　7. 乳浆高位槽　8. 乳浆过滤器　9. 喷雾干燥箱　10. 旋风分离器　11. 组式旋风分离器　12. 1 号料斗　13. 空气加热器　14. 布袋除尘器　15. 2 号料斗　16. 鼓风机

硫酸

Sulfuric acid

分子式:H_2SO_4　　**分子量:**98. 08

性状:无色油状液体,腐蚀性极强。能与水任意混合,同时发生大量热而猛烈溅开。在 15℃时比重为 1. 84。有强的吸水性能。

规格:	92. 5% 硫酸	98% 硫酸	20% 发烟硫酸
含量	≥92. 5%	≥98	-
游离 SO_3	-	-	≤20. 0%
残渣	≤0. 1%	≤0. 1%	≤0. 1%
铁(Fe)	-	-	≤0. 0 3%

用途:几乎每个工业部门都有使用,在化肥工业上用量最大,其他如石油冶炼、冶金工业,无机盐制造、有机合成等。

主要原料规格及消耗定额:

硫铁矿(含硫 35%)　　0. 99 吨/吨

工艺流程:

硫酸的制法很多,原料也不同,这里采用硫铁矿做原料,接触法制硫酸,生产流程如下：

焙烧：粒度3.8m/m的硫铁矿由给料器加至沸腾炉，沸腾炉分为上下二层，由具有风帽的圆铁板间隔，空气由鼓风机送入下层，经风帽进入上层，使矿粉浮起翻腾，在沸腾层燃烧，由于空气与矿粉的充分接触，而使焙烧强度提高，燃烧温度800～950℃，出口气浓11%～12%，矿渣自溢流口溢出，矿渣含硫量<0.5%，矿渣用作炼铁或其他用途。硫铁矿燃烧时的反应如下：

$$4FeS_2 + 11O_2 \longrightarrow 2Fe_2O_3 + 8SO_2$$

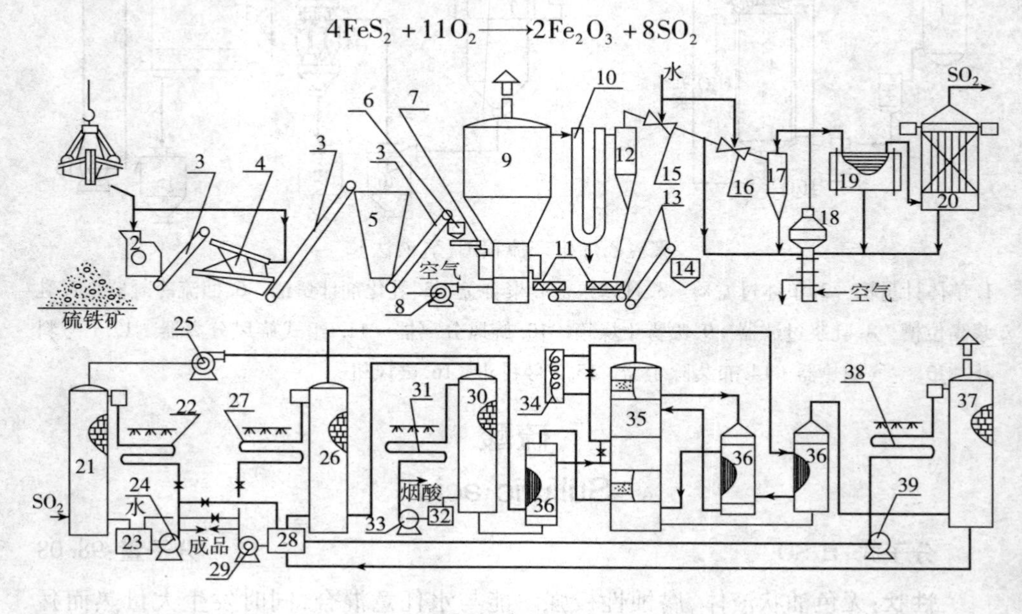

硫酸生产流程图

1. 抓斗　2. 反击式破碎机　3. 上料皮带机　4. 振动筛　5. 储料斗　6. 加料斗　7. 喂料器　8. 送风机　9. 沸腾炉　10. 冷却器　11. 出渣机　12. 旋风分离器　13. 出渣皮带机　14. 矿渣储斗　15. 第一文丘里　16. 第二文丘里　17. 除沫器　18. 脱吸塔　19. 冷凝器　20. 电除雾器 21. 干燥塔　22. 93%酸冷却排管　23. 93%酸混酸池　24. 93%酸泵　25. 主鼓风机　26. 一次吸收塔　27. 98%酸冷却排管　28. 98%酸混酸池　29. 98%酸泵　30. 发烟酸塔　31. 发烟酸冷却排管　32. 发烟酸槽　33. 发烟酸泵　34. 升温电炉　35. 转化器　36. 热交换器　37. 二次吸收塔　38. 二吸冷却排管　39. 二吸酸泵

净化：由焙烧工序来的高温、含尘气体，必须经过净化，以利后工段的保养和正常操作。炉气的净化经过冷却器、干式旋风器，达到初步降温和除尘目的，然后进入文丘里洗涤器、泡沫塔、进一步降温除尘后再经电除雾器除雾，要求气温<40℃，含尘量<0.05克/米^3，酸雾在0.03克/米^{3}以下，净化后气体去转化。污水流往脱吸塔，回收其中SO_2，经中和排放。

转化:净化干燥后的气体,在适当温度和钒触媒的作用下,二氧化硫被氧化成三氧化硫,供吸收制硫酸。二氧化硫的氧化是一个放热反应,因此稳定转化器的各层温度是转化的重要因素,其反应式如下:

$$2SO_2 + O_2 \longrightarrow 2SO_3$$

净化后气体,经过干燥塔除去水分,水分要求 <0.1 克/米^3,由鼓风机输送至转化,气浓 9% 左右,预热至 420℃左右,进入第一层转化,转化是放热反应,所以转化后的气体与即将转化的 SO_2 气体在热交换器中进行冷热交换,依次经过第二、第三层转化,积累转化率在 92% 左右,气体送往第一次吸收塔吸收,未被转化的气体经过热交换器,去第四层转化,总转化率达 99%,去第二次吸收塔。转化反应温度不应超过 600℃。

干吸:转化后的 SO_2 气体,用 98% ~98.5% 的硫酸吸收,吸收过程在吸收塔里进行,塔内有瓷圈;增加气液接触面积,提高吸收率。吸收后的硫酸流向酸槽,由循环酸泵输送,经冷却排管至吸收塔再吸收。本系统有一次吸收塔和二次吸收塔及发烟酸吸收塔,供制取 93%、98% 酸和 20% 发烟酸。

综合利用和三废处理措施:

矿渣:矿渣含铁量为 40% ~50%,生产一吨硫酸,留有矿渣 0.8 吨,供应铜厂,水泥厂用,同时准备冶炼生铁。

废水。生产一吨硫酸,约有 10 吨废水,其中主要含有二氧化硫,用碱性废水中和,然后排放。

包装:用槽车装运。

硫酸铵

Ammonium sulfate

分子式:$(NH_4)_2SO_4$　　**分子量:**132.15

性状:无色或白色斜方菱形结晶,比重 1.769(20/4℃),易溶于水,而不溶于乙醇、丙酮等。硫酸铵在水中之溶解度随温度变化不大。

用途:是一种常用化学肥料,工业上也用作焊药、织物防火剂、玻璃制造以及分析试剂等。

规格:	一级	二级	三级
含量	≥21%	≥20.8%	≥20.6%
水分	≤0.1%	≤1.0%	≤2.0%

游离酸	≤0.05%	≤0.2%	≤0.3%
硫氰酸盐(SCN)	符合本标准第 11 条之规定	–	–
粒度(60 目筛余)	≤25%	–	–

主要原料规格及消耗定额：

合成氨	0.285 吨/吨	硫酸	0.74 吨/吨

工艺流程：

氨与硫酸作用生成硫酸铵反应式和生产流程如下：

$$2NH_3 + H_2SO_4 \longrightarrow (NH_4)_2SO_4$$

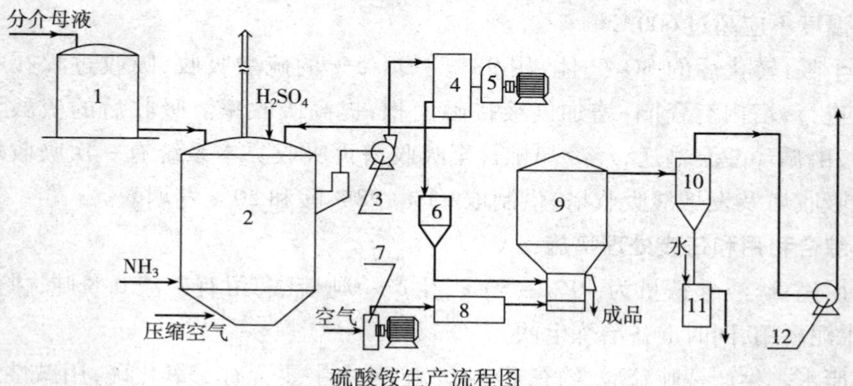

硫酸铵生产流程图

1. 母液高位槽 2. 饱和器 3. 泵 4. 离心机 5. 变速箱 6. 料仓 7. 鼓风机 8. 电阻炉 9. 沸腾炉 10. 旋风分离器 11. 收集槽 12. 鼓风机

饱和及分离：在饱和器内的硫酸铵母液中，连续加入硫酸和通入氨气进行中和反应，使硫酸铵结晶呈过饱和析出，(操作温度为 108℃)，间歇提取悬浮液(硫酸铵晶浆液)进入离心机分离得硫酸铵结晶，母液回饱和器，提液成分最高不超过七成，每次提液后向饱和器内补加酸性硫酸铵母液。

干燥、包装：采用沸腾干燥，沸腾炉是扩散式，空气由鼓风机抽入，用电炉加热至 100 ~ 160℃，然后经风帽进入床层，离心得的结晶由前室加入，由于晶体和热空气的充分接触强化了干燥速度，沸腾床温度为 55 ~ 65℃，干燥后的硫酸铵自溢流口溢出，然后经包装送往仓库。

综合利用和三废处理措施：

干燥工序的尾气中含有约 1 克/立方米的细粒硫酸铵，经旋风分离后溶解于水作肥料。

包装：麻袋装，净重 100 公斤。

硫酸钴

Cobalt sulfate 7 – hydrate

分子式:$CoSO_4 \cdot 7H_2O$ **分子量:**281.12

性状:紫红色单斜结晶,易溶于水和甲醇,加热时失去水分成红色结晶,比重1.924,在空气中稳定,熔点96~98℃。

用途:用于电镀,釉彩及制颜料,催化剂,油漆催干剂等。

规格:

含量	≥97%	镍(Ni)	≤0.8%
水不溶物	≤0.01%	铜(Cu)	≤0.02%
氯化物(Cl)	≤0.05%	锌(Zn)	≤0.02%
铁(Fe)	≤0.05%	碱土金属	≤0.5%

主要原料规格及消耗定额:

金属钴	含量99.5%	0.212 吨/吨
硫酸	含量93%	0.55 吨/吨
硝酸	含量96%	0.037 吨/吨

工艺流程:

在酸溶锅内先投入金属钴和30°Bé的硫酸钴母液,然后加入硫酸和少量硝酸,充分搅拌,使金属钴溶解,当溶液浓度在45~48°Bé时,冷却结晶,进入离心机甩干;即得成品。反应式如下:

$$3Co + 3H_2SO_4 + 2HNO_3 \longrightarrow 3CoSO_4 + 2NO + 4H_2O$$

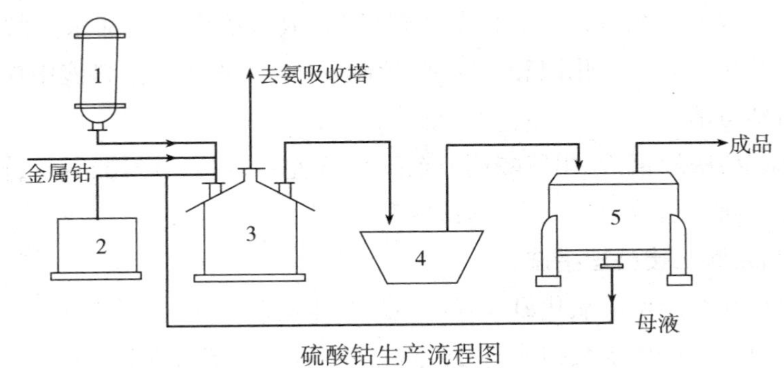

硫酸钴生产流程图

1. 硝酸贮槽 2. 硫酸贮槽 3. 酸溶锅 4. 结晶器 5. 离心机

包装:铁桶或木桶内衬塑料袋,净重50公斤。

硫酸镍

Nickel sulfate

分子式:$NiSO_4 \cdot 6H_2O \sim 7H_2O$　　**分子量:**262.86～280.88

性状:蓝色或翠绿色晶体,比重约2.07,溶于水,在280℃时失去全部结晶水,成黄绿色无水物。

用途:用于制催化剂,油漆催干剂,电镀和金属着色等。

规格:

	一级		
含量	21.6%～22.3%	铜(Cu)	≤0.003%
水不溶物	≤0.05%	铅(Pb)	≤0.003%
铁(Fe)	≤0.002%	硝酸盐(NO_3)	≤0.02%
锌(Zn)	≤0.005%		

主要原料规格及消耗定额:

金属镍	含量≥97%	0.247吨/吨
硫酸	含量≥92.5%	0.50吨/吨
硝酸	含量≥96%	0.145吨/吨

工艺流程:

酸化:将金属镍置于酸化缸中,然后加入浓度为30°Bé硫酸,和少量硝酸进行酸化反应,当料液浓度至48～50°Bé时,放出料液于结晶器中冷却。

反应式:

$$Ni + H_2SO_4 + 2HNO_3 \longrightarrow NiSO_4 + 2NO_2 + 2H_2O$$

除杂:生成的结晶体经离心机分离母液后,放入溶解槽内加水溶解,用蒸汽加热,然后缓缓加入氢氧化镍和碳酸钡,控制pH=6～6.2除去料液中铜、铁等杂质,进行自然澄清。

蒸发结晶:吸取清液,用硫酸调节至pH=3左右,送入蒸发器蒸发,至液面有结晶析出,经离心机分离母液后,即得成品。

综合利用和三废处理措施:

酸化反应时,产生的氧化氮,经氨水吸收,生成硝酸铵,作肥料用。

除杂过程中,产生硫酸钡渣脚,经水洗涤回收部分硫酸钡后,弃去。

包装:铁桶或木桶内衬塑料袋,净重50公斤。

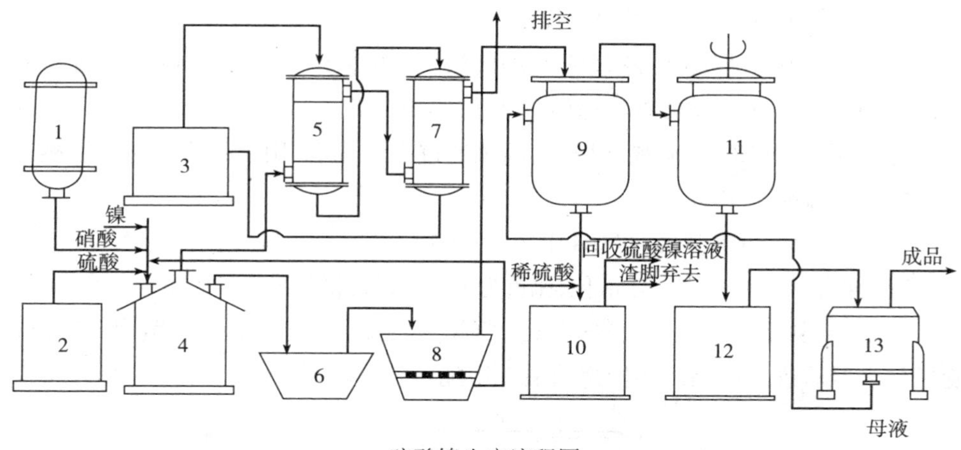

硫酸镍生产流程图

1. 硝酸贮槽 2. 硫酸贮槽 3. 氨水贮槽 4. 酸化器 5. 吸收塔 6. 结晶器 7. 吸收塔 8. 抽滤器 9. 除杂槽 10. 洗涤槽 11. 蒸发结晶器 12. 结晶贮槽 13. 离心机

硫酸二甲酯

Dimethyl sulfate

分子式: $(CH_3)_2SO_4$ **分子量:** 126.13

性状: 无色或微黄色油状液体,微溶于水,在冷水中缓缓分解随温度上升而加速。其蒸汽剧毒,并严重腐蚀皮肤。沸点 188.3℃(分解)。

用途: 用于有机化工中良好的甲基化剂。

规格:

含量	≥98%	酸度(H_2SO_4)	≤1.0%

主要原料规格及消耗定额:

甲醇	含量 100%	0.55 吨/吨
25% 发烟硫酸		3 吨/吨

工艺流程:

以甲醇脱水成二甲醚,再与三氧化硫合成而得,生产流程如下:

合成:甲醇由高位槽经转子流量计、列管式蒸发器汽化后,进入载有硫酸氢甲酯的转化器。由于硫酸氢甲酯的催化作用,使甲醇脱水得二甲醚。

$$2CH_3OH \xrightarrow[120\sim155℃]{CH_3\ HSO_4} (CH_3)_2O + H_2O$$

转化后气体经碱洗,冷冻干燥得干燥二甲醚气体。

三氧化硫发气和吸收:将 25% 发烟硫酸,加热蒸出三氧化硫气体,经旋风分离器,除液沫后,进入吸收塔,用硫酸二甲酯喷淋吸收。

合成:吸收有 SO_3 的硫酸二甲酯,间歇地进入合成塔,用泵打循环与二甲醚气体反应生成硫酸二甲酯。

$$(CH_3)_2O + (CH_3)_2SO_4 \cdot SO_3 \longrightarrow 2(CH_3)_2SO_4$$

待吸收槽中二甲酯有一定液位,比重为 1.3 ~ 1.32,将此粗制品送往计量贮库中。

精制:粗制品硫酸二甲酯经列管式薄膜蒸发器,在减压下加热蒸发,气体经旋风分离器后进入成品冷凝器得硫酸二甲酯。

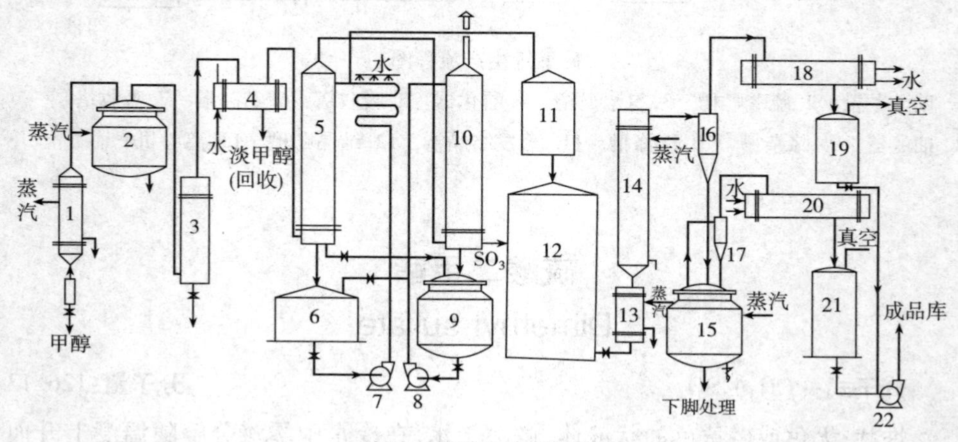

硫酸二甲酯生产流程图

1. 汽化器 2. 转化器 3. 碱洗器 4. 冷凝器 5. 合成塔 6. 循环锅 7. 8. 泵 9. 循环锅 10. 吸收塔 11. 计量槽 12. 贮库 13. 预热器 14. 蒸发器 15. 精馏锅 16. 17. 旋风分离器 18. 冷凝器 19. 计量桶 20. 冷凝器 21. 计量桶 22. 泵

综合利用和三废处理措施:

精馏工序的下脚中,含有硫酸二甲酯,现用氨分解得到液体硫酸铵供作肥料。

硫代硫酸钠

Sodium thiosulfate

又名:大苏打

分子式:$Na_2S_2O_3 \cdot 5H_2O$ **分子量:**248.15

性状:无色透明结晶,溶于水,不溶于醇,水溶液近中性,能溶解卤素及银盐。

用途:化纤工业用作脱氯剂,照相行业用作定影液组分,漂染行业也用作脱氯剂。

规格:

	一级	二级
含量	≥99%	≥98%
水不溶物	≤0.01%	≤0.03%
硫化物(S)	无	无
铁	≤0.001%	≤0.003%
水分	35% ~36%	-
水溶液反应	pH =7	-
粒度(粒/克)	10 粒以下	-

工艺流程:

生产硫代硫酸钠均用三废下脚,故工艺路线常随原料决定,现将处理方法分别概述如下:

加硫反应:将外来的下脚料(主要成分为 Na_2S、Na_2SO_3 和少量的 NaOH)在搅拌下加入反应锅,并加热至沸,取样分析后加入需要量的硫黄,继续加热和搅拌,待反应完毕,将热溶液输入氧化锅。反应式分别如下:

$$Na_2SO_3 + S \longrightarrow Na_2S_2O_3$$

$$Na_2S + S \longrightarrow Na_2S_2$$

$$6NaOH + 6S \longrightarrow Na_2S_2O_3 + 2N_2S_2 + 3H_2O$$

氧化反应:将上述溶液保温在 70℃左右,浓度为 25°Bé 时,适当通入蒸汽保温,降低浓度,待色泽转白即取样分析,并用重亚硫酸钠处理残余的硫化钠。反应式如下:

$$2Na_2S_2 + 3O_2 \longrightarrow 2Na_2S_2O_3$$

除用上述方法外,还采用酸化反应处理,进行生产。

酸化反应:将外来的下脚料(主要成分为 Na_2S 和少量的 NaOH、Na_2CO_3)送入 SO_2 吸收塔,酸化液浓度不得超过 25°Bé,反应终了时 pH 应在 7 左右。但为了加硫反应将 pH 调整到 10,然后加入需要量的硫黄,加热搅拌,反应完后,调整溶液 pH 至 8,即送蒸发,当浓度为 58°Bé,冷却至 47℃左右,加入晶种,在搅拌下俟结晶析出全后,在离心机内甩干后即为成品。反应式如下:

$$Na_2S + SO_2 + \frac{1}{2}O_2 \longrightarrow Na_2S_2O_3$$

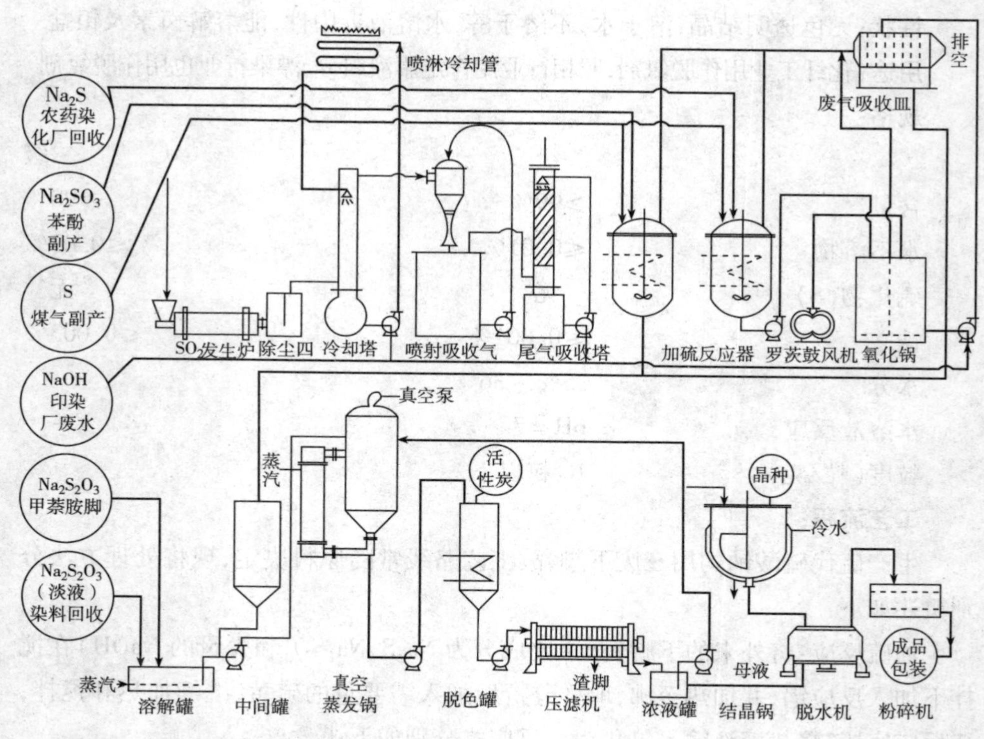

综合利用和三废处理措施:

生产中逸出的废气如 SO_2 等用 NaOH 吸收后作原料用。

包装:尼龙袋或麻袋内衬塑料袋,净重 50 公斤。

硫氰酸钠

Sodium thiocyanate

分子式:$NaCNS \cdot 2H_2O$　　**分子量:**117.11

性状:白色斜针状结晶,在空气中易潮解,能溶于水,醇,丙酮等有机溶剂中,遇铁盐呈血红色,有毒。

用途:用于聚丙烯腈纤维抽丝溶剂、以及农药、医药、印染、橡胶处理、彩色电影冲洗剂等。

规格:

含量	68% ~70%	铁盐(Fe)	≤0.0003%
色度(50:50 溶液)	≤12	氯化物(Cl)	≤0.01%

水不溶物	≤0.001%	铵盐(NH_4)	≤0.0005%
pH 值	6~8	硫酸盐(SO_4)	≤0.05%
重金属(Pb)	≤0.001%	钡(Ba)	≤0.0005%
钙(Ca)	≤0.0005%	其他硫化物(S)	≤0.001%

主要原料规格及消耗定额：

氰化钠	含量≥96%	0.58 吨/吨
硫黄	含量99.5%~99.9%	0.43 吨/吨

工艺流程：

溶解：氰化钠由机械输送翻料装置倒入溶解锅，锅内预先加入无离子水，经102塑料泵反复用水喷淋直至氰化钠全部溶解，控制溶液浓度达35%送往计量槽。

合成；在合成锅内先加入35%氰化钠溶液，开搅拌，然后再投入硫黄粉，使之充分反应，夹套用蒸汽加热，反应温度控制在95~106℃，反应终点的pH在8~10。合成过程中产生的硫化氢和微量氰化氢由鼓风机送往氢氰酸吸收塔。

反应式：

$$NaCN + S \longrightarrow NaCNS$$

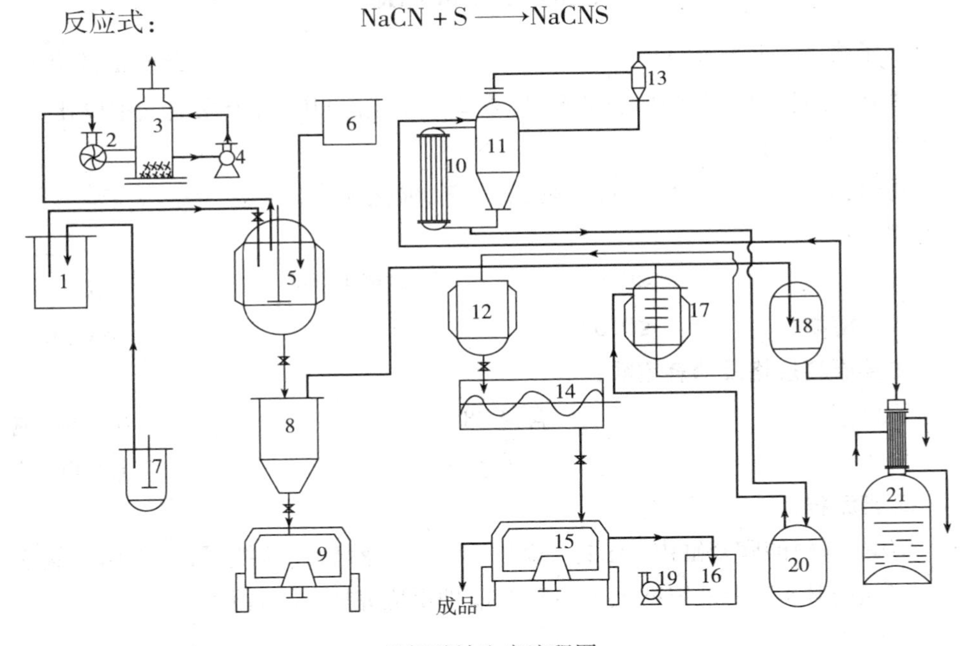

硫氰酸钠生产流程图

1. 氰化钠贮槽 2. 鼓风机 3. 氰化氢吸收塔 4. 塑料泵 5. 合成锅 6. 软水贮槽 7. 氰化钠溶解锅 8. 沉降槽 9. 离心机 10. 热交换器 11. 外循环蒸发器 12. 浓缩液贮槽 13. 气液分离器 14. 结晶器 15. 离心机 16. 母液贮槽 17. 叶片吸滤器 18. 滤液中间贮槽 19. 齿轮泵 20. 混合锅 21. 洗涤器

净化：在合成过程中，同时产生 Na_2SO_4，Na_2S，Na_2Sx 等杂质，需经过下述净化处理。

在粗品溶液中，分别加入硫氰酸钡及醋酸铅，以除去硫化物及多硫化物等杂质，静置澄清，然后把清液抽入中间贮槽，沉渣硫黄，活性炭，硫酸钡，硫化铅等沉淀物，经离心机甩干后弃去，母液入贮槽套用。

蒸发：将中间贮槽内的硫氰酸钠溶液，抽入蒸发器内进行真空蒸发，控制蒸发温度 58 ~ 60℃，真空度 600 毫米汞柱左右，当溶液浓度达 37 ~ 38°Bé 时结束。

结晶；蒸发后的硫氰酸钠溶液，抽入叶片过滤器，滤液再经浓缩液贮槽，使温度冷至 50℃以下，进入结晶器，结晶温度控制在 4℃左右，结晶终了再经离心机甩干即为成品。

氯化铜
Cupric chloride

分子式：$CuCl_2 \cdot 2H_2O$　　**分子量**：170.45

性状：绿色三棱形结晶，易潮解，比重 2.38，熔点 110℃，干燥空气中风化，易溶于水，醇及乙醚中。

用途：制造颜料，消毒剂，媒染剂，氧化剂，催化剂等。

规格：

含量	≥98%	硫酸盐（SO_4）	≤0.03%
水不溶物	≤0.02%	铁（Fe）	≤0.02%

主要原料规格及消耗定额：

氧化铜	含量 98%	0.5 吨/吨
盐酸	含量 30%	1.6 吨/吨

工艺流程：

溶解：在耐酸陶瓷缸内，先加入盐酸（约 7*N*），然后在搅拌下，逐渐加入氧化铜，当溶液 pH = 2，溶液浓度至 35 ~ 37°Bé，即反应完毕，静置澄清。

反应式：

$$CuO + 2HCl \longrightarrow CuCl_2 + H_2O$$

除铁：取上面澄清液加热，在搅拌下加入少量次氯酸钠，使二价铁氧化成三价铁而水解析出沉淀。料液过滤，控制滤液 pH = 3，中间分析含铁量≤0.05%合格。

浓缩,结晶:经除杂后的料液,注入搪玻璃反应锅,进行浓缩,直至液面有一层结晶析出为止,然后放入结晶器中,加入少量盐酸冷却结晶。

离心干燥:取出结晶体,通过离心机甩干后,进入电烘箱,控制温度在60～70℃,直至物料烘干为止,即得成品。

包装:木桶内衬塑料袋,净重50公斤。

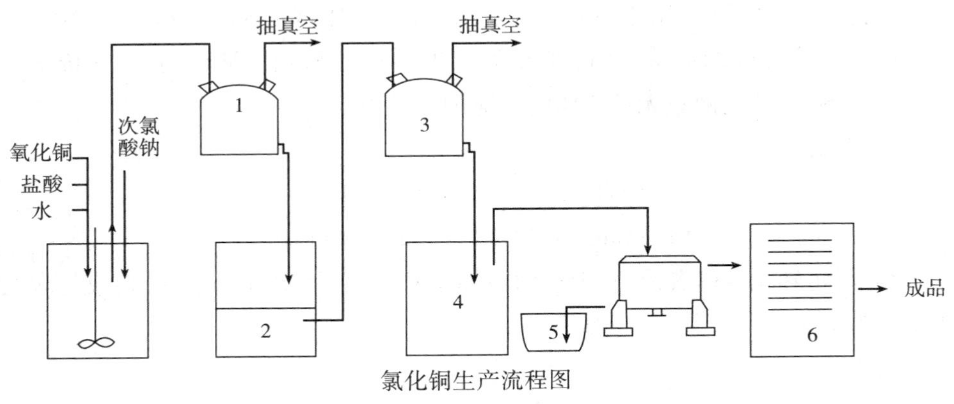

氯化铜生产流程图

1. 粗品高位槽　2. 过滤器　3. 浓缩锅　4. 结晶器　5. 母液贮槽　6. 干燥室

氯化亚铜

Cuprous chloride

分子式: CuCl　　**分子量:**99.03

性状:白色或灰白色粉末,在空气中易氧化成碱式盐,而很快变成绿色,遇光则变为褐色,不溶于水,溶于氨水,盐酸及碱金属的氯化物中。

用途:用作有色颜料原料,触媒,冶金、防腐杀菌等。

规格:

含量	≥96%	硫酸盐(SO_4)	≤0.05%
高铜盐($CuCl_2$计)	≤1.5%	碱金属,碱土金属	≤0.2%
铁(Fe)	≤0.005%		

主要原料规格及消耗定额:

铜灰	不含锌、铝(折100%铜计)	0.67吨/吨
食盐	含量93%	2.1吨/吨
盐酸	含量30%	2.3吨/吨
乙醇	含量95%	0.18吨/吨

工艺流程：

焙烧：将铜灰投入转炉，用煤气燃烧，使铜灰氧化，并达到除去水分及有机杂质。

反应式：

$$2Cu + O_2 \longrightarrow 2CuO$$

转化：在转化桶内，先加入饱和食盐水及盐酸，加热至 85～90℃，在搅拌下，逐步加入已焙烧好的铜灰，当料液浓度在 30°Bé 时，再加沉淀铜粉，使两价铜还原成一价铜，至转化液呈无色透明时反应即告结束。

反应式：

$$CuO + 2HCl —— CuCl_2 + H_2O$$

$$Cu + CuCl_2 + 2NaCl \longrightarrow 2Na[CuCl_2]$$

水解：将转化液静置澄清，上部清液抽至水解锅，加水进行水解，料液与水之用量比为 1∶4。

反应式：

$$[CuCl_2]^- \rightarrow CuCl\downarrow + Cl^-$$

洗涤、干燥：水解后生成的氯化亚铜，用水漂洗数次，抽干后再用酒精洗涤，去除水分和氯化铜，然后再抽干即得成品。

综合利用和三废处理措施：

转化时产生的氯化氢气体，经冷凝后所得淡盐酸排放。

漂洗污水集中回收，用铁刨花置换其中铜，然后排放。

氯化锌
Zinc chloride

分子式：$ZnCl_2$　　**分子量：**136.29

性状：白色细粒状结晶极易吸收水分而潮解，溶于水和乙醇易溶于丙酮。

用途：电池、织物上浆、木材防腐剂、活性炭、活化剂，在有机合成中用作触媒。

规格：

	电池规格	一般规格	液体规格
含量	≥98%	≥98%	≥37%
重金属(Pb)	≤0.0005%	≤0.001%	≤0.001%
铁(Fe)	≤0.0005%	≤0.001%	≤0.001%

硫酸盐(SO_4)	≤0.01%	≤0.01%	≤0.01%
钡(Ba)	≤0.05%	≤0.1%	≤0.1%
氧氯化物(以 ZnO 计)	≤1.8%	–	–
50%溶液对锌皮腐蚀	符合试验	–	–
50%溶液澄明度	符合试验	–	–

主要原料规格及消耗定额:

盐酸	含量≥30%	1.75 吨/吨
氧化锌	含量≥99%	0.62 吨/吨

工艺流程:

以盐酸和氧化锌作用生成氯化锌,经精制后为成品,反应式和生产流程如下:

$$ZnO + 2HCl \longrightarrow ZnCl_2 + H_2O$$

化合:将30%盐酸加入反应槽中,在搅拌下逐渐加入氧化锌至溶液略带酸性。

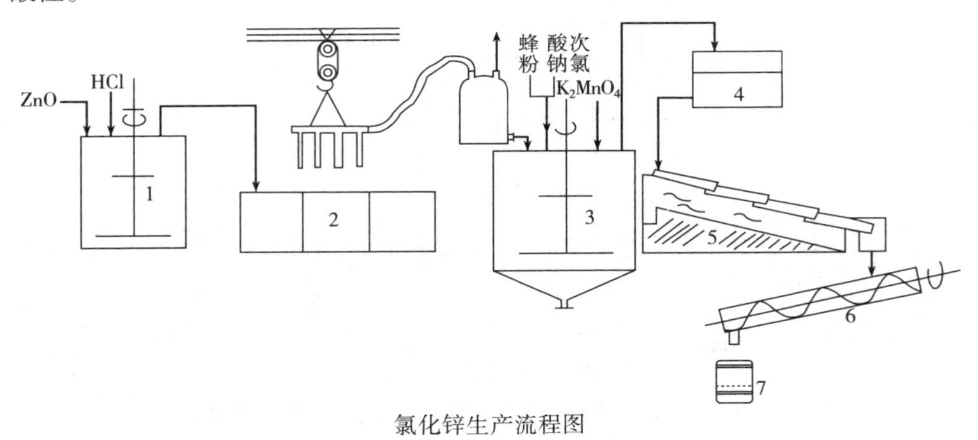

氯化锌生产流程图

1. 化料缸　2. 叶片吸滤机　3. 除杂桶　4. 过滤池　5. 石墨蒸发灶　6. 搅拌结晶器　7. 成品包装

氯化亚锡

Stannous chloride crystal

分子式:$SnCl_2 \cdot 2H_2O$　　**分子量:**225.65

性状:白色或浅黄色结晶,易溶于水,在空气中易氧化。

用途:工业上作电镀及还原剂。

规格：

含量	≥97%	铅(Pb)	≤0.03%
砷(As)	≤0.01%	硫酸盐(SO_4)	≤0.02%

主要原料规格及消耗定额：

锡	含量99.9%	0.53吨/吨
盐酸	含量31%	1.045吨/吨

工艺流程：

熔锡、酸化：将纯锡块放在铁锅内加热熔化，待锡块完全熔化以后，将熔锡通过密布洞眼的勺子，缓缓倒入盛满冷水的容器内，爆成锡花，取出锡花，投入酸化桶内加入盐酸，使其酸化溶解，反应完毕时酸化液浓度为35～42°Bé。

反应式： $Sn + 2HCl + 2H_2O \longrightarrow SnCl_2 \cdot 2H_2O + H_2\uparrow$

浓缩、结晶、干燥：经酸化后的溶液，放在搪玻璃锅蒸发，直至溶液浓缩到75°Bé，停止加热，将上层清液转入结晶槽，冷却结晶，离心后干燥，经分析合格为成品。

包装：铁桶或木箱装，内衬塑料袋，净重50公斤。

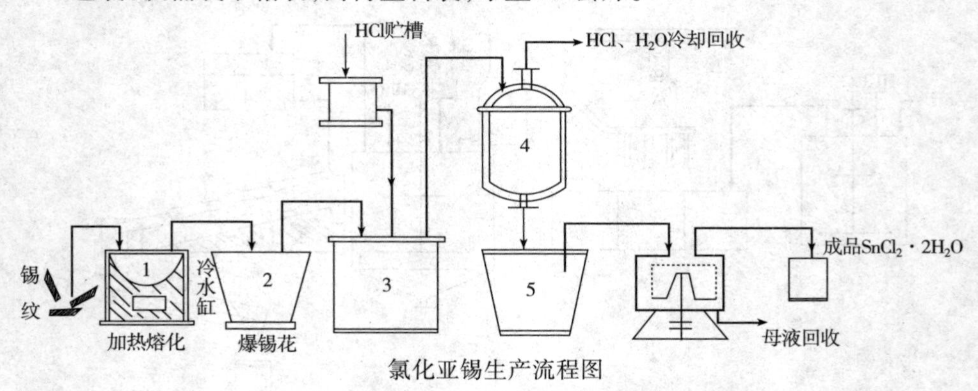

氯化亚锡生产流程图

1.熔化锅　2.冷水缸　3.反应桶　4.蒸发锅　5.结晶缸

氯化镍

Nickel chloride

分子式：$NiCl_2 \cdot 6H_2O$　　**分子量：**237.7

性状：草绿色结晶，有潮解性，易溶于水，水溶液呈酸性，也能溶于乙醇，氨水中，灼热时失去结晶水而成无水物。

用途：用于镀镍、氨的吸收剂，染料中间体。

格规：

含量	≥98%	铁(Fe)	≤0.005%
硫酸盐(SO_4)	≤0.5%		

主要原料规格及消耗定额：

硫酸镍或金属镍		0.27 吨(镍)/吨
盐酸	工业品	1.1 吨/吨
纯碱	工业品	0.72 吨/吨

工艺流程：

中和洗涤：将硫酸镍生产中所产生的母液配成 25°Bé 左右的溶液，加热近沸，在搅拌下，加入纯碱进行中和，控制溶液 pH 在 8 左右为终点。料液经板框压滤机进行过滤，用水连续洗涤，除去硫酸钠，直至测定漂洗水中硫酸盐含量符合要求后，压干出料。

反应式：　　$NiSO_4 + Na_2CO_3 \longrightarrow Na_2SO_4 + NiCO_3$

酸溶除杂：压干后的物料，用盐酸直接溶化，控制溶液 pH 在 6 左右，加热至沸，然后加入次氯酸钠和碳酸钡，除去溶液中 SO_4^{-}，Cu^{++} 等杂质，经中间控制符合要求，自然澄清过夜。

反应式：　　$NiCO_3 + 2HCl \longrightarrow NiCl_2 + CO_2 + H_2O$

结晶干燥：吸取上部清液，用盐酸调整溶液 pH = 2 ~ 3，送入搪玻璃蒸发器中蒸发至表面有结晶析出为止，然后冷却结晶，离心干燥即为成品。

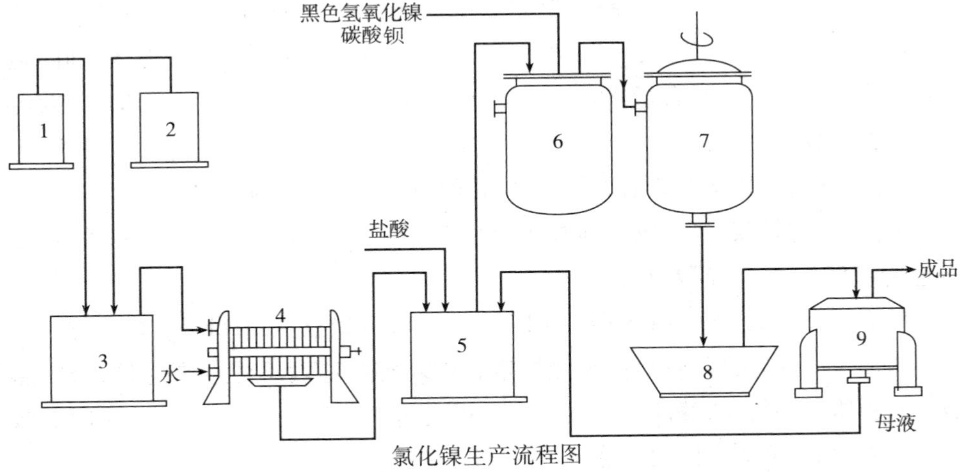

氯化镍生产流程图

1. 镍盐溶解槽　2. 纯碱溶解槽　3. 中和槽　4. 压滤机　5. 酸化槽　6. 除杂锅　7. 蒸发锅　8. 结晶器　9. 离心机

综合利用和三废处理措施：

1. 中和反应时有大量硫酸钠废水，可回收利用。

2. 澄清后的废渣内含有氯化镍，经水洗溶解，回收所含氯化镍，沥干，弃去废渣。

包装：铁桶或木桶装，内衬塑料袋，净重50公斤。

氯化亚砜

Thionyl chloride

又名：二氯亚砜、亚硫酰氯

分子式：$SOCl_2$ **分子量：**118.97

性状：淡黄色发烟液体，有特臭，暴露在空气中则生浓雾，沸点78.8℃，熔点-105℃，比重1.638，能溶于苯及氯仿中，遇水或潮气则分解为盐酸及二氧化硫。

用途：用于制备有机氯化酰基及有机合成氯化剂。

规格：	试剂三级	工业品
比重(D_4^{20})	1.630～1.650	1.630～1.650
馏程	(75～80℃)≥90%	(75～80℃)≥80%
灼烧残渣	≤0.05%	—

主要原料规格及消耗定额：

液氯	含量≥99.5%	水分≤0.06%	0.72吨/吨
硫黄	水分≤0.2%	灰分≤0.3%	0.305吨/吨
氯磺酸	含量≥97%		9.93吨/吨

工艺流程：

以氯磺酸，氯化硫混合后，通氯反应再经过蒸馏而得。流程如下：

反应：将定量氯磺酸，氯化硫加入反应锅，夹套中开启冷却水，然后通氯，控制通氯量50公斤/小时左右。

反应式： $$2ClSO_3H + S_2Cl_2 + Cl_2 \longrightarrow 2SOCl_2 + 2SO_2 + 2HCl$$

初馏：反应结束后，将料抽入蒸馏锅，逐步升温，温度不能忽高忽低，否则影响成品的质量和得率，蒸馏时蒸汽压力不得超过5公斤/厘米^2，回流二小时后收集初馏粗制品，蒸馏完毕放去蒸汽进行出脚。

复馏：先将硫黄粉投入复馏锅，开排气阀及冷凝器冷却水，然后加入初馏粗制品，蒸汽加热回流1～2小时后，逐步升温蒸馏，收集复馏成品。

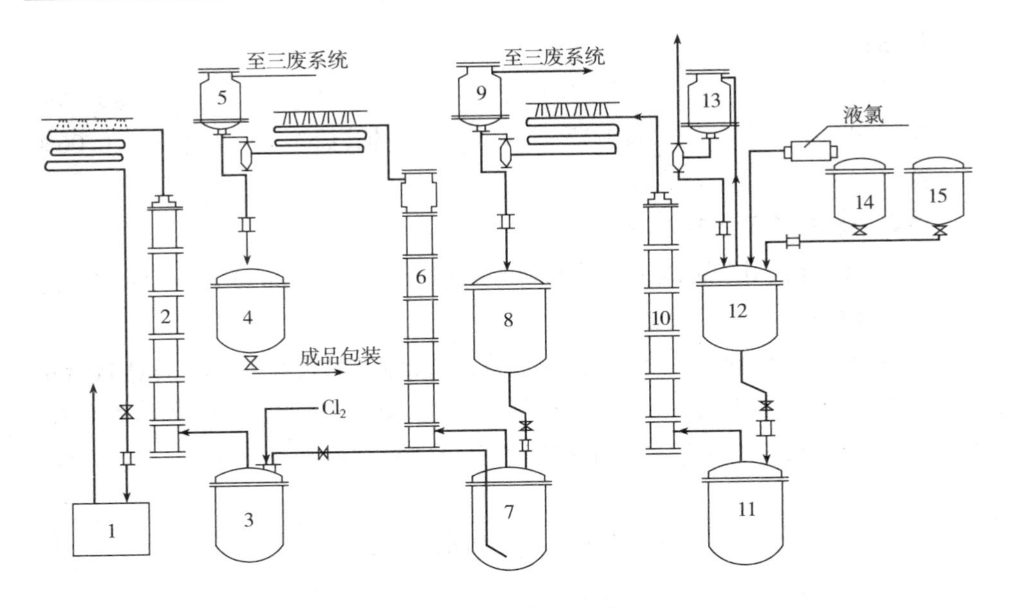

氯化亚砜生产流程图

1. 氯化硫贮槽　2. 氯化硫蒸馏塔　3. 氯化硫锅　4. 成品锅　5. 冷凝器　6. 复馏塔　7. 复馏锅　8. 粗品锅　9. 冷凝器　10. 初馏塔　11. 初馏锅　12. 反应锅　13. 冷凝器　14. 氯化硫高位槽　15. 氯磺酸高位槽

综合利用和三废处理措施:

生产过程中产生的氯化氢和二氧化硫气体,先经双口吸收罐吸收氯化氢,后用碱水循环,在吸收塔吸收二氧化硫气体,吸收系统以鼓风机负压操作,经常用 pH 试纸测定保持碱性。

复馏脚子可通氯生成氯化硫,直至脚子中无硫黄硬块为止,然后进行蒸馏,蒸出的氯化硫作原料用。

包装:玻璃瓶外套木箱,净重 15 公斤。

氯化钴
Cobalt chloride

分子式:$CoCl_2$　　**分子量:**129.86

性状:本品为氯化钴的水溶液,系紫红色液体;含钴量约 9%,水溶液的 pH 值在 5 左右。

用途:作为制备其他含钴化合物,以及油漆干燥剂用。

规格：

含量(钴)	≥9.5%	锰(Mn)	≤0.25%
镍(Ni)	≤0.12%	铜(Cu)	≤0.06%
铁(Fe)	≤0.02%		

主要原料规格及消耗定额：

本品为综合利用产品，原料有合金碎片或切削金属，主要成分为Co、Fe、Cr等。

工艺流程：

以酸渍法从合金废渣中溶出各种金属元素，然后加入各种沉淀剂对Fe、Co、Ni、Mn、进行分离，得到纯净的浓溶液再蒸发至适当浓度即得成品。因原料各异，工艺步骤也常变，这里叙述的以冶炼厂下脚含杂较多的金属屑为例。反应式和流程图如下：

$$Co + 2HCl \longrightarrow COCl_2 + H_2$$

$$2CoCl_2 + 3NaClO + 3H_2O \longrightarrow 2Co(OH)_3 + 3NaCl + 2Cl_2$$

$$2Co(OH)_3 + 6HCl \longrightarrow 2CoCl_2 + 6H_2O + Cl_2$$

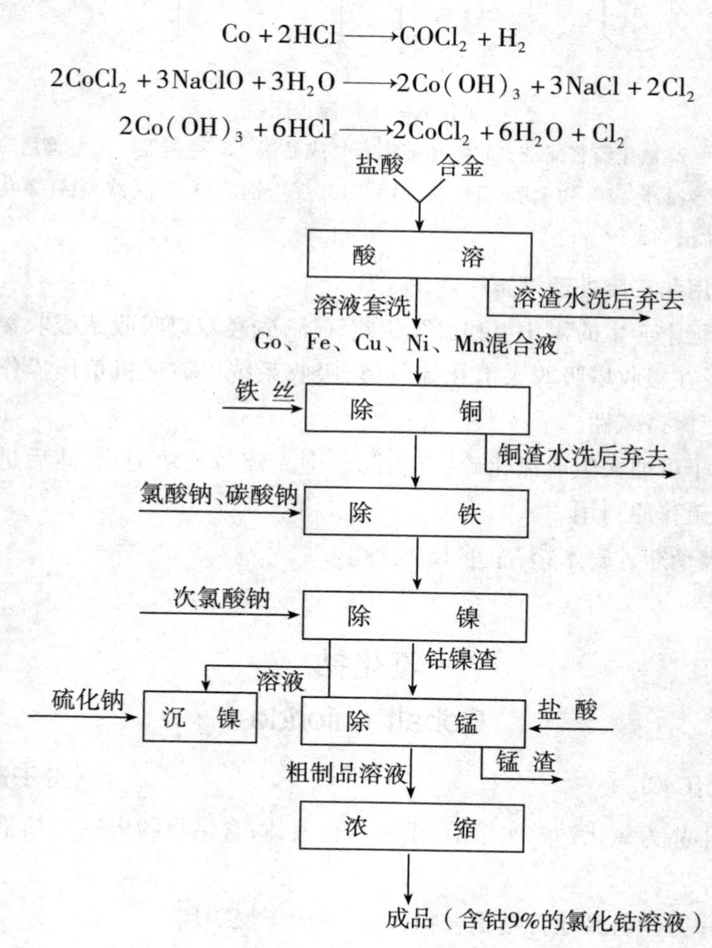

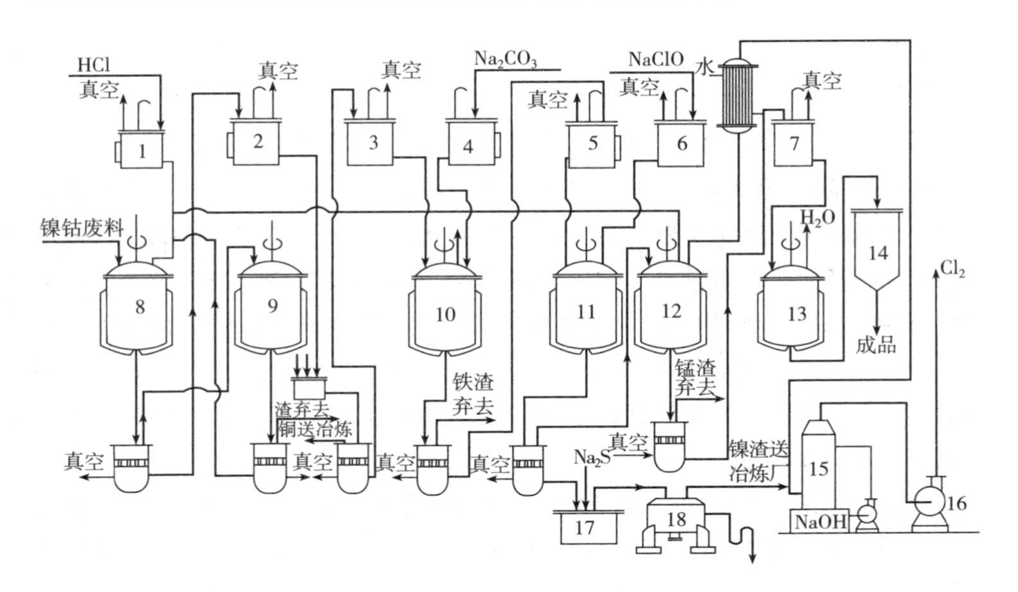

氯化钴水溶液生产流程图

1.盐酸贮槽　2.粗品贮槽　3.除铜后粗品贮槽　4.碳酸钠贮槽　5.除铁后粗品贮槽　6.次氯酸钠贮槽　7.半成品贮槽　8.酸溶锅　9.水洗锅　10.除铁锅　11.除镍锅　12.除锰锅　13.浓缩锅　14.成品槽　15.氯气吸收塔　16.鼓风机　17.硫化钠贮槽　18.离心机

包装:槽车。

六氟化硫

Sulfur hexafluoride

分子式:SF_6　　**分子量:**146.07

性状:六氟化硫是一种惰性,非燃性气体,在水中仅微量溶解,不与碱液作用,是一种良好的负电性气体,具有良好的灭弧性能。升华点 -63.8℃。

用途:用于电力和电器工业方面新型的绝缘解质,还用于高频率电器设备中。

规格:

水分	≤0.005%	空气($N+O_2$)V/V	1%
低氟硫化合物(S+F)	≤0.005%		

主要原料规格及消耗定额:

氟化氢	含量≥99.9%	1.55 吨/吨
硫		0.26 吨/吨

工艺流程:

制取六氟化硫的方法根据文献记载有电解法、氟盐法、四氟化硫氧化法、元素氟与硫直接反应法,这里用元素氟和硫直接反应法,生产流程如下。

氟的制备:六氟化硫所用的元素氟是由中温法电解制取,电解消耗的氟化氢是由一个氟化氢钢瓶连续补充进入电解槽,氟化氢是采用讯响器自动报警,以供按人工控制其需要的加料速度,保持电解质氟化氢浓度为38.5%~39.5%。电解槽内温度是用电动调节阀,电子电位差计自动控制蒸汽,鼓冷风,使温度达到95~100℃。由氟电解槽出来的氟气一般含有5%~10%氟化氢蒸气经过一个铜制盘式氟化钠塔除去氟化氢进行净化,(氟化钠吸收HF饱和后,可加热再生),净化后气体供合成用。

合成反应:净化后的氟气和硫黄在铁制反应器内反应,硫黄是采用电加热进行熔融,人工测定加料区液面,控制加硫量。反应生成的六氟化硫带有少量的十氟化硫、四氟化硫,一氟化硫。

反应式: $S+3F_2 \longrightarrow SF_6$ $S+2F_2 \longrightarrow SF_4$

$2S+5F_2 \longrightarrow S_2F_{10}$ $2S+F_2 \longrightarrow S_2F_2$

在粗产品中还有少量未反应完的氟气及原料氟气中带来少量氟化氢、二氧化硫、水分、空气等杂质。

SF_6 的精制:粗产品中的杂质经一空心塔,洗去大部分杂质气体,然后再经过一个空心碱洗塔,通过水洗,碱洗除去 S_2F_2、SF_2、SF_4、HF、SO_2等,再经过热解炉分解 S_2F_{10},热解炉内放有镍刨花,炉身外绕有电热丝通电加热,热解温度300~350℃。热解后,气体再经过碱洗净。

$$S_2F_2+2H_2O=S_2(OH)_2+2HF$$

$$SF_4+4H_2O=S(OH)_4+4HF$$

$$S_2F_{10}=SF_6+SF_4$$

注:据资料介绍十氟化硫是剧毒物质。

成品贮存和包装:经过净化后的气体经硅胶及分子筛干燥后进入贮气袋,当需灌装时用膜式压缩机将贮气袋中的 SF_6 抽出,再经分子筛(或 Al_2O_3)干燥塔压入冷凝接收器钢瓶内,钢瓶需事先抽空干燥后安置在盛有干冰酒精(-80℃)的容器里,将 SF_6 冷冻成液压入钢瓶,灌装压力为20~25公斤/厘米^2,灌装速度为1~2立方米/时。

包装:钢瓶装,压缩气体净重5公斤、20公斤。

氯化聚醚

Chlorinated polyether

又名：“片通”，Penton

分子式：$+CH_2C(CH_2Cl)_2CH_2O+_n$ **分子量：**25万~35万

性状：浅黄色半透明颗粒树脂或白色粉状物，熔点180℃，比重1.4，耐腐蚀性仅次于聚四氟乙烯，使用温度可达120℃。

用途：主要用其制成管、板、棒、泵等制品供石油、化工、纺织等部门作耐腐蚀工程塑料用，以代替不锈钢、铅、铜等有色金属。

规格：	颗粒树脂	粉状树脂
特性黏度	0.8	1.0
熔点(℃)	178~180	176~180
灰分	≤0.2%	≤0.3%
挥发分	≤1%	-
抗拉强度	420公斤/厘米^2	410~460公斤/厘米^2

主要原料规格及消耗定额：

季戊四醇	含量≥94%	2.5吨/吨
乙酸	含量≥98%	2.7吨/吨
30%液碱		3吨/吨
液 氯		4.8吨/吨

工艺流程：

季戊四醇经通氯反应得到三氯代季戊四醇氯乙酸酯，再用液碱进行环化得到3.3-双氯甲基丁氧环，用三异丁基铝作催化剂进行开环聚合得氯化聚醚。生产流程和有关化学反应式如下：

$$C(CH_2OH)_4+S+3CH_3COOH\xrightarrow[120\sim190℃]{ZnCl_2、Cl_2}(ClCH_2)_3CCH_2OCOCH_2Cl+2CH_3COOH+HCl+SO_2+2H_2O$$

$$(ClCH_2)_3+CCH_2OCOCH_2Cl\xrightarrow{NaOH}ClCH_2-\overset{\displaystyle CH_2Cl}{\underset{\displaystyle CH_2-O}{C}}-CH_2+NaCl+CH_3COONa$$

（环：C—CH_2—O—CH_2 四元环）

$$\mathrm{ClCH_2{-}\overset{\displaystyle CH_2Cl}{\underset{\displaystyle CH_2{-}O}{C}}{-}CH_2} \xrightarrow[200\sim250^\circ C]{(C_6H_9)_3Al} \left[\mathrm{CH_2{-}\overset{\displaystyle CH_2Cl}{\underset{\displaystyle CH_2Cl}{C}}{-}CH_2{-}O}\right]_n$$

单酯合成:将季戊四醇、乙酸、氯化锌按配比用量先后加入搪玻璃反应釜,加热至 110℃左右待季戊四醇完全溶解即可。

在酯化釜内预先加入定量的硫黄,然后将溶解完毕的料液压入釜中,加热至 105℃左右开始通氯,当料温达 140℃时停止加热,可利用反应热控制在 190℃ ± 5℃进行氯化,直至溶液呈棕褐色油状体为止。

工艺配比: 季戊四醇: 乙酸: 氯气: 氯化锌: 硫黄 = 1: 3: 4: 0. 1: 1　　　(摩尔比)

环化:将氯乙酸单酯与 20% 氢氧化钠水溶液按配比用量先后加入釜内,用 3 ~4 公斤/厘米^{2}蒸汽加热及强烈搅拌,将单体与水蒸气同时蒸出经冷凝器冷凝,分离收集而得。

工艺配比: 单酯: 氢氧化钠 = 1: 3. 5　　　(摩尔比)

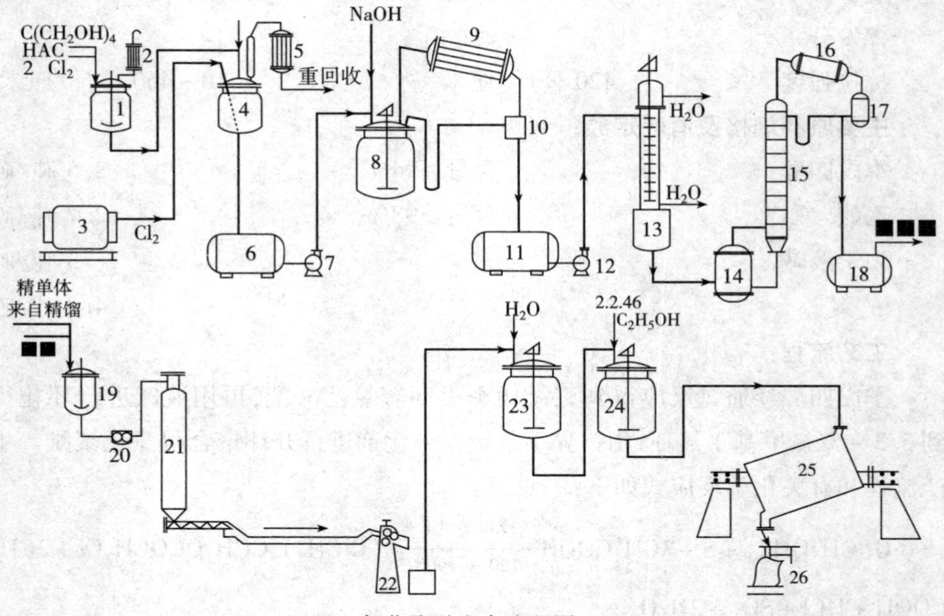

氯化聚醚生产流程图

1. 溶解釜　2. 冷凝器　3. 液氧　4. 氯化釜　5. 冷凝器　6. 单酯贮槽　7. 泵　8. 环化釜　9. 冷凝器　10. 分离器　11. 单体贮槽　12. 泵　13. 水洗塔　14. 精馏釜　15. 精馏塔　16. 冷凝器　17. 分离器　18. 精单体贮槽　19. 配料釜　20. 计量槽　21. 聚合塔　22. 切粒机　23. 抽提釜　24. 防老剂加入釜　25. 真空干燥器　26. 成品

精制:粗单体先经水洗,洗去一部分低沸物,然后进行减压乳化精馏,塔顶维持真空状态。

聚合:将单体压入配料釜内,在搅拌下加入配比用量的催化剂,(单体∶三异丁基铝 =1∶0.05%重量)待充分混合后将料液压入高位计量槽内,通过过滤器,由计量泵打入至预热到一定温度(180℃ ±5℃)的反应塔中,当反应管内存料达一定数量后即开动挤出机,先以低于进料量的速度出料,待平衡后即可正常,速度平衡出料。聚合完全的熔融状树脂经过水槽冷却,切粒即得颗粒树脂待送后处理。

后处理:利用水蒸气蒸馏的方法,将物料中含有未聚合之单体提出,并回收套用,抽提完毕后,加入少量的稳定剂,然后进行真空干燥,经过筛,包装即得成品。

综合利用和三废处理措施:

在单体合成过程中产生的废酸和废气,用水吸收生产25%左右的稀盐酸,另用15%氢氧化钠水溶液吸收氯气制得7% ~8%的次氯酸钠。废乙酸经中和、蒸馏后制得50%左右的稀乙酸。

包装:聚氯乙烯玻璃布袋内衬薄膜袋装,净重25公斤。

氯丹
Chlordane

分子式:$C_{10}H_6Cl_8$

结构式:

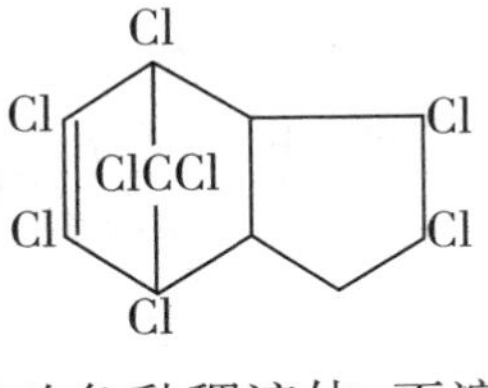

Cl
Cl Cl
ClCCl
Cl Cl
Cl

分子量:409.8

性状:琥珀色黏稠液体,不溶于水,溶于有机溶剂,如芳香族或脂肪族的烃类、酯类等。沸点175℃,在碱性溶液中易分解脱去氯化氢而失去杀虫力。

用途:本品是环戊二烯类含氯杀虫剂,有强烈的胃毒和触杀作用,残效期长,用于杀灭地下害虫,如蝼蛄、地老虎、稻草害虫等,对防治白蚁效果更为显著。

规格:

外观	深黄色至棕褐色黏稠液体	含氯量	65% ~76%

比重(D_4^{25})　　1.65～1.75　　酸度(HCl)　　≤0.3%

主要原料规格及消耗定额:

苯头份(以含二聚环戊二烯60%计)　　1吨/吨

氯气　　3.5吨/吨

工艺流程:

苯头份蒸馏:用蒸汽往复泵将苯头份打入蒸馏釜,在常压蒸馏下分馏去二硫化碳、粗苯等低沸物,釜内留液为二聚环戊二烯供裂解用。

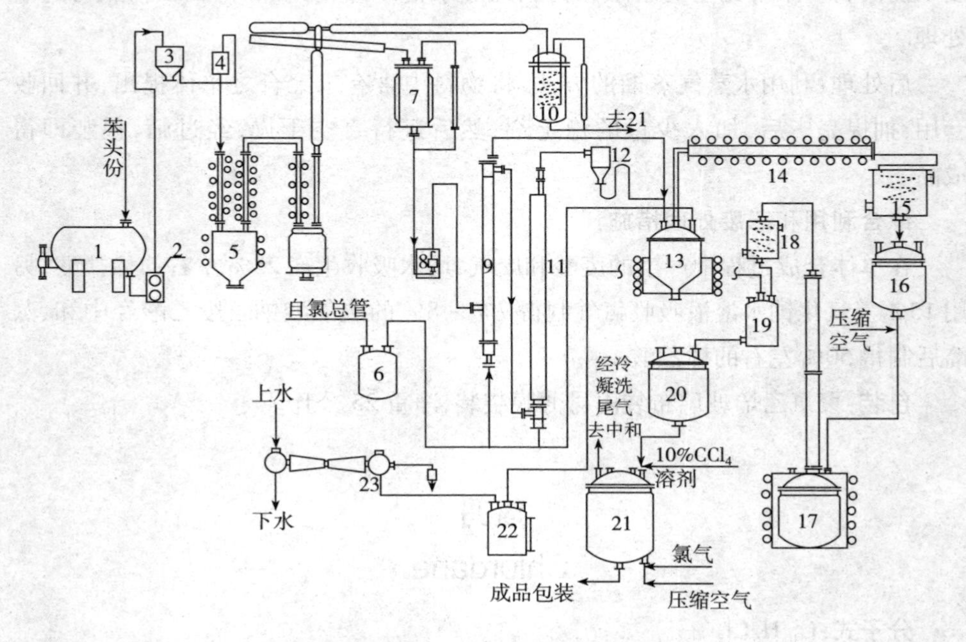

氯丹生产流程图

1. 苯头份蒸馏釜　2. 蒸汽往复泵　3. 二聚体沉降槽　4. 二聚体计量槽　5. 二聚体裂解组　6. 氯气缓冲器　7. 单体计量槽　8. 定量泵　9. 四氯化反应器　10. 冷凝器　11. 多氯氯化器　12. 气液分离器　13. 多氯汽化器　14. 氯解器　15. 冷凝器　16. 氯解液贮槽　17. 六氯精馏釜　18. 冷凝器　19. 六氯受器　20. 六氯贮槽　21. 氯化反应器　22. 缓冲缸　23. 水喷射泵

裂解:将二聚环戊二烯加热汽化,在430～460℃进行气相裂解,塔顶温度控制在41.5℃±1.5℃,其收集物即为环戊二烯单体。

氯化:环戊二烯由定量泵送入四氯反应器后,通入氯气进行氯化,氯化温度控制在40～60℃,得到四氯环戊烷,然后进一步加热,通氯,得到多氯环戊烷,多氯在汽化釜中汽化后与氯气在500～560℃温度下氯解得到六氯环戊二烯。

六氯精馏:将经过加温吹酸后的六氯环戊二烯由压缩空气送入精馏釜进行

减压蒸馏，以分去多氯环戊烷、八氯环戊一烯、六氯苯等。

合成：将精馏后的六氯环戊二烯投入氯化反应器，加热至55℃左右加入环戊二烯反应成氯啶，然后在80℃左右通氯氯化，反应完毕后用压缩空气吹酸后就可包装。

生产流程中反应式如下：

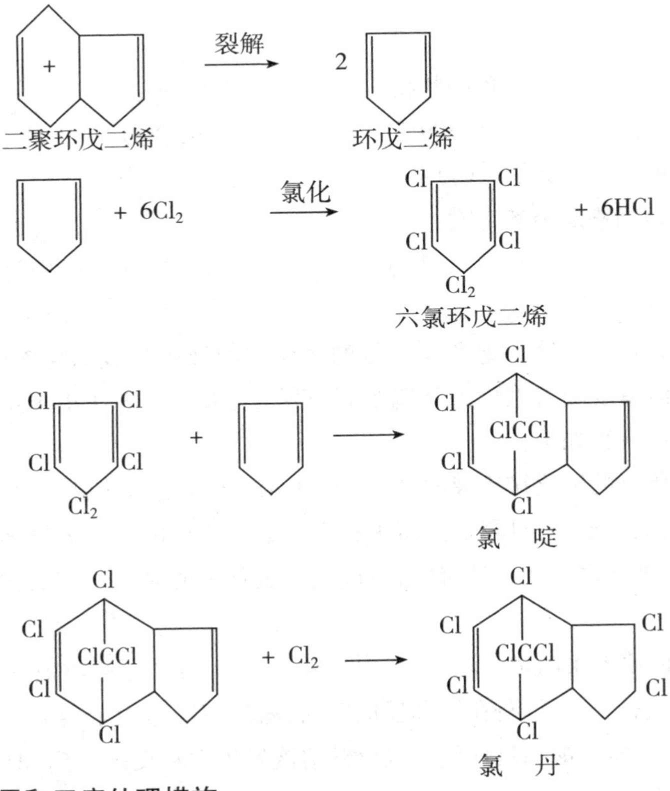

二聚环戊二烯 $\xrightarrow{裂解}$ 2 环戊二烯

环戊二烯 + $6Cl_2$ $\xrightarrow{氯化}$ 六氯环戊二烯 + 6HCl

六氯环戊二烯 + 环戊二烯 → 氯啶

氯啶 + Cl_2 → 氯丹

综合利用和三废处理措施：

废渣为高沸点的多氯化合物，具有杀虫药效，在试用中。

废碱液含次氯酸钠拟提高浓度以后利用。

包装：铁桶装，净重200公斤。

氯化铵

Ammonium chloride

又名：硇砂

分子式：NH_4Cl　　**分子量：**53.5

性状:白色晶状物质,易溶于水,水溶液呈酸性反应,饱和溶液的沸点为115.6℃。

在空气中加热至100℃即开始升华,加热至337.8℃时分解成氨和氯化氢。

用途:在工业上主要用于电镀、金属焊接、韧革、电池、染料等部门,农业上用作氮素肥料。

规格:

外观	白色晶状物	硫酸盐(SO_4)	≤0.005%
含量(干基)	≥99%	铁(Fe)	≤0.001%
酸度(HCl)	0.14%	水分	≤5%

主要原料规格及消耗定额:

液氨	0.35吨/吨	氯化氢(以100%计)	0.73吨/吨

工艺流程:

用氨气直接鼓泡通入饱和氯化氢的氯化铵溶液内生成氯化铵的饱和溶液。而氯化铵的溶解度随着温度的下降而显著减小,借冷却方法析出结晶经分离而得成品。生产流程如下:

饱和氯化氢的氯化铵溶液的制备:采用湍流吸收塔为接触吸收设备,借水环泵抽吸,使湍流塔处于负压状态,将由石墨合成炉生成的氯化氢气体抽吸进入塔内,与塔顶喷淋下之循环母液接触,生成饱和氯化氢的氯化铵溶液位差流入饱和反应器。

吸收塔内填充聚丙烯小球,在塔内呈湍动状态,强化了吸收效果。

氨与氯化氢溶液反应:在饱和反应器内,氨气不断地由上通入反应器底部鼓泡,与进入反应器的饱和氯化氢的氯化铵溶液发生中和反应得到pH为8左右的氯化铵饱和溶液从反应器底部不断溢流入冷却结晶器之中心降液管内。

氨与氯化氢的反应如下:

$$NH_3 + HCl \longrightarrow NH_4Cl$$

冷却结晶:采用空气冷却循环母液与从饱和反应器溢流而来的115℃左右的氯化铵饱和溶液在中心降液管内混合冷却至30~45℃,从而析出过饱和的氯化铵结晶,不断地从冷却结晶器下部用晶浆泵抽吸出。而在冷却结晶器上部得到的氯化铵溶液用轴流泵送入塑料风冷器内,借空气将送入之循环液冷却,重复上述过程,不断地制取氯化铵结晶。

结晶物的分离:在冷却结晶器中的氯化铵晶体借晶浆泵抽送至稠厚器中,晶浆经稠厚后在器下部得到增稠的浆液,分离除去晶粒后的清液重返入冷却结晶器内。由稠厚器底部流出的增稠晶浆经离心机脱除其母液后得到成品氯化铵。

包装:塑料薄膜袋装每袋净重 25 公斤。

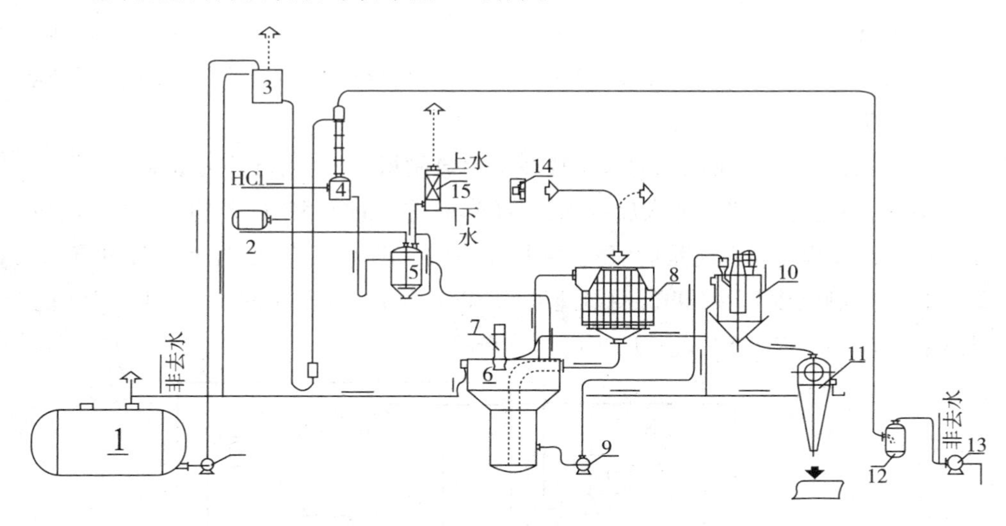

氯化铵生产流程图

1. 母液贮槽 2. 母液循环槽 3. 母液高位槽 4. 湍流吸收塔 5. 饱和反应器 6. 冷却结晶器 7. 轴流泵 8. 横流式风冷器 9. 晶浆泵 10. 稠厚器 11. 离心机 12. 真空缓冲泵 13. 水环式真空泵 14. 轴流风机 15. 水洗塔

氯乙酸

Chloroacetic acid

又名:一氯醋酸

分子式:$CH_2ClCOOH$ **分子量**:94.49

性状:无色或淡黄色的结晶,潮解性极强,对皮肤有强烈腐蚀性,易溶于水及醇、醚、比重 1.370(70℃),沸点 189 ~ 191℃,结晶点:α 型 - 化合物 61 ~ 61.7℃,β 型 - 化合物 55.5 ~ 56.5℃,γ 型 - 化合物 50.6℃。

用途:植物生长刺激素,如萘乙酸,二四滴等制造和农药乐果,医药等有机合成的应用。

规格:	一级品	二级品
含量	≥96.5%	≤95%
二氯醋酸含量	≤0.5%	≤1.0%

主要原料规格及消耗定额：

液氯	含量≥99.5%	水分≤0.06%	0.976吨/吨
冰醋酸	含量≥98%		0.754吨/吨
硫黄	水分≤0.2%	灰分≤0.3%	25公斤/吨

工艺流程：

以冰醋酸为原料在催化剂硫黄存在下通氯制得，经分离母液为成品。

氯化：将定量冰醋酸加入反应锅，以冰醋酸重量的3.5%硫黄粉作触媒，预热至90℃以上，开始通入适量的氯气，两只反应锅串联通氯，主锅控制温度98℃±2℃，付锅控制温度85～90℃，通氯速度约70公斤时，待反应液（锅内半成品）的比重在80℃时为1.350，表示反应已达终点。

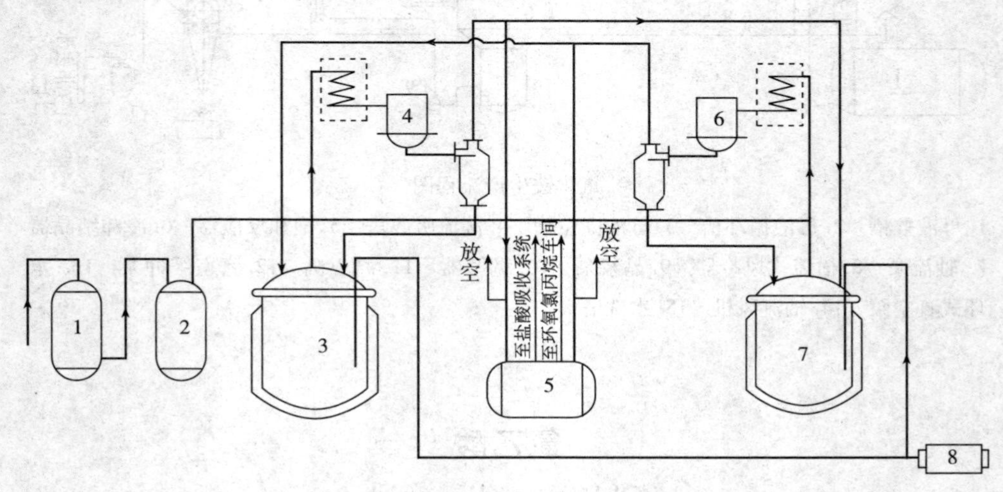

氯乙酸生产流程图

1.乙酸贮槽　2.预热锅　3.主反应锅　4.冷凝器　5.阀门调节器　6.冷凝器　7.副反应锅　8.液氯钢瓶

反应式：　$CH_3COOH + Cl_2 \longrightarrow ClCH_2COOH + HCl$

结晶：抽出反应物置于酸罐中，自然冷却结晶或吸入结晶器中进行结晶。

除母液：结晶形成后，尚有少量醋酸、一氯醋酸、二氯醋酸和氯化硫等液体共存在酸罐中，用倒置法倒出未结晶液体，然后将结晶体冷至38℃以下再抽真空除母液，分离母液后即为成品。

综合利用和三废处理措施：

在反应过程中排出的氯化氢气体；用甘油吸收生产环氧氯丙烷，多余废气经水吸收成副产盐酸。

氯乙酸母液含有醋酸、一氯醋酸、二氯醋酸和氯化硫等,每吨产品约有150公斤的母液,目前利用氯乙酸母液进一步氯化制成二氯醋酸,二氯醋酸甲酯及氯仿。

包装:陶瓷罐装,净重30~35公斤。

三氯甲烷

Chloroform

又名:氯仿

分子式:$CHCl_3$　　**分子量:**119.4

性状:无色透明易挥发液体,微带甜味有麻醉性,不易燃烧,能与醇,醚、苯、石油醚等有机溶剂任意混合,在光的作用下和空气中氧反应生成剧毒的"光气"。在碱性解质中易水解生成甲酸盐。

用途:作致冷剂的原料如F_{22};如与四氯化碳混合可制成不冻的防火液体,亦可用作脂肪、橡胶、树脂的溶剂以及染料,药物的原料。

规格:

外观(铂钴液)	1≤10号	不挥发物	≤0.01%
比重(D_{25}^{25})	1.470~1.484	游离酸(HCl)	≤0.001%
沸程(58~63℃)	≥94%	水分	0℃时不浑浊

主要原料规格及消耗定额:

氯气(以100%计)	2.2~2.5吨/吨
石灰(以100%计)	4.5~5.0吨/吨
乙醛(以100%计)	0.65~0.7吨/吨

工艺流程:

乙醛与漂白液作用生成氯仿,反应式和流程如下:

$$2CH_3CHO + 3Ca(OCl)_2 \longrightarrow 2CHCl_3 + 2Ca(OH)_2 + Ca(HCOO)_2$$

先将石灰破碎,再在化灰机里加水反应成石灰浆,调成12%~15%氢氧化钙浆液,由泵送入氯化锅,通入氯气,在65℃以下进行氯化,当浆液含有效氯7%~9%,停止通氯,即可备用。

将含有效氯7%~9%的漂白液和16%~18%浓度的乙醛水溶液按配比送入反应釜,反应温度控制在65~75℃,生成的氯仿蒸气经过冷凝器后凝为液体流入粗氯仿贮槽,粗制品经水洗后进入精馏塔,收集58~63℃的馏出物为成品。

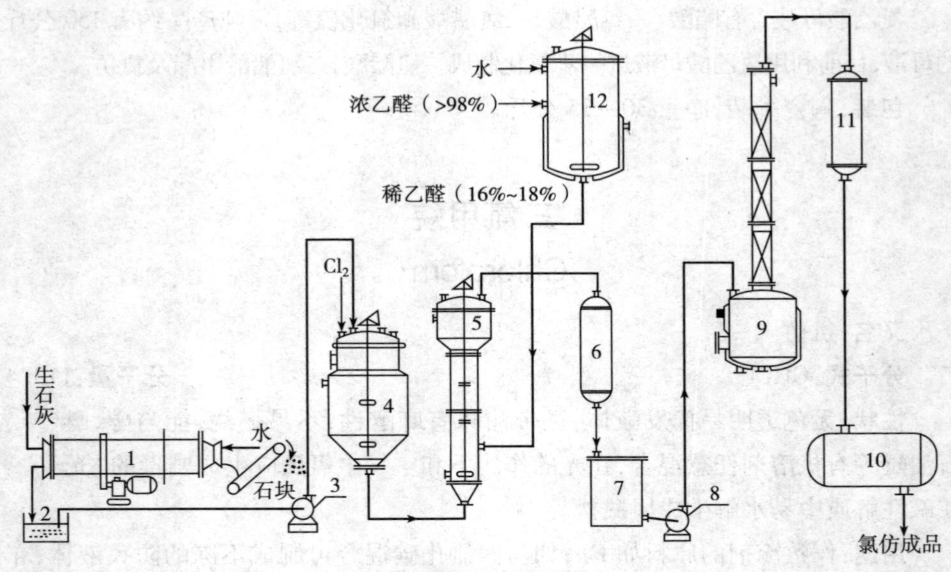

三氯甲烷生产流程图

1. 化灰机　2. 石灰乳贮槽　3. 泵　4. 氯化锅　5. 粗氯仿反应锅　6. 列管冷凝器　7. 粗氯仿贮槽　8. 泵　9. 蒸馏塔　10. 成品贮槽　11. 列管冷凝器　12. 乙醛配制槽

氯化磷腈防火剂

Phosphonitrile chloride fireproofing agent

分子式：$P_nN_{n-1}Cl_x(CH_3O)_y(NH_2)_x$　　$x+y+z=2n+3$

性状：微黄色较黏稠流动性液体，比重 1. 30～1. 40，微带氨臭，与水能互溶，不溶于苯类溶剂，在 100℃以上分解放气，脱水后呈脆性固体，暴露于空气中，极易潮解。

用途：棉织品经过该防火剂处理后，具有良好的永久性防火和防霉作用。

规格：

固含量	70%	含氯量	7%～8%

主要原料规格及消耗定额：（每公斤 70% 固含量计）

三氯化磷	含量 >98%		1. 25 吨/吨
氯化铵	含量 >99. 5%	水分 <0. 1%	0. 42 吨/吨
液氨	工业品		0. 42 吨/吨
甲醇	含量 >99%		1. 4 吨/吨

氯苯	工业品		1.0 吨/吨
液氯	含量 >99%	水分 <0.06%	0.65 吨/吨

工艺流程：

氯化磷腈合成：先将三氯化磷投入氯苯中，通入氯气转化成五氯化磷，然后在抽气条件下，加入氯化铵，并升温回流反应，自然排除氯化氢气体，至氯化铵全部作用完，需 20 ~ 25 小时，料温可达 140℃，得一种棕黄或金黄色透明发烟氯化磷腈氯苯液体。

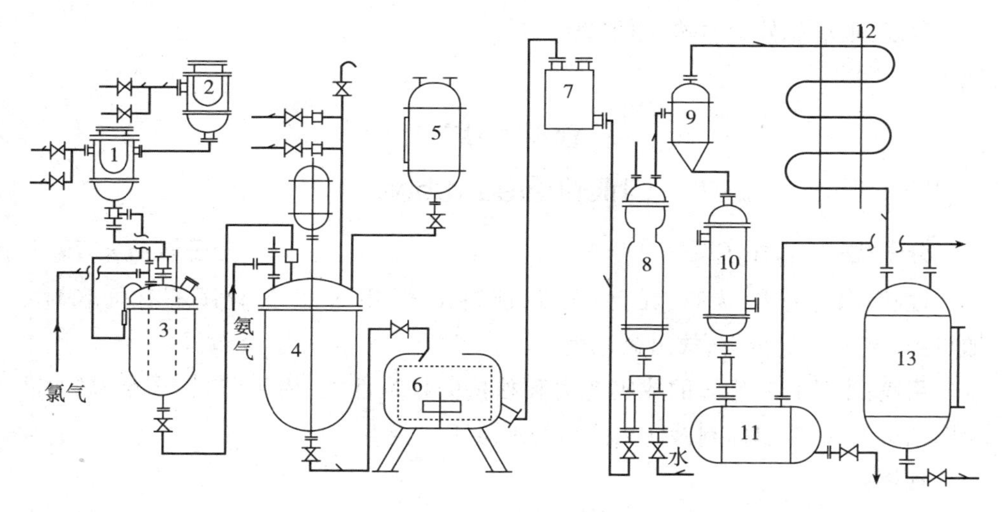

氯化磷腈防火剂生产流程图

1. 2. 冷凝冷却器　3. 氯化磷腈反应锅　4. 氨化锅　5. 甲醇高位槽　6. 离心机　7. 料液高位　8. 薄膜蒸馏器　9. 旋风分离器　10. 冷凝器　11. 成品受器　12. 冷凝器　13. 低沸受器

反应式：

$$PCl_3 + Cl_2 \longrightarrow PCl_5$$

$$nPCl_5 + nNH_4Cl \rightarrow (PNCl_2)_{2n} + P_nN_{n-1}Cl_{2n+8} + 4nHCl$$

甲氧基化和氨基化：将上述氯化磷腈氯苯溶液，冷至 0 ~ 10℃之间，在搅拌下滴加甲醇，当加毕定量甲醇后，在同样条件下通入气氨，随着氨化反应的进行，料液内不断产生氯化铵沉淀，通氨毕，自然升至室温，继续搅拌 12 ~ 15 小时，料液的 pH 为偏碱性。

反应式：

$$P_nN_{n-1}Cl_{2n+3} + CH_3OH + NH_3 \longrightarrow P_nN_{n-1}Cl_x(CH_3O)_y(NH_2)_x + NH_4Cl$$

$$x + y + z = 2n + 3$$

脱除低沸：先将料液中生成的沉淀滤清，然后用升膜法薄膜蒸馏，脱除甲氧基化反应中过，量甲醇，高沸物放出加水分层，除去溶剂氯化苯，最后把料液再进行减压升膜蒸馏，得一种黏稠透明淡黄色液体，固含量控制在70%，pH在6~7。

综合利用和三废处理措施：

反应中产生的氯化氢气体，用水吸收成盐酸。

副产氯化铵作化肥。

回收甲醇，氯苯分别进行处理后，再回用。

包装：玻璃瓶外套木箱，净重20公斤。

氯化橡胶
Chlorinated rubber

分子式：$-[C_{10}H_{11}Cl_7]-_n$　　**分子量：**$n\times 379.5$

性状：白色粉末、无味、无臭、无毒，能溶于苯、甲苯、四氯化碳等有机溶剂。加热到130℃开始分解，放出氯化氢气体。

用途：本品具有优异的成膜能力和独持的粘附性能，用于塑料、皮革、橡胶、金属粘接方面，防腐涂料及防火涂料等油漆工业。

规格：

外观	白色粉末	黏度	低黏度 <30厘泊
含氯量	≥60%		高黏度 >30厘泊
比重(D_4^{15}4)	1.5~1.6	热分解度	>130℃

主要原料规格及消耗定额：

橡胶	0.4吨/吨	30%氢氧化钠	7吨/吨
四氯化碳	2.5吨/吨	碘	1500克/吨
氯气	1.5吨/吨		

工艺流程：

塑炼：将切成小块的天然橡胶放在炼胶机中进行塑炼，第一次轧50~60分钟，冷却后第二次轧30分钟，冷却后第三次轧30分钟。

溶解：将碎橡胶投入搪玻璃溶解釜中，加入四氯化碳并升温到70℃左右，在搅拌下使完全溶解，再加入过量的四氯化碳搅拌均匀。

氯化：溶解了的橡胶压入搪玻璃反应釜中，通入氯气在氯化前期加入碘，待氯化完毕后，通入压缩空气吹酸。在氯化过程中随尾气逸出的四氯化碳蒸气在搪玻璃冷凝器中被回收。

水析：氯化液在0.5～1公斤/厘米^{2}压力下被连续送入水析塔，氯化液被蒸汽冲击成微小颗粒，塔顶温度控制在90℃左右，水和四氯化碳共沸蒸出，氯化橡胶析出。

水析出的氯化橡胶用水冲洗除去酸性。

干燥：经过洗涤后的氯化橡胶，放入离心机脱水甩干，然后在烘房或真空耙式干燥机中烘干后即为成品。

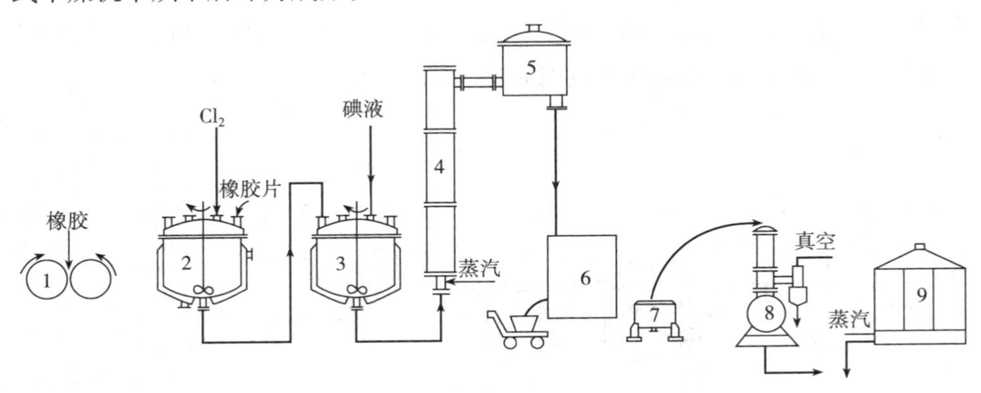

氯化橡胶生产流程图

1. 炼胶机　2. 溶解锅　3. 氯化锅　4. 水析塔　5. 分相器　6. 出料箱　7. 离心机　8. 真空耙式干燥器　9. 炉排式烘房

综合利用和三废处理措施：

废水中有溶剂四氯化碳，在水析工序分出回收。

氯化石蜡(一)

Chlorinated paraffin Ⅰ

分子式：$C_{25}H_{45}Cl_7$　　**分子量：**593

性状：金黄色或琥珀色黏稠透明油状液体，不溶于水和乙醇，能溶于许多有机溶剂，加热至120℃以上徐徐分解，放出氯化氢气体。铁、锌等氧化物会促使分解。

规格：

外观	金黄色，透明黏稠油液	酸碱值	酸值≤0.1毫克KOH/克
比重(D_4^{20})	1.16～1.17		碱值≤0.1毫克HCl/克
热分解(℃)	≥120	含氯量	(43±1)%

用途:用于塑料工业的副增塑剂以及机械加工的润滑油添加剂。

主要原料规格及消耗定额:

原蜡　　0.59~0.61吨/吨　　氯气　　1~1.1吨/吨

工艺流程:

分原蜡精制、精蜡氯化、粗氯化石蜡精制等三步,简述如下:

原蜡精制:将固体石蜡熔触,经油水分离器分去水层入熔蜡贮槽,由齿轮油泵输入精制石蜡釜,加入1%活性白土,加热至150~160℃,以压缩空气搅透,然后静置分层,清液经板框压滤机过滤后进入精蜡贮槽以待氯化。

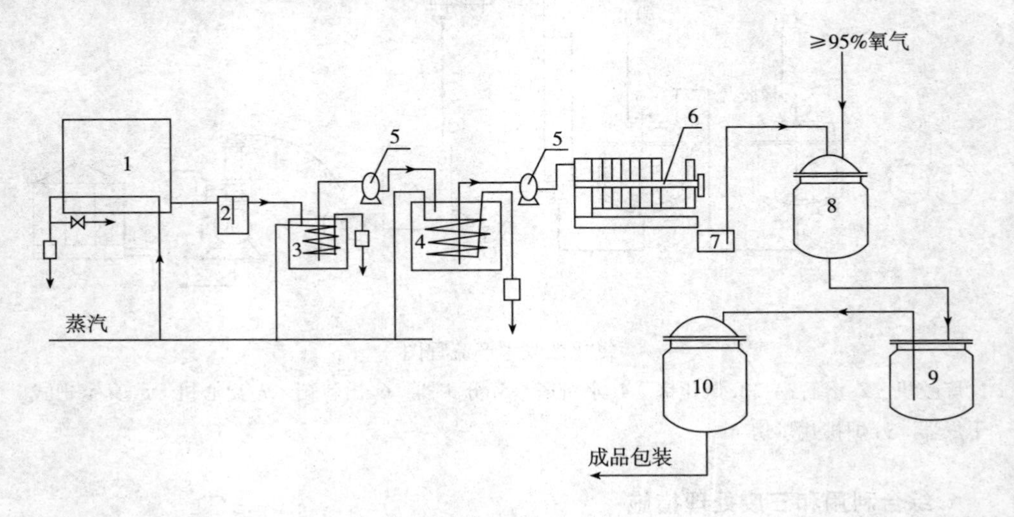

氯化石蜡生产流程图

1. 熔蜡房　2. 油水分离器　3. 熔蜡贮槽　4. 精制石蜡釜　5. 齿轮油泵　6. 压滤机　7. 精蜡中间桶　8. 氯化反应釜　9. 精制氯蜡釜　10. 中和釜

氯化:精蜡经计量后投入氯化釜,通入氯气进行氯化,含氯残余气体进入另一氯化釜作氯化用;精蜡和半成品的氯化反应在上述氯化釜中交替进行,称谓二道串联氯化。

二道氯化温度(精蜡氯化)78~82℃,一道氯化温度(半成品氯化)85~90℃。一道比重达1.16~1.17(20℃)即可出料。

氯化反应式如下:

$$C_{25}H_{52} + 7Cl_2 \longrightarrow C_{25}H_{45}Cl_7 + 7HCl\uparrow$$

精制:粗氯化石蜡在精制釜中用热水洗涤,水洗完毕后加温至95~98℃,压缩空气脱水,当达透明度要求时用液碱中和后为成品。

综合利用和三废处理措施：

副产氯化氢气体供综合利用做环氧氯丙烷。

尾气氯气用烧碱吸收成10%次氯酸钠。

包装：铁桶，净重200公斤。

氯化石蜡（二）

Chlorinated paraffin Ⅱ

分子式：$C_{14}H_{24}Cl_6$　　**分子量：**405

性状：清黄色透明油液，不溶于水，能溶于许多有机溶剂中，有良好的热稳定性和可塑性。

用途：主要用于塑料化工的副增塑剂以及机械切削加工中润滑油的添加剂。

规格：

外观	清黄色透明油液	酸碱值	酸值≤0.1毫克KOH/克
比重（D_4^{20}）	1.24～1.26		碱值≤0.1毫克HCl/克
		含氯量	（50±2）%

主要原料规格及消耗定额：

重腊	0.515～0.535吨/吨	氯气	1.15～1.35吨/吨

工艺流程：

分重蜡精制，精重蜡氯化和粗品精制等三步，简述如下：

重蜡精制：重蜡经油水分离器分去水层后，由齿轮泵输入精制釜，加入2%活性白土，加热至100～105℃，以压缩空气搅透，然后静置分层，再经板框压滤机过滤进入精蜡贮槽以待氯化。

氯化：精重蜡经计量后投入氯化釜，通入氯气进行氯化，含氯残余气体进入另一氯化釜作氯化用；精蜡和半成品的氯化反应在上述氯化釜中交替进行，称谓二道串联氯化。

二道氯化温度（精蜡氯化）78～82℃，一道氯化温度（半成品氯化）85～95℃。一道比重达1.24～1.26（20℃）即可出料。

氯化反应式如下：

$$C_{14}H_{30} + 6Cl_2 \longrightarrow C_{14}H_{24}Cl_6 + 6HCl \uparrow$$

精制：粗氯化石蜡在精制釜中用热水洗涤，水洗完毕后加温至95～98℃，压缩空气脱水，当达透明度要求时用液碱中和后为成品。

综合利用和三废处理措施：

溶解氰化钠或其他工段因冲洗设备、容器等，所产生的有害废水经污水专用管道送往氰化亚铜污水处理池，一并以 10% NaOCl 溶液氧化处理，使含氰量 < 0.1 ppm 再排入下水道。

溶解氰化钠和合成硫氰酸钠时所产生的微量氰化氢、硫化氢、氨气、经鼓风机送往氢氰酸吸收塔，以 10% $Na_2S_2O_3$溶液喷淋解吸后，排至界外。

合成和净化过程中产生的硫黄渣、活性炭、硫酸钡、硫化铅沉淀、经分别处理或送有关专业部门处理。

包装：纸板桶装净重 25 公斤，塑料桶装净重 40 公斤。

磷酸二 2 - 乙基己酯
Di –(2 – ethyl – 1 – hexyl) phosphate

又名：磷酸二辛酯

分子式：$[C_4H_9CH(C_2H_5)CH_2O]_2PO(OH)$ **分子量：**322.43

性状：本品呈淡黄色油状透明液体，几乎无臭，易溶于苯、石油醚、煤油等有机溶剂，比重 0.97。

用途：稀有金属萃取剂，有机溶剂。

规格：

含量	≥90%	磷酸一辛酯	≤3%

主要原料规格及消耗定额：

氧氯化磷	含量≥99%	0.593 吨/吨
2 – 乙基己醇	沸程 181 ~ 185℃ ≥99%	1.223 吨/吨
30% 液碱		5.0 吨/吨

工艺流程：

氧氯化磷与 2 – 乙基己醇酯化反应后，经酰氯水解，焦酯水解，3% 氢氯化钠溶液水洗，硫酸酸化，水洗，薄膜分离而得成品。

酯化：在搪玻璃反应锅内，先加入氧氯化磷，开搅拌，夹套冷冻盐水循环，在 10℃以下逐步滴加 2 – 乙基己醇 500 公斤，加毕继续搅拌一小时，逐步升温至 20 ~ 45℃进行自排氯化氢气体 3 小时，继升温 45 ~ 50℃，以水冲泵排氯化氢气体 3 小时，最后升温至 50 ~ 60℃，用 Vs 泵控制真空度 600 毫米汞柱以上，排氯化氢气体 3 小时结束。

主反应：　$2C_8H_{17}OH + POCl_3 \longrightarrow (C_8H_{17}O)_2POCl + 2HCl\uparrow$

副反应：　$C_8H_{17}OH + POCl_3 \longrightarrow C_8H_{17}OPOCl_2 + HCl\uparrow$

水解：酰氯水解二在水解锅内加入20%液碱1000公斤，开搅拌，控制温度在60℃以下，逐步滴加酯化物，升温至80～90℃，保温1小时，静置15分钟，将下层废碱水放去。

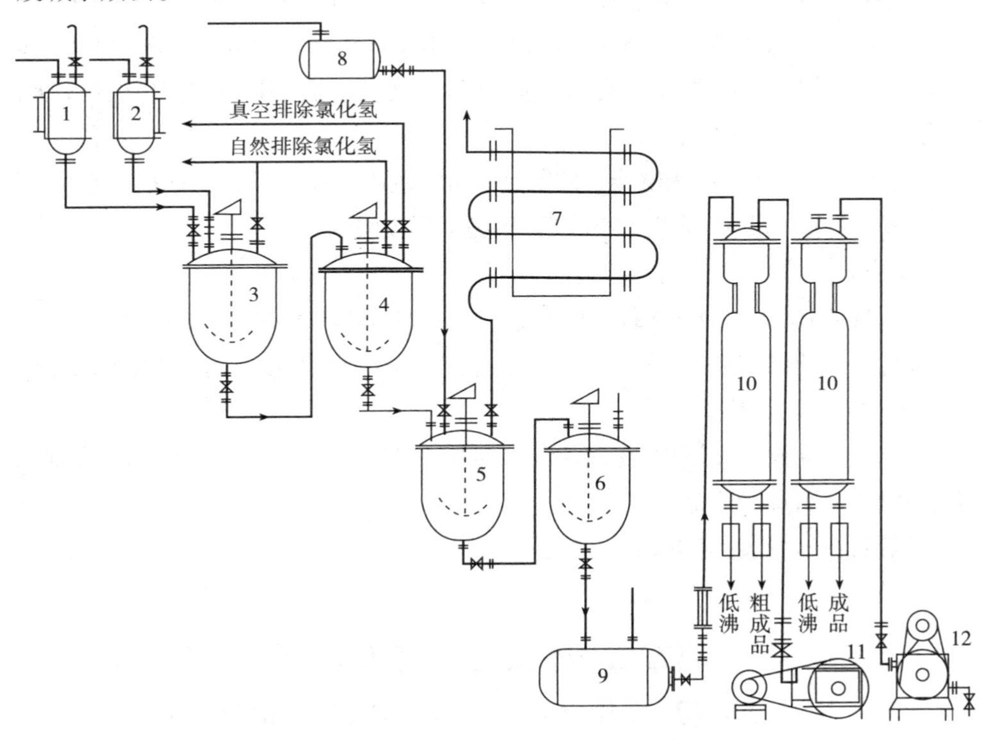

磷酸二2－乙基已酯生产流程图

1. 氧氯化磷计量高位槽　2. 2－乙基己醇计量高位槽　3. 和料锅　4. 反应锅　5. 水解锅　6. 洗涤锅　7. 石墨冷凝器　8. 液碱高位槽　9. 贮槽　10. 薄膜分离塔　11. V_s 泵　12. 1401 泵

反应式：

$$(C_8H_{17}O)_2P(O)Cl + 2NaOH \longrightarrow (C_8H_{17}O)_2PO(ONa) + NaCl + H_2O$$

$$(C_8H_{17}O)P(O)Cl_2 + 4NaOH \longrightarrow (C_8H_{17}O)PO(ONa)_2 + 2NaCl + 2H_2O$$

$$2(C_8H_{17}O)_2P(O)Cl + 2NaOH \longrightarrow (C_8H_{17}O)_2\overset{\overset{\displaystyle O}{\|}}{P}—O—\overset{\overset{\displaystyle O}{\|}}{P}(OH_{17}C_8)_2 + 2NaCl$$

为使焦酯水解得到磷酸二辛酯钠。在搅拌下,加入 30% 液碱 900 公斤,加热升温 120℃,保温回流 1 小时,静置 15 分钟,下层碱回收作配淡碱用。

反应式:

$$(C_8H_{17}O)\overset{O}{\overset{\|}{P}}—O—\overset{O}{\overset{\|}{P}}(OH_{17}C_8)_2 + 2NaOH \longrightarrow 2(C_8H_{17}O)_2PO(ONa) + H_2O$$

碱洗:焦酯水解后,在水解锅内加入 1.2 吨 3% 碱水,控制温度 80~90℃,搅拌 15 分钟,静置分层,放去下层废碱水,将料抽到洗涤锅,用同样方法再洗 3 次,除去 $(C_8H_{17}O)PO(ONa)_2$。

酸化:碱洗结束后,在搅拌条件下,将 10% 硫酸 800 公斤,加入洗涤锅,控制温度 50~60℃。反应,酸化 1 小时后,放去下层废酸水。

反应式:

$$2(C_8H_{17}O)_2PO(ONa) + H_2SO_4 \longrightarrow (C_8H_{17}O)_2PO(OH) + Na_2SO_4$$

水洗:酸化结束后,每次加水 1 吨左右,在 70~75℃ 温度下,按碱洗方法清洗 3~4 次,放去下层废水。

分离:在薄膜分离塔中,先以 V_5 泵,再用 1401 泵加热至 110~120℃,分别除去水及低沸物,即为成品。

包装:白铁桶装,净重 200 公斤。

邻苯二甲酸二 2 - 乙基己酯

Di - (2 - ethyl - 1 - hexyl) phthalate

又名:邻苯二甲酸二辛酯

分子式:$C_6H_4[COOCH_2CH(C_2H_5)(CH_2)_3CH_3]_2$ **分子量:**390.37

性状:无色油状液体,溶于醇、醚、丙酮、苯等有机溶剂中。

用途:主要用作聚氯乙烯增塑剂、油漆添加剂和润滑剂。

规格:	一级	二级
外观(铂钴液)	≤45 号	≤120 号
比重(D_4^{20})	0.985 ±0.003	0.985 ±0.003
闪点(开口式)	≥192℃	≥190℃
皂化值	282~292	282~292
含量	99%~100.5%	9.9%~100.5%

酸值(KOH mg/g)	≤0.1	≤0.2
挥发物	≤0.3%	≤0.5%

主要原料规格及消耗定额：

苯酐	HG-2-319-65		0.384 吨/吨
2-乙基己醇	沸程(181~185℃)	≥95%	0.668 吨/吨

工艺流程：

邻苯二甲酸二辛酯系由2-乙基己醇与邻苯二甲酸酐酯化而成，酯化可以在常压或减压下进行，减压酯化速度快，但设备较复杂。粗酯精制可以减压蒸馏或活性炭脱色，活性炭脱色设备简单，但成品热稳定不如减压蒸馏的好，这里采用减压酯化和活性炭脱色，生产工艺简述如下：

酯化：在装有搅拌器的酯化锅内加入苯酐、辛醇和催化剂硫酸，在真空度650毫米汞柱下，加热酯化，酯化温度控制在150℃左右，反应中生成的水随2-乙基己醇一起馏出，经冷凝分水后，2-乙基己醇回入锅内，待水分出尽，即认为酯化完毕，停止加热。化学反应式如下：

$$C_6H_4(CO)_2O + C_8H_{17}OH \longrightarrow C_6H_4(COOC_8H_{17})(COOH)$$

$$C_6H_4(COOC_8H_{17})(COOH) + C_8H_{17}OH \longrightarrow C_6H_4(COOC_8H_{17})_2 + H_2O$$

中和和脱醇：在搅拌下，以热的2%~5%氢氧化钠溶液中和粗酯数次，澄清后分去碱液，再用水洗至中性或微酸性，然后吸入脱醇锅中进行减压蒸馏，蒸出醇和水分，经过脱醇后的粗酯酸值应在0.03毫克KOH/克。

脱色：脱醇后的粗酯吸入脱色锅内，在搅拌下加入相当于粗酯量0.3%~0.5%的活性炭，在减压下搅拌脱色，温度保持在120℃。然后用压滤机滤去活性炭即得成品。

综合利用和三废处理措施：

废碱液供中和废酸，废活性炭作燃料。

包装：桶装，净重200公斤。

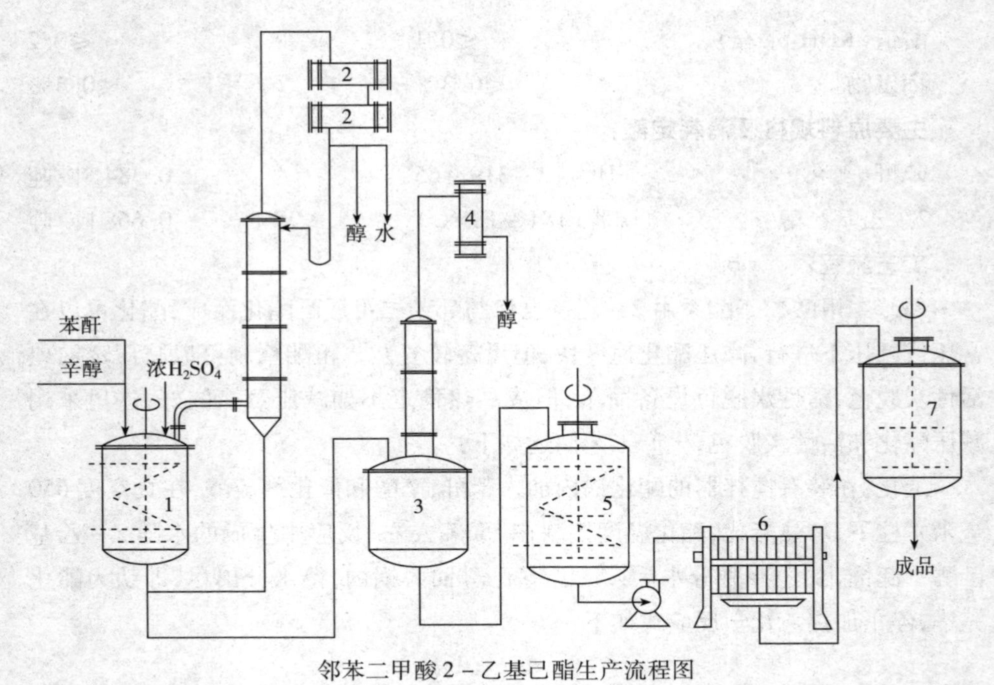

邻苯二甲酸 2 - 乙基己酯生产流程图

1. 减压酯化锅　2. 冷凝器　3. 脱醇塔　4. 冷凝器　5:脱色锅　6. 板框压滤机　7. 成品贮槽

磷酸三丁酯

Tributyl phosphate

分子式:$(C_4H_9O)PO$　　**分子量:**266. 32

性状:无色,无味而稍黏稠的透明液体,在水中溶解度很小,易溶于有机溶剂,在室温下不易挥发和燃烧。

用途:稀土元素的萃取剂以及塑料方面的坛塑剂。

规格:

外观(铂钴液)	≤38 号 无色透明液体	≤38 号 允许微带荧光的无色透明液体
比重(D_{20}^{20})	0. 976 ~0. 981	0. 974 ~0. 980
折光率(n_D^{20})	1. 423 ~1. 425	-
酸度	0. 02%	0. 05%
水分	0. 3%	0. 5%

主要原料规格及消耗定额：

氧氯化磷	沸程 （103～109℃）≥9 5%	0.766 吨/吨
丁醇	沸程(115～118.5℃)≥95%	1.5 吨/吨

工艺流程：

用丁醇和氧氯化磷反应,生成的粗酯经水洗、中和、脱醇、精馏后得纯品。生产流程如下。

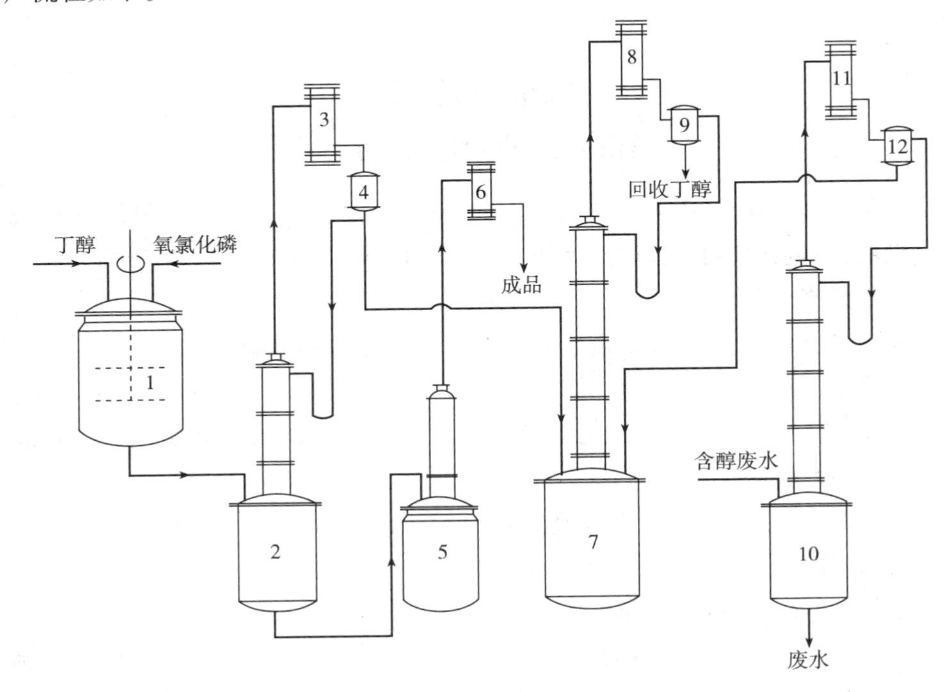

磷酸三丁酯生产流程图

1.反应锅 2.脱醇塔 3.冷凝器 4.分离器 5.精制塔 6.冷凝器 7.醇蒸发器 8.冷凝器 9.分离器 10.回收塔 11.冷凝器 12.分离器

反应：在酯化锅内加入丁醇，冷却至 10℃以下，在搅拌下加入氧氯化磷，反应温度保持在 30℃左右，搅拌至反应完毕为止。

反应式： $3C_4H_9OH + POCl_3 \longrightarrow (C_4H_9O)_3PO + 3HCl$

中和：加水至反应锅中，在搅拌下洗涤粗酯，然后静置分层，分去水层，先用水洗涤 1～2 次，分去水层(洗涤水中丁醇予以回收)，再用 10% 碳酸钠溶液中和至 pH＝7，中和时温度控制在 40℃以下。最后用 0.02*N* 氢氧化钠溶液调整酸度至 0.02% 以下。

脱醇：中和后的粗酯在脱醇塔中于 400～560 毫米汞柱进行减压蒸馏脱醇，馏出的醇回收再用。脱醇后的粗酯在水洗槽中用水洗涤至酸度在 0.05% 以下才供精馏用。

精馏:酸度合格的粗酯在电加热的减压蒸馏釜中进行蒸馏,首先蒸出的为低沸物,主要为丁醇,低沸物分尽后真空度升达 750 ~ 755 毫水汞柱,气相温度 150 ~ 180℃时收集的馏出物即为成品。

综合利用和三废处理措施:

酯化反应中产生的氯化氢气体用水吸收,中和后排放。

磷酸三苯酯
Triphenyl phosphate

分子式:$(C_6H_5O)_3PO$　　**分子量:**326.28

性状:白色针状结晶,具有微潮解性,熔点 48.5℃,不溶于水,能溶于丙酮,氯仿等有机溶剂。

用途:用作硝化纤维及聚氯乙烯用增塑剂,照相片基等制造。

规格:	优　级	一　级	二　级
外观	白色针状结晶	白色或微带黄色针状结晶	
酸值(KOHmg/g)	≤0.1	≤0.20	≤0.20
游离酚	≤0.1%	≤0.15%	≤0.3%
凝固点℃	≥47	≥46.5	≥44

主要原料规格及消耗定额:

苯 酚	含量≥98.5%		1.1 吨/吨
三氯化磷	含量≥98.5%		0.5 吨/吨
液氯	含量≥99.5%	水分≤0.06%	0.258 吨/吨

工艺流程:

用三氯化磷与熔融苯酚,通氯酯化反应,再经水解、水洗、减压蒸馏和粉碎而得。

亚酯的生成:先将熔融好的苯酚抽入反应锅内,开搅拌及自排阀,然后由高位槽慢慢滴加三氯化磷,反应温度不超过 50℃,加毕后搅拌半小时,反应生成的氯化氢气体,由石墨塔吸收。

反应式:　$3C_6H_5OH + PCl_3 \longrightarrow (C_6H_5O)_3P + 3HCl\uparrow$

通氯:在反应锅内徐徐通入氯气,生成酰氯酯,通氯温度 <80℃,控制每小时进氯量约 10 公斤。

反应式:　$(C_6H_5O)_3P + Cl_2 \longrightarrow (C_6H_5O)_3PCl_2 + Q$

酰氯酯水解;将反应好的酰氯酯,抽入水解锅内,定量滴水水解,滴水温度控制在50℃左右,滴加完毕搅拌半小时出料。

反应式: $(C_6H_5O)_3PCl_2 + H_2O \longrightarrow (C_6H_5O)_3PO + 2HCl\uparrow$

水解产生的氯化氢气体必须及时排除,故需严格控制滴水速度以免溢料,氯化氢气体由石墨塔吸收。

中和洗涤:水解后的湿酯,抽入洗涤锅,由高位加入30% NaOH进行碱洗,用压缩空气进行搅拌,加热至50℃,搅拌10分钟,静置分层,放去上层废水,然后用热水继续漂洗3次,测定pH呈中性时,取样分析湿酯酸值在2毫克KOH/克以下,即为结束。

减压蒸馏:洗涤后的粗酯,抽入蒸馏釜,用电炉加热,冷凝器用热水保温,当液温达180℃时接次成品受器,液温在240℃以上,测定酸值在0.2毫克KOH/克时,接成品受器。

综合利用和三废处理措施:

头子酚中约含有80%苯酚,经脱水处理后,仍可按一定的配比回收作原料用。

次成品经碱洗中和后,可蒸馏回收成品。

氯化氢气体用水吸收成28%~30%副产盐酸。

洗涤水目前由下水道流入河流,由于废水中含酚量达7.5克/升,严重造成公害,故今后考虑用磺化煤处理后,使废水含酚量<0.00001%,再流入下水道。

包装:大口铁桶装,净重60公斤。

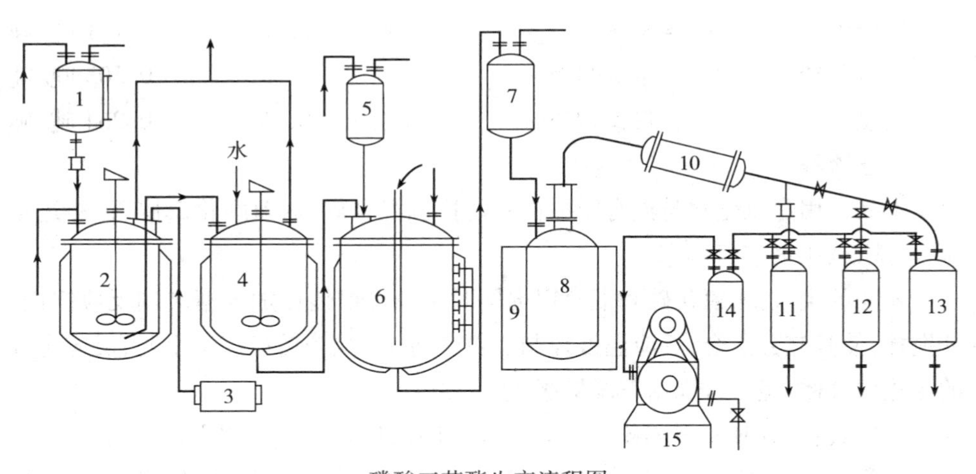

磷酸三苯酯生产流程图

1.三氯化磷高位槽 2.反应锅 3.液氯 4.水解锅 5.液碱高位槽 6.洗涤锅 7.湿酯受器 8.蒸馏釜 9.电加热炉 10.冷凝器 11.12.低沸槽 13.成品槽 14.贮气桶 15.1401泵

磷酸三甲酚酯
Tricresyl phosphate

又名:磷酸三甲苯酯

分子式:$(CH_3C_6H_4O)_3PO$ **分子量**:368

性状:淡黄色无臭,不燃,稳定的油状液体。

用途:聚氯乙烯用增塑剂、它具有良好的阻燃,耐磨和耐霉菌等性能,挥发性低,电气性能好,用于电缆,耐火运输带,人造革,地板材料,也可用于氯丁橡胶。

规格:

	一级	二级
外观	透明油状液体	
比重(D_{20}^{20})	≤1.185	≤1.19
酸值(KOH mg/g)	≤0.15	≤0.25
游离酚	≤0.15%	≤0.20%
闪点(开口式)	≥225℃	≥220℃
色泽(Pt-Co 液)	≤100 号	≤250 号
加热后减量 125℃/3 小时	≤0.1%	≤0.2%

主要原料规格及消耗定额:

混合甲酚	含量>97%	水分<0.2%	1.1 吨/吨
三氯化磷	含量>98.5		0.503 吨/吨
液氯	含量≥99.5%	水分<0.06%	0.264 吨/吨

工艺流程:

本品是用三氯化磷与混合甲酚按一定比例混合后,通氯酯化反应,再经过水解、水洗、减压蒸馏而得。

亚酯的生成:三氯化磷和混合甲酚同时由高位槽慢慢加入搪玻璃反应锅内,开搅拌,使其充分混合,反应温度控制在 40℃左右,加毕后搅拌半小时,反应生成的氯化氢气体,经自排阀由石墨塔吸收。

反应式: $3CH_3C_6H_4OH + PCl_3 \longrightarrow (CH_3C_6H_4O)_3P + 3HCl\uparrow$

通氯:在反应锅内徐徐通入氯气,使亚酪通氯氧化成中间体,生成酰氯酯,通氯温度<80℃,控制每小时进氯量约 10 公斤左右。

反应式: $(CH_3C_6H_4O)_3P + Cl_2 \longrightarrow (CH_3C_6H_4O)_3PCl_2 + Q$

酰氯酯水解:将反应好的酰氯酯,抽入水解锅,定量滴水水解,滴水温度在

50℃左右，滴加完毕，搅拌半小时出料。

反应式：

$$(CH_3C_6H_4O)_3PCl_2 + H_2O \longrightarrow (CH_3C_6H_4O)_3PO + 2HCl\uparrow$$

中和洗涤：酯化后的料，由牛头泵打入洗涤锅，用热水洗涤4次，压缩空气进行搅拌，加热至50℃，搅拌10分钟，静置分层，放去上层废酸，最后一次漂洗温度为100℃，测定pH呈中性时，取样分析湿酯酸值在2毫克KOH/克以下，去薄膜蒸发工序。

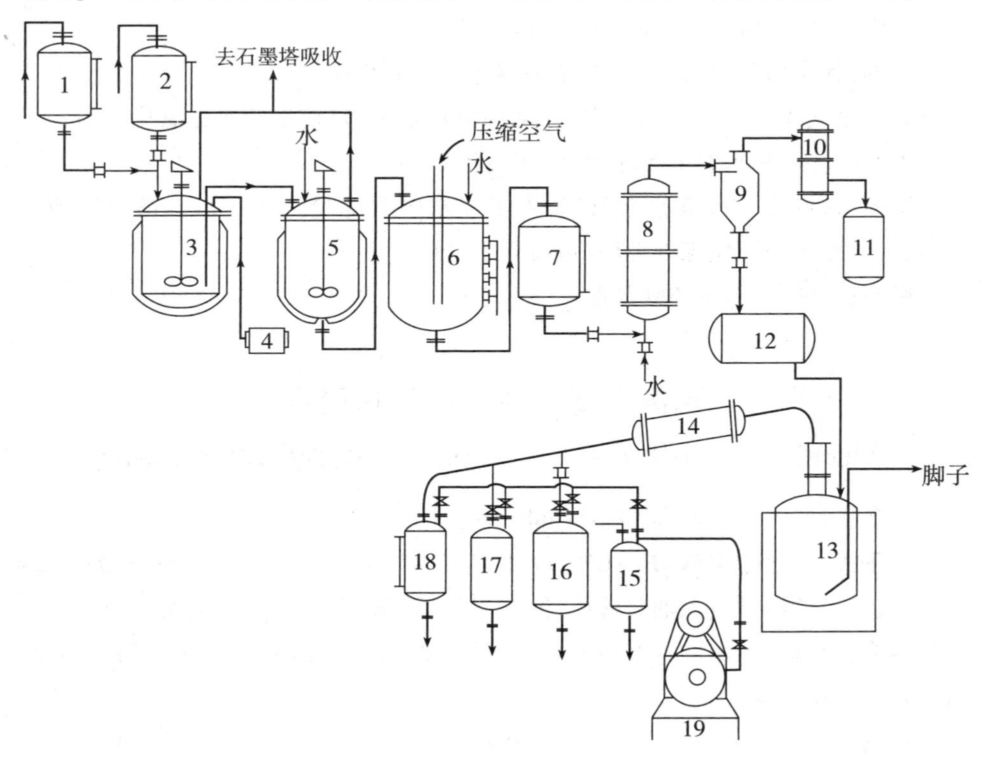

磷酸三甲酚酯生产流程图

1. 混合甲酚高位槽 2. 三氯化磷高位槽 3. 反应锅 4. 液氯 5. 水解锅 6. 洗涤锅 7. 湿酯受器 8. 加热器 9. 旋风分离器 10. 冷凝器 11. 低沸受器 12. 干酯受器 13. 蒸馏釜 14. 冷凝器 15. 贮气桶 16. 17. 低沸受器 18. 成品槽 19. 1401泵

薄膜蒸发：由于湿酯中，含有大量的水，故必须进行蒸发脱水，以利于成品蒸馏。将加热器进行预热，并稍微打开旋风分离器的蒸汽阀，进行保温，当加热器的真空度在650毫米汞柱以上，蒸汽压力在3.5公斤左右时，开始将湿酯进入加热器，进料速度以加热器真空度不低于500毫米汞柱为准，温度120～130℃，流速适当，才能保持干酯中水分含量不超过要求。

减压蒸馏：为达到提纯目的，本产品必须经过二次蒸馏，第一次蒸馏液温在250℃以上，测定酸值在 1.5 毫克 KOH/克时，接成品受器，复馏（即第二次蒸馏）气温在 230～240℃，残压 5 毫米/汞柱，控制酸值在 0.2 毫克 KOH/克以下，即为成品。

综合利用和三废处理措施：

头子酚中约含有 90% 混合甲酚，经脱水处理后，仍可按一定的配比回收作原料用。

次成品，经过碱洗中和后，蒸馏回收成品。

下脚，其大部分为高聚物，酸、酯类等什物，作燃料用。

氯化氢气体，经水吸收成 28%～30% 副产盐酸，以作生产农肥氯化铵用。

生产一吨成品约有 1.5 吨 28% 副产盐酸。

洗涤水，目前下水道流入河流，由于废水中含酚量达 10 克/升严重造成公害，故今后考虑用磺化煤处理后，再流入下水道。

包装：铁桶装，净重 200 公斤。

磷酸二苯一 - 2 - 乙基己酯
Mono - (2 - ethyl - 1 - hexyl) diphenyl phosphate

又名：磷酸二苯一辛酯，Octyl diphenyl phosphate

分子式：$(C_4H_9CH(C_2H_5)CH_2O)PO(C_6H_5O)_2$ **分子量：**362.4

性状：无色或微黄色油状液体，能溶于醇、丙酮、苯及氯仿中，不溶于水。

用途：聚氯乙烯用增塑剂，具有良好耐寒性，又可作为食品包装，可作无毒增塑剂和橡胶添加剂。

规格：	一级	二级
外观	透明均匀油状液体	
比重（D_4^{20}）	1.087～1.092	1.085～1.092
酸值 KOHmg/g	0.1	0.15
折光率（n_D^{20}）	1.507～1.510	1.507～1.512
闪点（开口式）	195～205℃	190～205℃
色泽（Pt－Co）	≤100 号	≤150 号
加热后减量	≤0.5%	≤0.6%

主要原料规格及消耗定额：

苯酚	凝固点 >40.3℃	0.774 吨/吨

2－乙基己醇	含量＞99%	0.593 吨/吨
氧氯化磷	含量＞99.5%	0.49 吨/吨

工艺流程：

本品是由苯酚、2－乙基己醇和氧氯化磷酯化而得。

苯酚钠制备：在搪玻璃反应锅内抽入30%氢氧化钠、苯酚、水、开搅拌使其充分混合取样分析，苯酚钠含量在32%～33%合格，抽入高位槽。

反应式：　$C_6H_5OH + NaOH \longrightarrow C_6H_5ONa + H_2O$

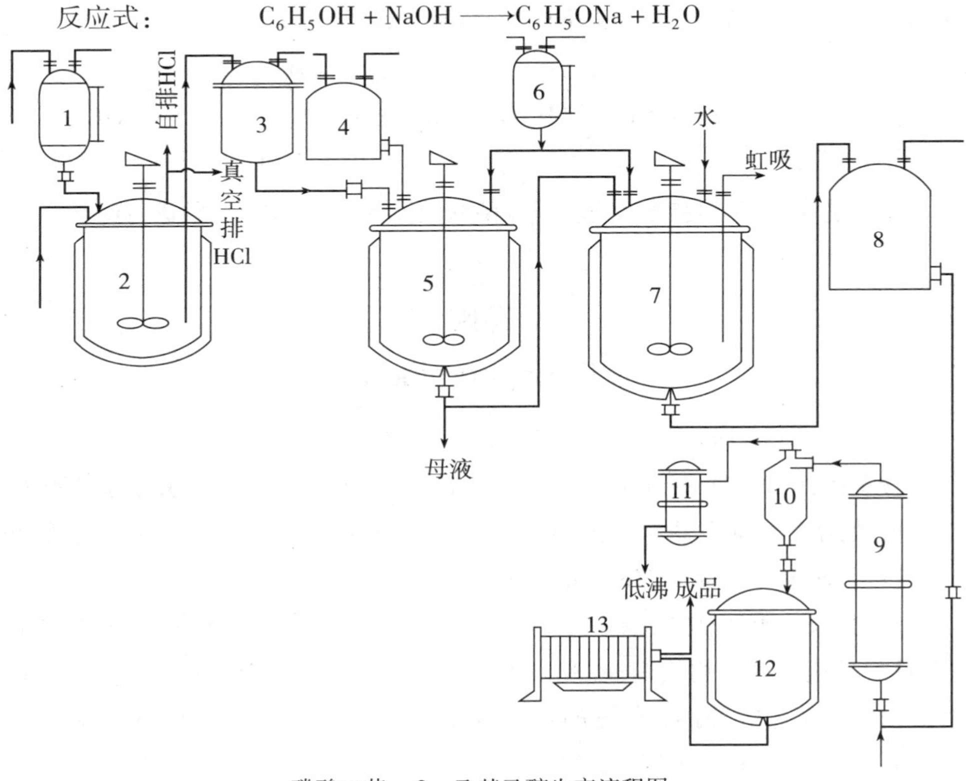

磷酸二苯一2－乙基己醇生产流程图

1.2－乙基己醇高位槽　2. 反应锅　3.二酰氯高位槽　4. 苯酚钠高位槽　5.酯化锅　6.液碱高位槽　7. 洗涤锅　8.湿酯受器　9.冷凝器　10. 旋风分离器　11. 冷凝器　12. 脱色锅　13. 压滤机

二氯磷酸辛酯的合成（简称二酰氯的合成）：将2－乙基己醇抽入高位槽，在搪玻璃反应锅内抽入氧氯化磷，开搅拌，夹套通入冷冻盐水，当液温在5℃左右，开始慢慢滴加2－乙基己醇，滴加温度控制在0～10℃之间，加毕后继续搅拌1小时，然后逐步升温至30℃左右，自然排除氯化氢气体，过后再用V_5泵进行真空排除氯化氢气体，真空度不低于600毫米汞柱，取样分析含氯量在28%～29%即结束。抽入二酰氯高位。

反应式： $C_8H_{17}OH + POCl_8 \longrightarrow (C_8H_{17}O)POCl_2 + HCl\uparrow$

全酯化：在全酯化反应锅内，投入以二酰氯得量 3.3 倍的苯酚钠，开启搅拌，夹套通入冷冻盐水，当料温冷至 5℃时，开始滴加二酰氯，液温控制在 0～10℃之间，滴加完毕，搅拌 15 分钟，由液矸高位槽滴加 30% 氢氧化钠，滴加温度 5～10℃，加毕后打回冷冻液，继续搅拌 2 小时，逐步升温，液温不超过 50℃，升温结束后，冷却料温，静置分层，放去下层母液，酯层抽至高位槽。

反应式： $2C_6H_5ONa + (C_8H_{17}O)POCl_2 \longrightarrow \begin{matrix}(C_8H_5O)_2 \\ (C_8H_{17}O)\end{matrix} PO + 2NaCl$

粗酯洗涤：由于粗酯中含有少量苯酚和酸酯等杂质，所以必须进行洗涤。

磷胺

Phosphamidon

又名：大灭虫、Dimecron

分子式：$(CH_3O)_2P(O)OCCH_3{=\!=}CClCON(C_2H_5)_2$ **分子量**：299.69

性状：暗棕色无臭油状液体，易溶于水及一般有机溶剂，不溶于火油和脂肪烃，有毒。比重（D_4^{25}）1.2132，折光率（n_D^{25}）1.4718。

用途：农业上用作杀虫剂，是高效内吸性有机磷杀虫剂，兼具触杀、胃杀作用，且能迅速进入植物组织，不受雨水影响，杀虫范围广，对蚜虫、红蜘蛛、稻叶蝉、三化螟、菜粉蝶等都有很好的收效，对鱼类毒性低，在一般浓度下，对农作物无毒害，但对高粱和桃树有害，不可应用。

规格：

50% 和 80% 异丙醇乳剂

主要原料规格及消耗定额：

原料	规格	消耗定额
甲醇	工业品	0.318 吨/吨
液氯	含量≥99.5%	0.276 吨/吨
苯酚	含量≥95%	0.527 吨/吨
二乙胺	含量≥97.5%	0.182 吨/吨
双乙烯酮	含量≥95%	0.192 吨/吨

三氯化磷　　　　　　　　含量 99%　　　　　　　　0.50 吨/吨

工艺流程：

酰胺化：将定量的二乙胺投入反应锅，并搅拌，在 40～45℃下，滴加双乙烯酮，加毕维持一小时；即反应结束。

反应式：

$$\begin{array}{l} CH_2{=}C{-}O \\ \quad | \qquad | \\ \quad CH_2{-}C{=}O \end{array} + NH(C_2H_5)_2 \longrightarrow CH_3\overset{O}{\overset{\|}{C}}{-}CH_2{-}\overset{O}{\overset{\|}{C}}{-}N(C_2H_5)_2$$

氯化：上工序生成的酰胺，抽入氯化锅，在 40～50℃温度条件下，通入氯气进行氯化反应，控制通氯速度 20～25 公斤/小时，氯化液比重达 1.208～1.210 为通氯终点，然后将生成的氯化物，用 3%～5% 氢氧化钠溶液洗涤数次，直至 pH=6 左右；将粗氯化物在减压条件下，夹套用蒸汽加热，进行脱水处理，控制水分在 0.02%。

反应式：

$$CH_3\overset{O}{\overset{\|}{C}}{-}CH_2{-}\overset{O}{\overset{\|}{C}}{-}N(C_2H_5) + 2Cl_2 \longrightarrow CH_3\overset{O}{\overset{\|}{C}}{-}CCl_2\overset{O}{\overset{\|}{C}}{-}N(C_2H_5)_2 + 2HCl\uparrow$$

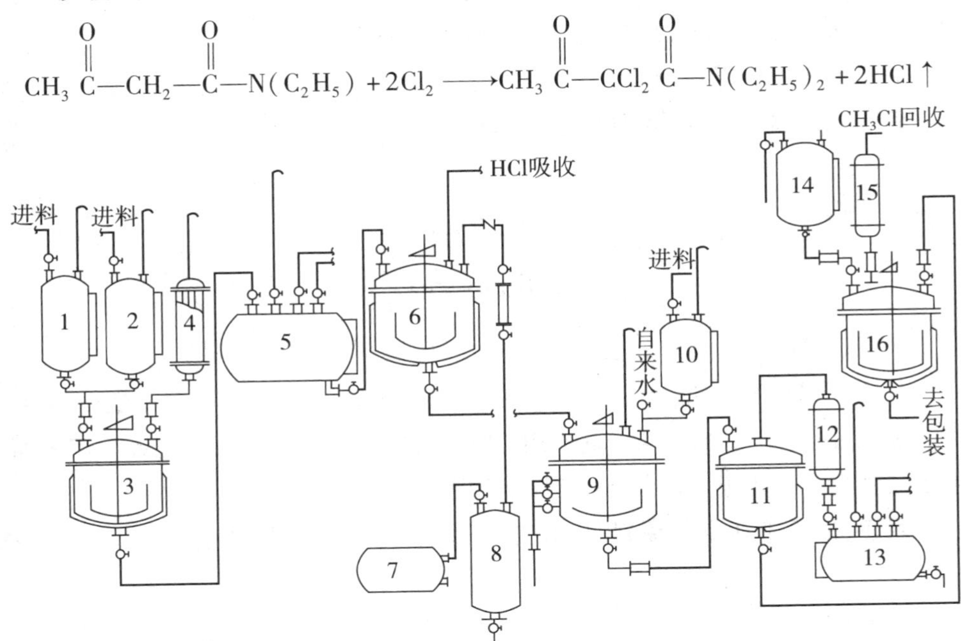

磷胺生产流程图

1. 双乙烯酮高位槽　2. 二乙胺高位槽　3. 胺化锅　4. 回流冷凝器　5. 贮槽　6. 氯化锅　7. 液氯钢瓶　8. 缓冲器　9. 洗涤锅　10. 液碱高位槽　11. 脱水锅　12. 冷凝器　13. 废水贮槽　14. 亚磷酸三甲酯料罐　15. 回流冷凝器　16. 缩合锅

缩合：将氯化物加热至 85～95℃，并以 50～70 公斤/小时的速度加入亚磷酸三甲酯加毕保温回流，至反应完全即为成品。

反应式：

$$CH_3\overset{\overset{O}{\|}}{C}-CCl_2-\overset{\overset{O}{\|}}{C}-N(C_2H_5)+(CH_3O)_3P \longrightarrow (CH_3O)_3\overset{\overset{O}{\|}}{P}-O\overset{\overset{CH_3}{|}}{C}=CCl-\overset{\overset{O}{\|}}{C}-N(C_2H_5)_2$$

测定磷胺含量后，根据其含量，加入异丙醇搅拌，混合成50%乳剂或80%乳剂。

附：亚磷酸三甲酯的制备：将亚磷酸三苯酯连续从酯化塔上部加入，甲醇经汽化后从酯化塔底部进入，在塔内进行酯交换，控制塔顶温度35～45℃，塔底温度140～150℃，塔内真空度500～550毫米汞柱，反应生成的亚磷酸三甲酯，由塔顶抽出，再分馏精制，塔底流出苯酚应回收处理，再作原料使用。

反应式：$(C_6H_5O)_3P+3CH_3OH \xrightarrow{CH_3ONa} (CH_3O)_3P+3C_6H_5OH$

综合利用和三废处理措施：

废气氯化氢气体利用双口瓷及吸收塔用水吸收成副产盐酸。

副产氯甲烷，经净化加压成液体，回收灌装钢瓶。

废水流入下水道。

包装：玻璃瓶外装木箱，500毫升×20瓶/箱。

立德粉

Lithopone

又名：锌钡白

分子式：$ZnS \cdot BaSO_4$ **分子量：**330.88

性状：白色晶状物，不与碱起作用，遇酸分解放出硫化氢气体，在强烈阳光照射下其色会由白变灰。放在暗处仍恢复原色。

用途：油漆工业主要原料，橡胶工业用作填料、在油墨、搪瓷工业上也广泛应用。

规格：

	内销		出口	
	801	806		
色光	符合标准	符合标准	符合标准	符合标准
细度(325目)	≥99.7%	≥99.7%	≥99.7%	≥99.7%
pH值	6.8～8.3	6.8～8.3	6.8～8.3	6.8～8.3
着色力	≥100%	≥100%	≥100%	≥100%
遮盖力(以干料计,克/米^2)	–	–	100	100

耐光性(70V距30公分高度1小时)	-	-	不变	不变
吸油量	8%~14%	8%~14%	8%~14%	8%~14%
水溶性盐	≤0.4%	≤0.4%	≤0.4%	≤0.4%
硫化锌	≥28%	≥28%	≥28%	≥28%
氧化锌	≤0.7%	≤0.7%	≤0.7%	≤0.6%
水分	≤0.3%	≤0.3%	≤0.3%	≤0.3%

主要原料规格及消耗定额：

氧化锌	含量≥80%	0.25吨/吨
重晶石($BaSO_4$)	含量≥95%	0.975吨/吨
硫酸	含量92.5~98%	0.3吨/吨

工艺流程：

以硫化钡和硫酸锌作用生成锌钡白。

硫化钡的制备：将重晶石和煤粉加入转炉，加热进行还原反应，操作温度控制在1200℃左右；反应完毕后，将料放出，用热水浸取，溶液浓度要求17~20°Bé(65~70℃)，静置澄清，备用。化学反应式如下：

$$BaSO_4 + 2C \longrightarrow BaS + 2CO_2$$

硫酸锌的制备；将工业氧化锌与20°Bé的硫酸作用，生成粗品硫酸锌，反应液的终点控制在pH=5.4，溶液浓度在40~45°Bé。

粗品硫酸锌溶液中含有硫酸镍、硫酸镉、硫酸铁、硫酸盐等杂质，影响立德粉的白度，故在硫酸锌溶液中加入锌粉，置换出金属镍、镉等杂质，滤去杂质后，将溶液酸度控制在pH=5.4，加入高锰酸钾氧化，生成二氧化锰、氢氧化铁沉淀，滤去杂质，滤液浓度在35°Bé左右。

硫酸锌的制备和精制，其反应式如下：

$$ZnO + H_2SO_4 \longrightarrow ZnSO_4 + H_2O$$

$$Zn + CdSO_4 \longrightarrow ZnSO_4 + Cd$$

$$Zn + NiSO_4 \longrightarrow ZnSO_4 + Ni$$

$$2KMnO_4 + 6FeSO_4 + 14H_2O \longrightarrow 2MnO_2 + 6Fe(OH)_3 + K_2SO_4 + 5H_2SO_4$$

$$2KMnO_4 + 3MnSO_4 + 2H_2O \longrightarrow 5MnO_2 + K_2SO_4 + 2H_2SO_4$$

立德粉的合成：以硫酸锌溶液和硫化钡溶液作用生成锌钡白，反应始终保持在碱性中进行，反应终点控制在pH=8.5。

反应式：

$$ZnSO_4 + BaS \longrightarrow BaSO_4 \cdot ZnS$$

合成好的锌钡白在 105 ~ 125℃ 干燥，再在 700 ~ 850℃ 焙烧，然后经酸漂、水漂、压滤、干燥、粉碎后包装。801 产品中加有少量群青，806 产品中加有少量固色粉。

综合利用和三废处理措施：

硫酸锌精制过程中生成的废渣，已回收到金属镉、铅等。

制备硫酸锌时有砷化氢气体产生，用碱液吸收。

包装：牛皮纸袋或塑料袋装，净重 25 公斤。

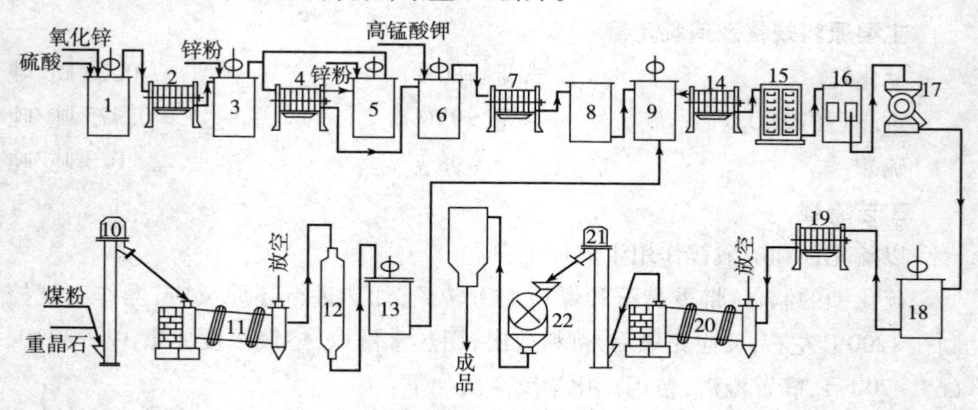

立德粉生产流程图

1. 粗制品桶　2. 压滤机　3. 置换提纯桶　4. 压滤机　5. 置换提纯桶　6. 氧化桶　7. 压滤机　8. 澄清桶　9. 合成桶　10. 提升机　11. 转炉　12. 浸出器　13. 沉清桶　14. 压滤机　15. 箱式烘房　16. 焙烧炉　17. 球磨机　18. 后处理桶　19. 压滤机　20. 转炉　21. 提升机　22. 粉碎机

绿抛光膏

Polishing compound green

又名：301 绿色抛光膏

性状：绿色条状固体油膏，遇热变软熔化，熔点 51 ~ 53℃，不溶于无水乙醇，溶于酸类。

规格：

外观	剖面光洁，色泽均匀，无气泡	含油量	≥34%
硬固点	48 ~ 53℃	三氧化二铬	≥66%
油蜡	0. 345 吨/吨	三氧化二铬	0. 665 吨/吨

用途：用于金属镀件的装饰性精抛，抛光后的制件光亮美观，适用于镀镍、铬及不锈钢。

工艺流程:

本品系由作为磨料的氧化铬和油脂结合而成,生产流程如下:

熔油:将预先准备好之各种油脂按其熔点高低和用量比例依次投入熔油坦克,蒸汽间接加热使油脂熔化,并缓缓蒸去油脂中的水分和撇去杂质,严密防止油溢,在温度升到140℃时,再保温数小时后则认为熔油完毕。

混料:用牙齿泵将熔油坦克中已经熔解好的混合油脂,抽至称量器称量后放入反应锅,开启搅拌,陆续加入氧化铬,加热到140℃,保温2小时停止搅拌,待浇模成型用。

成型:物料放出后,冷至56℃左右,即可浇模,用风吹冷,使模子内物料凝固、脱出、称量包装。

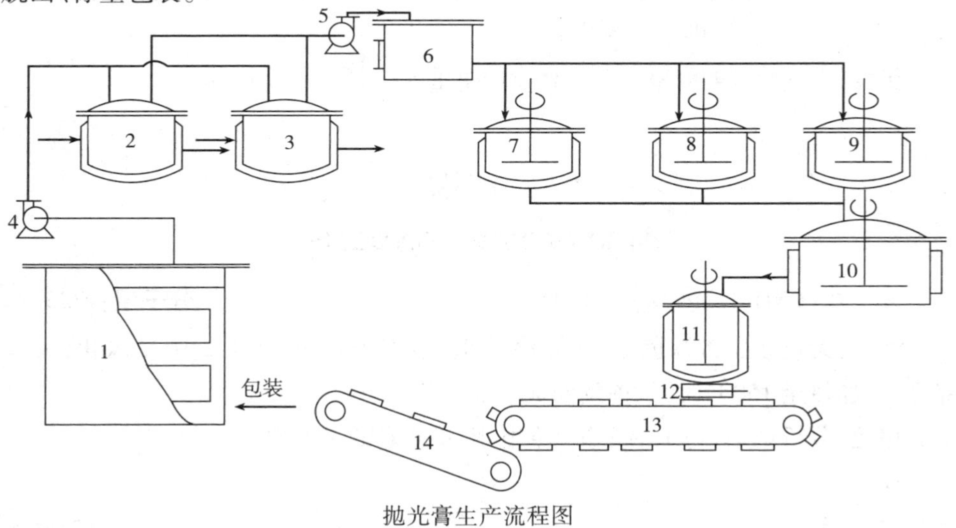

抛光膏生产流程图

1.熔油罐　2.3.混合油贮罐　4.5.打油牙齿泵　6.油计量槽　7.8.9.搅拌反应锅　10.冷却锅　11.浇模贮罐　12.浇模定量器　13.链式自动浇模装置　14.成品传送皮带

包装:纸包装,净重3公斤、柳条箱装,净重48公斤。

钼酸钠

Sodium molybdate

分子式:$Na_2MoO_4 \cdot 2H_2O$　　**分子量:**241.95

性状:白色或略有色泽的结晶性粉末,在100℃时失去结晶水,溶于1.7份冷水或0.9份沸水中。

用途:制备颜料,催化剂等。

规格:

含量　　≥98%

主要原料规格及消耗定额:

钼精矿(MoS2)	含量 75%	1.3 吨/吨
液碱	含量 30%	2 吨/吨

工艺流程:

用含二硫化钼 75% 左右的钼精矿,粒度为 100 目左右,在回转窑焙烧成三氧化钼,焙烧工艺与钼酸铵相同。生成的三氧化钼在搅拌下逐渐加入碱液中,当料液 pH 值至 12 ~ 13 为终点,然后静置澄清,用泵抽出钼酸钠清液,清液经浓缩结晶,放入离心机甩干,烘干后为成品。

包装:木桶装,净重 30 公斤(干品)、净重 35 公斤(甩干产品)。

钼酸铵

Ammonium molybdate

分子式:$(NH_4)_6Mo_7O_{24} \cdot 4H_2O$　　**分子量:**1235.25

性状:无色或微带绿色之结晶,溶于水,不溶于乙醇,在空气中易风化,失去部份氨,加热至 150℃时,氨挥发而成三氧化钼。

用途:分析试剂,粉末冶金钼、照相、陶瓷釉彩的工业原料。

规格:

含量(MoO_3)　　≥81%

主要原料规格及消耗定额:

钼精矿	含量(MoS_2)75%	1.55 吨/吨
液氨		0.55 吨/吨
硝酸		1.0 吨/吨

工艺流程:

钼酸铵的生产常用的方法有干法和湿法两种,这里用钼精矿做原料,氧化焙烧,湿法生产,生产流程如下:

焙烧:用含二硫化钼 75% 左右的钼精矿,粒度为 100 目左右,矿料从回转窑尾部加入,经过 4 ~ 5 小时的焙烧,焙烧温度为 520 ~ 740℃,温度过高矿砂会熔化,亦引起三氧化钼升华结块,焙烧时反应式如下:

$$2MoS_2 + 7O_2 \longrightarrow 2MoO_3 + 4SO_2$$

氨水浸出：取比重0.9的氨水，用水稀释（1∶4重量比），置于搪玻璃反应锅中，开动搅拌，加入三氧化钼，经充分搅拌后，静置澄清约12～20小时，用泵抽出上层清液，清液比重应为1.2～1.24。反应锅中残渣用热水洗涤，并搅拌之，澄清后用泵抽出，清液并入上述溶液中（残渣用碳酸钠、硝酸钠焙烧以供制取钼酸钡用）。三氧化钼和氨水的化学反应式如下：

$$MoO_3 + 2NH_4OH \rightarrow (NH_4)_2MoO_4 + H_2O$$

净化：将上述溶液（比重1.16）加热至70℃左右，在压缩空气的搅拌下，加入硫化铵溶液，生成硫化铜和硫化铁沉淀，滤去杂质。反应式如下：

$$Cu^{++} + S^{=} \longrightarrow CuS\downarrow$$

$$Fe^{++} + S^{=} \longrightarrow FeS\downarrow$$

四钼酸铵结晶：净化后的溶液放入反应锅中加热至30～40℃，在搅拌下加入硝酸至pH＝2～2.25时，生成四钼酸铵结晶，结晶料放入离心机中甩干。

反应式：
$$4(NH_4)_2MoO_4 + 5H_2O \longrightarrow (NH_4)_2Mo_4O_{13}\cdot 2HO + 6NH_4OH$$

$$NH_4OH + HNO_3 \longrightarrow NH_4NO_3 + H_2O$$

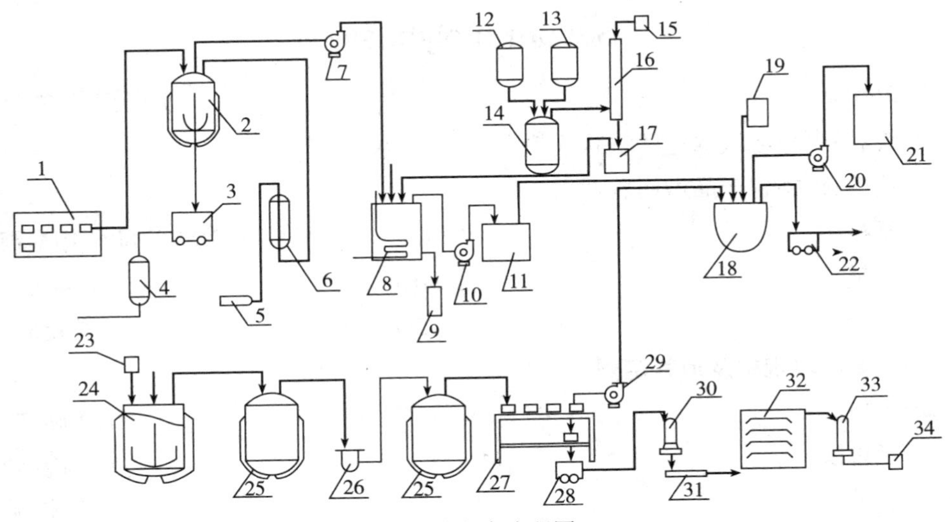

钼酸铵生产流程图

1. 氧化炉（现用回转窑） 2. 投料锅 3. 4. 抽滤器 5. 液氨钢瓶 6. 氨水贮槽 7. 泵 8. 净化槽 9. 抽滤器 10. 泵 11. 贮存桶 12. 硫化钠高位槽 13. 硫酸高位槽 14. 反应锅 15. 氨水高位槽 16. 吸收塔 17. 硫化铵高位槽 18. 中和锅 19. 硝酸高位槽 20. 泵 21. 母液贮槽 22. 料车 23. 氨水贮槽 24. 重结晶反应锅 25. 反应锅 26. 过滤器 27. 结晶器 28. 料车 29. 泵 30. 粉碎机 31. 料筐 32. 烘房 33. 粉碎机 34. 包装

成品结晶及包装：在蒸发锅中，加入比重为 0.9 的氨水，用水稀释（1∶1.6 重量比），在温热下加入四钼酸铵至溶液比重达 1.5～1.9，然后加入活性炭过滤一次，过滤后的清液压入结晶架上静置，自然结晶，母液水输入四钼酸铵工段使用。结晶经破碎后，烘干，再经粉碎、包装。

综合利用和三废处理措施：

矿渣：矿渣含二硫化钼 20% 左右，生产 1 吨钼酸铵留有矿渣 0.48 吨，进行焙烧回收钼。

废水：生产 1 吨钼酸铵，约有 11 吨废水，其中主要含有 0.2%～0.3% 的钼和硝酸铵，用于农业化肥。

废气：生产 1 吨钼酸铵，约有 960 公斤二氧化硫，部分制取亚硫酸盐，尾气放空。

包装：木桶装，净重 40 公斤。

钼酸钡

Barium molybdate

分子式：$BaMoO_4$　　**分子量：**297.28

性状：白色或淡绿色的块状或粉末，不溶于水。

用途：供搪瓷产品做密着剂用。

规格：	90% 钼酸钡	70%～80% 钼酸钡
含量	≥90%	70%～80%
水分	≤5%	≤5%

主要原料规格及消耗定额：

钼精矿	含量（MoS_2）70%	1.2 吨/吨
氯化钡		1.0 吨/吨
液碱		2 吨/吨

工艺流程：

取来自钼酸钠或钼酸铵焙烧工序的尾渣，尾渣含二硫化钼在 15% 左右，在尾渣中加入碳酸钠和硝酸钠，混匀后，放入反射炉中焙烧，焙烧温度控制在 800～1000℃，将焙烧后的尾渣用热水进行浸取，经充分搅拌后，澄清，清液用泵抽出，尾渣用水洗涤，洗液并入清液中，在搅拌下加入盐酸使溶液 pH＝2～3，反应约 1 小时后，加碱调整溶液 pH＝8，澄清，在清液中加入饱和氯化钡溶液生成钼酸钡沉淀,经离心机甩干,再经烘干后为成品。

包装:木桶装净重 40 公斤。

尼龙 66 盐
Nylon - 66 salt

又名:己二酰己二胺

分子式:$^{+}H_3N(CH_2)_6NH_3^{+} \cdot {}^{-}OOC(CH_2)_4COO^{-}$ **分子量:**262.40

性状:白色针状晶体,溶于水,微溶于醇类和溶于热的醇中,熔点 193℃,假比重 0.42,耐光性差,在光及热作用下色泽加深,其聚合体比重小,弹性高,机械强度高,为同样的铝线 2 倍,摩擦强度为棉的 10 倍,有耐霉和绝缘性。

用途:可制纤维和塑料的原料,可做袜子和衣料、轮胎、帘子线,渔网、绳缆、降落伞和带等。

规格:

	一级	二级
外观	白色结晶	白色结晶
熔点(℃)	≥192.5	≥191.5
抗氧性(毫升)	≤12	≤18
透明度(厘米)	≥100	≥80
pH 值	7.6 ~ 8.2	7.68 ~ 8.2
灰分	≤0.15%	≤0.2%
铁质	≤0.005%	≤0.01%
机械杂质	≤0.05%	≤0.1%
湿度	≤7%	≤7%

主要原料规格及消耗定额:

苯酚	熔点 40.90℃	1.53 吨/吨
硝酸	含量 96%	3.25 吨/吨
液氨	含量 >99%	0.87 吨/吨
乙醇	含量 >95%	0.336 吨/吨

工艺流程:

环己醇的制取:苯酚液相间歇加氢,用骨架镍做催化剂,控制反应压力为 28 公斤/厘米^2,反应温度 140 ~ 160℃,反应 2 小时左右完毕。

己二酸的制取:在氧化釜内,将环己醇缓缓加入 60% 硝酸溶液中,控制反应

温度60 ~70℃,生成粗己二酸,料液经冷却结晶出料。反应式如下:

$$10\ \text{C}_6\text{H}_{11}\text{OH} + 18HNO_3 \longrightarrow 10HOOC(CH_2)_4COOH + 5N_2O\uparrow + 4N_2\uparrow + 19H_2O$$

己二酸的精制:在溶解釜内,先抽入粗己二酸,同时加入蒸馏水和活性炭,以除去硝酸根,脱色温度为95℃。料液经冷却、过滤、结晶、离心脱水后,即得精制己二酸。

己二腈的制取:精制己二酸和氨气在电感应加热的反应器内,进行脱水反应,用磷酸三丁酯做脱水剂,氨气由反应器底部进入,在280℃的反应温度下,己二酸和氨气反应生成己二酸铵盐,再逐步脱水,经己二酰胺中间体生成粗己二腈,然后进入蒸馏塔,在余压30毫米汞柱下,控制塔顶温度184℃,割除前后馏分,即得精制己二腈。反应式如下:

$$HOOC(CH_2)_4OOH + 2NH_3 \longrightarrow NC(CH_2)_4CN + 4H_2O$$

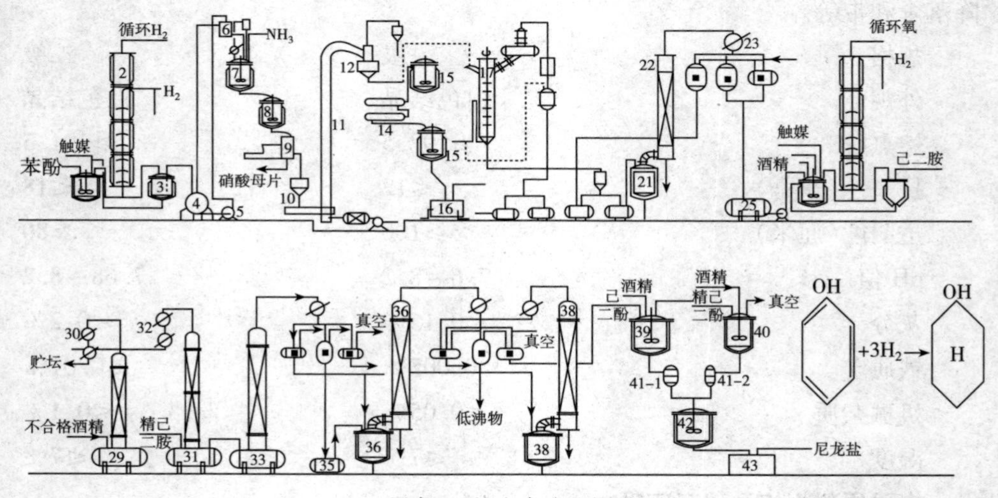

尼龙66盐生产流程图

1.配料机 2.氢化塔 3.沉降槽 4.环己醇槽 5.醇泵 6. 高位槽 7.氧化釜 8.结晶釜 9.离心机 10.圆盘加料器 11.气流干燥 12.贮斗 13.溶解釜 14.过滤器 15.结晶釜 16.离心机 17.己二腈反应器 18.中间槽 19.1-2贮槽 20.1-2贮槽 21.蒸馏釜 22.蒸馏塔 23.冷却器 24.1-3贮槽 25.成品槽 26.配料槽 27.氢化塔 28.己二胺沉降槽 29.酒精塔 30.换热器 31.己二胺常压塔 32.换热器 33.己二胺减压塔 34.1-3中间槽 35.贮槽 36.成品槽 37.1-3中间槽 38.己二胺回收塔 39.己二胺溶解釜 40.己二酸溶解釜 41.1-2过滤器 42.中和结晶釜 43.离心机

己二腈加氢制己二胺：在配料槽中，加入己二腈、乙醇、氢氧化钾、用骨架镍做催化剂，充分搅拌后，吸入氢化塔中，控制反应温度80～100℃，反应压力28公斤/厘米^2，通氢鼓泡反应生成己二胺，反应时间约1～2小时，当塔内压力不再下降时；将反应物放至沉降槽，静置分层，上层液抽入高位槽待蒸馏，粗己二胺经过蒸馏后，即得精制己二胺。

反应式：　　$NC(CH_2)_4CN + 4H_2 \longrightarrow H_2N(CH_2)_6NH_2$

己二胺和己二酸成盐制取尼龙66盐：己二胺，己二酸分别经乙醇溶解和过滤后，至中和反应器，在搅拌条件下，保持反应温度为75℃，调节pH值在6.9～7为终点。冷却至30℃，尼龙盐结晶，放料，用乙醇洗涤，离心甩干，经乙醇洗涤后为成品。

硼砂

Borax

又名：十水四硼酸钠

分子式：$Na_2B_4O_7 \cdot 10H_2O$　　**分子量：**381.36

性状：白色粉末结晶，比重1.73，易溶于水、甘油中、水溶液呈弱碱性，不溶于乙醇。具有杀菌、防腐、去污、助熔等性能。

用途：硼化合物的基本原料，用于、玻璃、搪瓷，医药、冶金、印染、制革、造纸、焊接等。

规格：	一级	二级
含量	≥99%	≥94%
水不溶物	≤0.05%	≤0.1%
碳酸钠(Na_2CO_3)	≤0.4%	≤0.8%
硫酸钠(Na_2SO_4)	≤0.1%	≤0.2%
氯化钠(NaCl)	≤0.1%	≤0.2%
铁(Fe)	≤0.003%	≤0.005%

主要原料规格及消耗定额：

硼镁矿	含B_2O_3 12%	3.9吨/吨	纯碱	含量98%	0.35吨/吨

工艺流程：

煅烧：将硼镁矿石破碎至块度约20～30厘米，加入煤块，一般控制煤、石比为1:20，投入竖窑中鼓风煅烧，温度保持650～750℃，煅烧时反应如下：

$$2MgO \cdot B_2O_3 \cdot H_2O \xrightarrow{\triangle} 2MgO \cdot B_2O_3 + H_2O \uparrow$$

煅烧后硼镁矿细碎至 150 目供下工序用。

碳碱分解：在混料桶中送入硼砂母液和稀溶液，加入纯碱，控制碱浓度约 100 克/升，过量碱约 25%，投入硼矿粉使固液比（吨：米^3）为 1∶1.5 左右，经充分搅匀后输送至分解锅内以直接蒸汽和间接蒸汽加热至 100℃，通入窑气二氧化碳进行分解，反应式如下：

$$2(2MgO \cdot B_2O_3) + Na_2CO_3 + 3CO_2 + nH_2O \longrightarrow Na_2B_4O_7 + 4MgCO_3 + nH_2O$$

固液分离：碳碱分解后的料浆，用真空叶片吸滤机固液分离，溶液送至晶析工序；滤渣用水洗，浓度较低的洗液送往配料锅使用，洗涤后矿渣综合利用。

晶析脱水：将过滤净化后的浓溶液冷却晶析，于 25℃离心分离硼砂，如温度再适当低些较好。分离出的硼砂经检验控制，必要时用水或稀溶液洗涤。再经气流干燥即为成品。

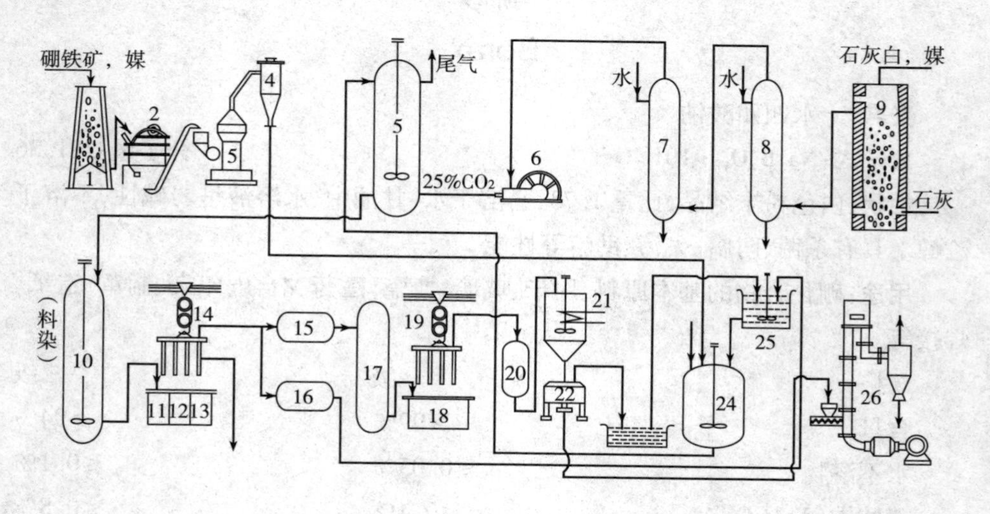

碳碱法制取硼砂生产流程图

1. 矿石煅烧器　2. 颚式粉碎机　3. 雷蒙粉碎机　4. 硼矿粉贮仓　5. 分解锅　6. 空压机　7. 水洗塔　8. 水洗塔　9. 石灰窑　10. 缓冲气胞　11. 料浆坦克　12. 自来水槽　13. 卸渣槽　14. 叶片真空过滤机　15. 浓水气胞　16. 淡水气胞　17. 浓水贮存器　18. 二次浓水坦克　19. 二次叶片　20. 二次浓水气胞　21. 结晶器　22. 离心机　23. 母液洗液槽　24. 混料锅　25. 配料锅　26. 气流干燥

硼酸

Boric acid

分子式:H_3BO_3　　**分子量:**61.83

性状:白色粉末状结晶或带珍珠状光泽的鳞片,比重1.43,水溶液呈弱酸性反应,加热失水而发生化学变化,煅烧时转化为B_2O_3。

用途:硼化合物的制造,也用于冶金、玻璃、医药、照相、电镀、搪瓷釉药、电容器等。

规格:

含量	≥99.5%	水不溶物	≤0.05%
硫酸钠	≤0.1%	氯化钠	≤0.01%
铁(Fe)	≤0.002%		

主要原料规格及消耗定额:

湿硼砂	含量95%	1.6吨/吨
硫酸	含量92.5%	0.41吨/吨

工艺流程:

目前系用硼砂硫酸法生产,生产流程如下:

配料溶解:测定投料液含硼浓度(投料液系用晶析工序母液,加入湿硼砂调整pH为5),以控制反应液含硼酸280~300克/升;按照配方投入湿硼砂,加热搅拌溶解,趁热用真空叶片吸滤机过滤。

酸化:过滤后的溶解液,输送至结晶器,以直接蒸汽加热使料液至60~70℃,在搅拌条件下,加入硫酸反应,控制反应终点为pH=2~3。

反应式:$Na_2B_4O_7 \cdot 10H_2O + H_2SO_4 \longrightarrow 4H_3BO_3 + Na_2SO_4 + 5H_2O$

晶析:反应液以盘管或夹套冷水冷却析出结晶,于30~32℃离心分离硼酸,用适量水洗涤晶体,湿硼酸分析合格后,经气流干燥即为成品。

浓缩和分离硫酸钠:母液和洗液以间接蒸汽敞口蒸发,至浓缩液含硼酸达200克/升,趁热离心分离硫酸钠,用热的稀母液洗涤硫酸钠中所含硼酸,浓母液和洗液用作投料。

综合利用和三废处理措施:

副产品硫酸钠用作制取硫化钠的原料。

包装:麻袋内衬纸袋,净重80公斤。

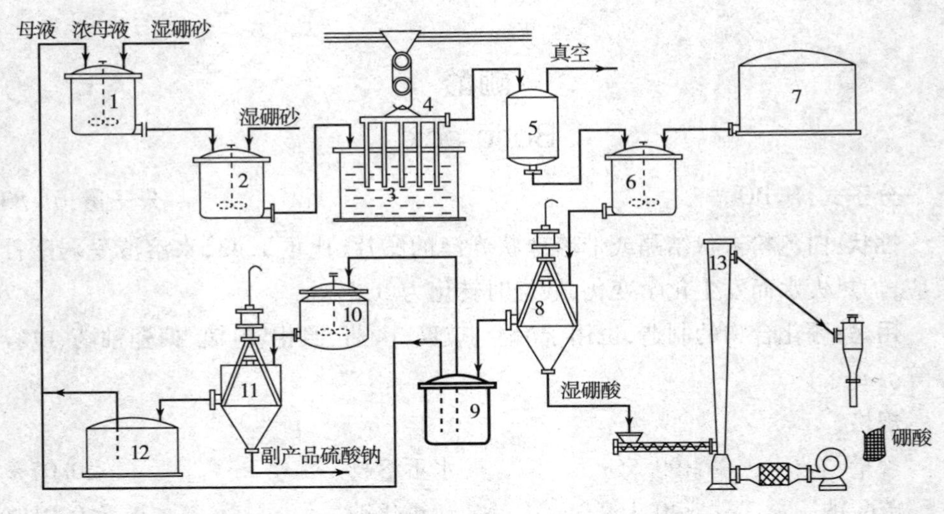

硼酸生产流程图

1. 投料锅 2. 配料溶解锅 3. 过滤槽 4. 叶片过滤机 5. 气液分离器 6. 酸化晶析器 7. 硫酸贮槽 8. 离心机 9. 母液槽 10. 浓缩锅 11. 离心机 12. 母液槽 13. 气流干燥机

漂白粉

Bleaching powder

分子式:$Ca(OCl)_2 \cdot CaCl_2 \cdot 2H_2O$ **分子量**:290.02

性状:漂白粉具有类似氯气嗅味的白色粉末,它是一种强氧化剂,其有效成分是次氯酸钙,但由于组成中含有氯化钙,容易吸潮,故性质不稳定,贮藏日久会缓缓分解。

用途:纸浆的漂白,棉、麻,丝等纤维和织物的漂白,并用作消毒,有机化合物的制造。

规格:	一级	二级	三级
有效氯	≥32%	≥30%	≥28%
有效氯与总氯量之差	≤3%	≤4%	≤5%
游离水	≤5%	≤6%	≤7%

主要原料规格及消耗定额:

生石灰	含量(CaO)≥85%	0.53 吨/吨
氯气	含量≥99%,水分<0.06%	0.35 吨/吨

工艺流程：

石灰消化：块状生石灰，经颚式破碎机和反击式破碎机，粉碎至10mμ以下的颗粒，然后用星形加料机定量地加入双绞化灰机，同时向化灰机内送入由文丘里除尘器出来的稀石灰水进行消化，初步消化后的石灰进入筛孔化灰机继续消化，不能消化的粗粒子在化灰机筛筒尾部卸出，粉状消石灰送入消石灰陈化仓，经过3～5天陈化后，送入风选器，使消石灰细粉与粗粒进行分离，细粉经旋风分离器落入精灰贮仓备氯化用。

反应式如下： $CaO + H_2O \longrightarrow Ca(OH)_2$

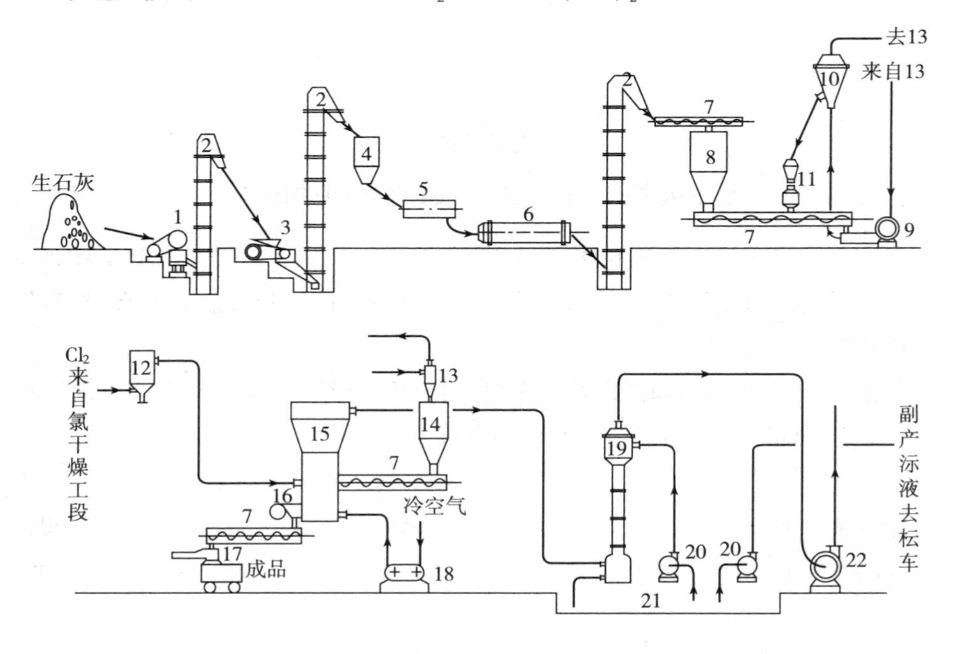

漂白粉生产流程图

1. 颚式破碎机 2. 斗式提升机 3. 反击式破碎机 4. 贮仓 5. 双绞化灰机 6. 化灰机 7. 螺旋输送机 8. 消石灰仓 9. 风选鼓风机 10. 风选器 11. 贮斗 12. 氯气缓冲器 13. 旋风分离器 14. 清石灰仓 15. 沸腾氯化塔 16. 出料绞龙 17. 包装机 18. 罗氏鼓风机 19. 湍流吸收塔 20. 漂白液循环泵 21. 漂白液循环池 22. 尾气鼓风机

氯化：精制消石灰由星形加料器和螺旋输送器，送入沸腾氯化塔，空气由鼓风机经过空气冷却器及流量计进入沸腾塔内消石灰床层（进塔冷风管风压300～400毫米水柱）使消石灰沸腾，然后通入氯气，开搅拌，氯气由搅拌臂上小孔喷入消石灰沸腾床进行氯化反应，反应温度<85℃，生成的漂粉从塔底出料，出料速度配合进

料量,使沸腾床层维持一定高度,当漂白粉有效氯达32%以上时,即为成品。

反应式如下: $2Ca(OH)_2 + 2Cl_2 \longrightarrow Ca(OCl)_2 + CaCl_2 + 2H_2O$

综合利用和三废处理措施:

破碎,消化过程中的石灰粉尘,分别用旋风除尘器和文丘里除尘器进行处理,得到的稀石灰水送入化灰机中作消化用水。

沸腾塔的尾气,经湍流塔用石灰乳吸收后制成含有效氯7%~8%的漂白液,作副产品供造纸工业漂白用。

包装:牛皮纸袋装,净重50公斤;或纤维板桶,内衬牛皮纸袋,净重40公斤装。

漂粉精

Bleaching powder concentrated

分子式:$3Ca(OCl)_2 \cdot 2Ca(OH)_2 \cdot 2H_2O$ **分子量:**613

性状:白色粉末,有刺激性气味,其主要成分为$Ca(OCl)_2$,易溶于水,与酸作用能放出氯气,有毒。

用途:具有高效漂白和消毒杀菌作用,用于棉、麻织品的漂白,军工方面可用作化学毒剂(如芥子气等)和放射性的消毒剂。

规格:

	一级	二级
有效氯含量	≥65%	≥60%
氯化钙含量	≤10%	≤10%
水分	≤1.5%	≤1.5%
饱和溶液有效氯含量	≥13%	≥12%
细度300目筛余	≤10%	≤10%

主要原料规格及消耗定额:

石灰	氧化钙含量≥85%	2.3吨/吨
氯气	含量≥9 9%,水分≤0.06%	2.1吨/吨

工艺流程:

石灰消化:块状生石灰经颚式破碎机破碎后,用星形加料机定量加入双绞化灰机,同时向化灰机内送入由文丘里除尘器出来的稀石灰水进行消化,初步消化后的石灰进入筛孔化灰机继续消化将不能消化的粗粒子分离后,粉状消石灰进入消石灰仓,然后经风选机分离,除去渣粒杂质送精灰贮仓。精灰加定量清水,配成 30% ~33% 的石灰浆,备氯化用。

反应式: $CaO + H_2O \rightarrow Ca(OH)_2$

氯化:将配好的浓度为 30% ~33% 的石灰浆,用泵送至石灰浆计量槽,然后放入氯化反应桶,开搅拌,通氯,夹套内通冷却水,在通氯过程中,石灰浆内即逐渐生成小六角形结晶,继而转成大六角形结晶,最后生成大针形破板状结晶。通氯反应温度控制在 50 ~60℃,当全部结晶均转变成大针形结晶时,氯化浆液有效氯达 17% ~19% 时,反应达终点,即停止通氯,料液进入卧式离心机脱水,分离出的母液作为副产漂白液,固体结晶用刮刀卸料送入回转干燥器。经 135 ~145℃ 的热风干燥,然后磨粉、包装。

反应式:

$$8Ca(OH)_2 + 6Cl_2 \longrightarrow 3Ca(OCl)_2 \cdot 2Ca(OH)_2 \cdot 2H_2O + 3CaCl_2 + 4H_2O$$

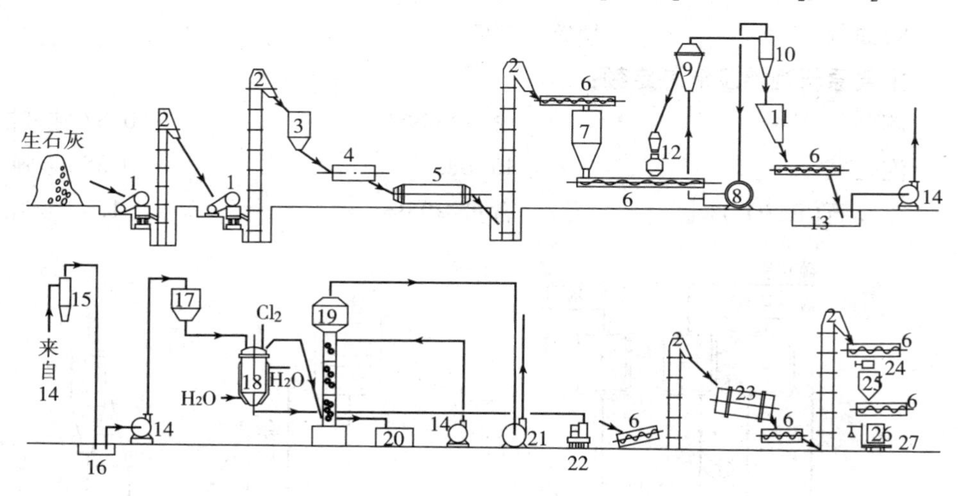

漂粉精生产流程图

1. 颚式破碎机 2. 斗式提升机 3. 贮仓 4. 双绞化灰机 5. 化灰机 6. 螺旋输送机 7. 消石灰仓 8. 风选鼓风机 9. 风选器 10. 旋风分离器 11. 消石灰仓 12. 贮斗 13. 石灰乳配置池 14. 离心泵 15. 水力旋流器 16. 石灰乳循环池 17. 石灰乳高位槽 18. 氯化反应锅 19. 湍流吸收塔 20. 漂白液循环池 21. 尾气鼓风机 22. 离心机 23. 回转干燥器 24. 磨粉机 25. 贮斗 26. 包装桶 27. 磅秤

综合利用和三废处理措施:

破碎,消化及风选过程中的粉尘,分别采用湿法文丘里和干法袋式过滤器除尘,回收利用。

偏硼酸钡

Barium metaborate

分子式：$Ba(BO_2)_2$　　**分子量**：222.96

性状：白色晶状粉末，在水中微溶；易溶于盐酸。熔点 1060℃。

用途：新型防锈颜料，可用于油漆工业底漆，亦可用于油画，搪瓷等工业。

规格：

氧化钡	53% ~63%	水溶性盐	≤8%
三氧化二硼	20% ~30%	水分	≤1%
二氧化硅	4% ~10%	细度(325 目)	≤0.5%
吸油量	15% ~25%		

主要原料规格及消耗定额：

硼砂	含量≥99%	0.87 吨/吨
泡化碱	40°Bé	0.35 吨/吨
重晶石($BaSO_4$)	含量≥95%	1.3 吨/吨

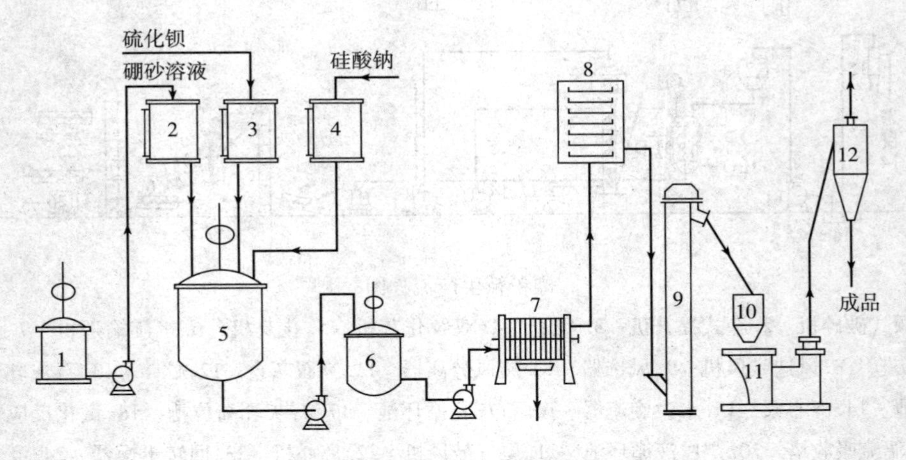

偏硼酸钡生产流程图

1. 硼砂配料槽　2. 硼砂高位槽　3. 硫化钡高位槽　4. 硅酸钠贮槽　5. 反应釜　6. 漂洗桶　7. 压滤机　8. 烘房　9. 斗式提升机　10. 贮槽　11. 磨粉机　12. 包装

工艺流程：

在预热到 80℃的反应釜内，先加入用量 1/4 的热硫化钡溶液(15 ~18°Bé)，在搅拌下，再将硫化钡溶液、硼砂溶液(9.5 ~10°Bé)、硅酸钠溶液(40°Bé)等三种热溶液分别从高位槽中同时加到反应釜内，投料完后，釜夹套继续以蒸汽加热，保持反应物温度在 120℃，压力 1.2～2.8 公斤/厘米^2，外压 2～3.5 公斤/厘米^2，反应完毕后，停止加热并准备放料，利用釜内压力将料压到漂洗桶，静置澄清后放出硫化钡溶液，再以热水漂洗，直至以 2% 乙酸铅溶液试验洗液无反应为止，然后用泵送入压滤机进行压干，再经过干燥，磨粉后为成品。

包装：牛皮纸内衬塑料袋装，净重 25 公斤。

氰化钠

Sodium cyanide

又名：山奈钠

分子式：NaCN　　　　**分子量：**49.01

性状：白色或带浅褐色立方晶体，剧毒，微溶于乙醇，在湿空气中潮解，并发出微量的氰化氢气体。溶于水，其水溶液发生水解而呈碱性反应。遇酸分解放出氰化氢剧毒气体。

用途：冶炼电镀，淬火渗碳以及塑料制造。

规格：

固体：	一级	二级	三级
含量	≥96%	≥94%	≥92%
碳酸钠(Na_2CO_3)	≤3%	≤4%	≤5%

液体：

含量	30%～35%	氢氧化钠(NaOH)	1.5%左右

主要原料规格及消耗定额：

氨钠法：

金属钠	含量 99.5%	0.545 吨/吨
液氨		0.53 吨/吨
石油焦	固定碳 94%　灰分 0.2%	0.345 吨/吨

轻油裂解法：(以一吨 30% NaCN 溶液计)

轻油	0.108 吨	液氨	0.203 吨

工艺流程：

氰化钠生产采用氨钠法生产固体氰化钠和轻油裂解法生产液体氰化钠两种，现分别介绍如下：

氨钠法工艺:钠和氨在高温下生成氨基钠,进一步与石油焦中的固定碳合成氰化钠。

反应:在预热至600℃左右的反应锅内,先加入石油焦和金属钠,通入氨气,并逐步升温,在6小时内升至860℃(外温),维持1.5小时,取样分析,当氰化钠含量在90%~92%,无腈氨基钠,即告反应结束。反应式如下:

$$2Na + 2NH_3 \longrightarrow 2NaNH_2 + H_2$$

$$2NaNH_2 + C \longrightarrow Na_2CN_2 + 2H_2$$

$$Na_2CN_2 + C \longrightarrow 2NaCN$$

反应中放出的氢气,自反应锅中逸出,通过安装在反应锅上部装有石油焦的炭斗,回收部分钠尘和粉尘,然后在排气烟囱中,用水喷淋洗涤后放空。

过滤:在过滤锅中,装有炭粉为解质的过滤层,抽真空,然后将物料移入过滤锅,维持温度在650℃左右,使物料氰化钠通过过滤层,在过滤层上部留下滤渣,过滤层下部放出料液氰化钠,经冷却结晶,破碎后即为成品。

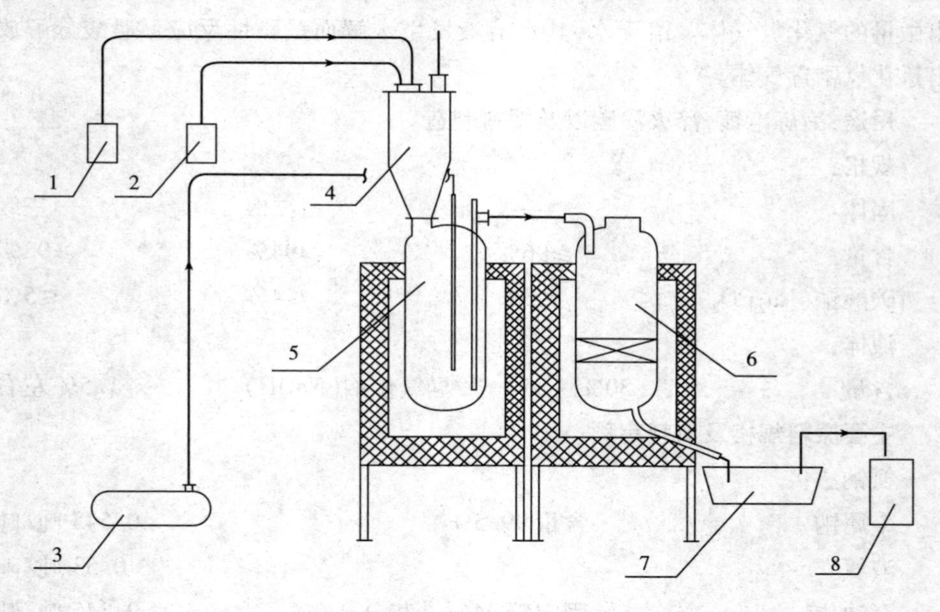

氰化钠生产流程图(氨钠法)

1.金属钠 2.石油焦 3.氨贮槽 4.炭斗 5.反应锅 6.过滤锅 7.冷却盆 8.成品

综合利用和三废处理措施:

每生产1吨氰化钠,约有100~150公斤含氰化钠30%~35%的滤渣,经水溶解后，加硫酸亚铁生产亚铁氰化钠。

在废气水洗过程中，得到含氨2%～5%的氨水，作为基肥，收集作为肥料。

包装：大口铁桶装，净重60公斤。

轻油裂解法工艺：

原料预热：轻油以氮气加压至2公斤/厘米^2，经流量计，进入预热器；液氨在贮槽中汽化，通过流量计，进入预热器的蛇管，然后与轻油在预热器中混合预热，温度为250℃，轻油与氨的用量比为1∶2。（重量）

反应：预热后的混合气体，进入沸腾反应炉底部的下气室，通过碳素材料的气体分布板进入沸腾层，沸腾物料细度为14～18目的石油焦颗粒，在沸腾层中，插入三根交流电极，使石油焦粒温度升至1450℃，轻油和氨反应生成氰化氢和氢气。以C_3为例的反应式如下：

$$C_3H_8 + 2NH_3 \longrightarrow 3HCN + 7H_2$$

除尘冷却：由反应炉来的气体温度约为700℃，带有约80克/米^{3}的碳粉，经过二道旋风除尘，将大部分碳粉除去，再经冷却，使温度降至50℃左右。

吸收：用35%左右的氢氧化钠溶液，在吸收器内用以吸收生成气中的氰化氢，反应式如下：

$$NaOH + HCN \longrightarrow NaCN + H_2O$$

吸收器需冷却，以确保吸收温度不超过50℃，当吸收液含量在30%～35%为成品。

氰化亚铜

Cuprous cyanide

分子式：CuCN　　**分子量：**89.56

性状：白色或微绿色粉末，比重2.92，熔点474.5℃，溶于热盐酸和微溶于浓氨水中，不溶于水和冷的稀酸，在硝酸中或高温下会分解放出氰化氢，剧毒。

用途：广泛用于电镀工业，直接镀铜，镀铜合金，或高级有色金属打底用，医药上作为新抗结核成药的原料。

规格：

含量	≥99%	铅(Pb)	≤0.0004%
氰(CN)	≥28.5%	锑(Sb)	≤0.0003%
铁(Fe)	≤0.008%	砷(As)	≤0.0003%

主要原料规格及消耗定额：

硫酸铜	含量≥96%	2.9 吨/吨
亚硫酸钠	含量≥96%	0.76 吨/吨
氰化钠	含量≥95%	0.62 吨/吨

工艺流程：

溶解：在各溶解桶内，分别将氰化钠，亚硫酸钠，硫酸铜，碳酸钠加水溶解，控制氰化钠溶液浓度为130 克/升，碳酸钠溶液浓度为60 克/升，硫酸铜溶液浓度为280 克/升，亚硫酸钠为 150 克/升，澄清过滤后供合成反应用。

合成：在合成锅内，先加入硫酸铜溶液，开启搅拌，徐徐加入亚硫酸钠和碳酸钠混合液，然后再加入氰化钠溶液，临近终点时，加料速度要放慢，当氰化亚铜沉降速度快而又显出絮状大粒的沉淀，清液呈极微绿色，表示反应告终。

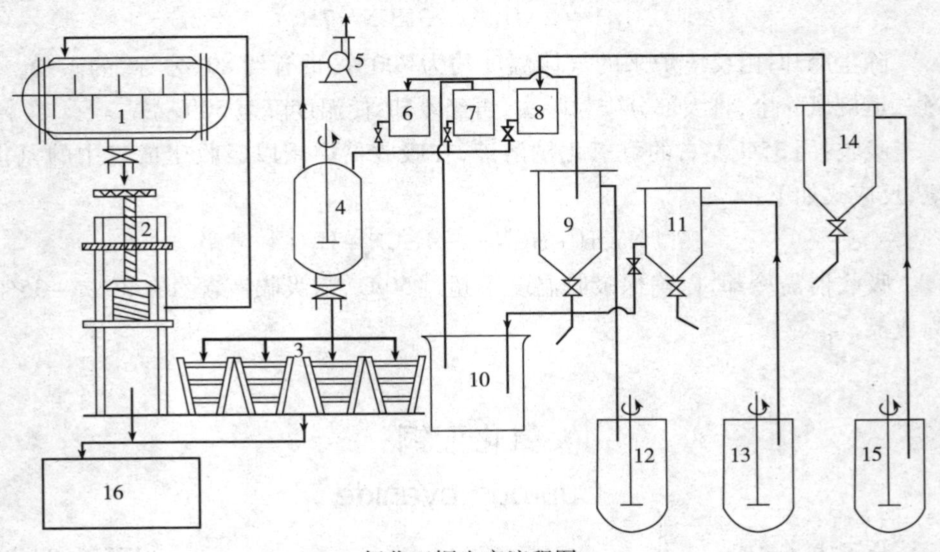

氰化亚铜生产流程图

1. 真空耙式干燥器　2. 压榨机　3. 漂洗　4. 合成锅　5. 鼓风机　6. 亚硫酸钠计量槽　7. 硫酸铜计量槽　8. 氰化钠计量槽　9. 亚硫酸钠澄清槽　10. 硫酸铜中间贮槽　11. 硫酸铜澄清槽　12. 亚硫酸钠溶解槽　13. 硫酸铜溶解槽　14. 氰化钠澄清槽　15. 氰化钠溶解槽　16. 污水处理池

反应式：

$$6CuSO_4 + 6Na_2SO_3 + 2H_2O \longrightarrow 2CuSO_3 \cdot Cu_2SO_3 \downarrow + 6Na_2SO_4 + 2H_2SO_4$$

$$2CuSO_3 \cdot Cu_2SO_3 + 6NaCN + H_2O \longrightarrow 6CuCN \downarrow + 3Na_2SO_3 + H_2SO_4$$

洗涤：合成反应后，料液中含有氰化铜，硫酸钠，微量 SO_2，CO_2，HCN，故用清水进行多次漂洗除去，以溶液中无 SO_4^{-} 存在为止。

干燥：将洗涤过滤后物料，放入压榨机中压干，使物料含湿基 <40%，然后在耙式干燥器中进行干燥，即为成品。

综合利用和三废处理措施：

在合成反应中生成的含氰废水，由管道送往污水池（污水中含氰约 15 ~ 20 ppm，pH 为 3 左右）经沉降后，清液送往大池用 30% 氢氧化钠中和至溶液 pH 8 ~ 9，然后用 10% 的次氯酸钠进行氧化处理，使污水中含氰 <0.1 ppm 再排入污水管。

滤渣用稀 H_2SO_4 调节 pH = 3，用水冲洗，回收溶解的硫酸铜。滤渣氢氧化铁弃去。

在氰化钠，碳酸钠沉降桶内的滤渣用水冲洗后，过滤，滤渣倒入污水池中进行氧化破坏处理，洗涤水回收。

包装：铁桶内衬塑料袋，净重 40 公斤。

轻质碳酸钙

Calcium carbonate light

又名：沉淀碳酸钙

分子式：$CaCO_3$　　**分子量：**100.09

性状：白色极细微的粉末，无臭，无味，不溶于水、醇、遇稀盐酸、醋酸、硝酸发生气泡而溶解。

用途：用于橡胶和塑料，造纸工业填充剂，牙膏和牙粉的填料。

规格：

含量	≥98%	碱度	≤0.1%
水分	≤0.3%	沉降体积（毫升/克）	3 ~ 3.5
酸不溶物	≤0.1%	锰（Mn）	≤0.0045%
铁、铝氧化物	≤0.3%	细度（120 目）	全通

主要原料规格及消耗定额：

石灰石　1.281 吨/吨　　焦炭　0.144 吨/吨　　烟煤　0.14 吨/吨

工艺流程：

煅烧，化灰：石灰石与焦炭在石灰窑中煅烧成石灰块后，由石灰窑底部进入化灰池，用水化成石灰乳，通过过滤器分出大部分砂砾，石灰乳由泵送入水力旋叶分离器，进一步除去细砂，进入生浆储槽。

碳化：除砂后的石灰乳，由泵送入碳化塔中；由石灰窑顶部出来的窑气 CO_2，经洗涤塔水洗，除污后进入压缩机，然后进入碳化塔，使氢氧化钙转化为碳酸钙，反应式如下：

$$Ca(OH)_2 + CO_2 \longrightarrow CaCO_3 + H_2O$$

经过碳酸化面生成的碳酸钙，通过增浓后，由泵送入熟浆储槽。熟浆经上悬式离心机脱水后，进入回转干燥器干燥，粉碎即得成品。

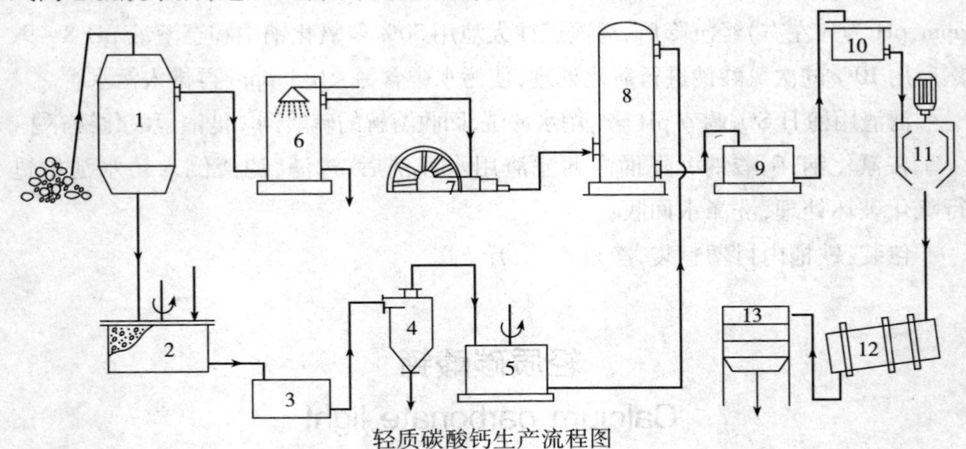

轻质碳酸钙生产流程图

1. 石灰窑　2. 化灰池　3. 过滤器　4. 分离器　5. 生浆贮槽　6. 洗涤塔　7. 压缩机　8. 碳化塔　9. 增浓池　10. 熟浆贮槽　11. 上悬式离心机　12. 回转干燥器　13. 筛粉

包装：布袋装，净重 50 公斤。

氢氧化钠

Sodium hydroxide

又名：烧碱

分子式：NaOH　　**分子量：**40.01

性状：液体氢氧化钠为暗紫红色液体，比重 1.358（20℃/4℃），冰点 -1 ~ 4℃，沸点 117.5℃，能与硅化物、硫等作用，还能溶解锌、锡、铝，对玻璃、陶器，瓷器均有腐蚀作用。

固体氢氧化钠为白色或带浅色光泽的固体，比重 2.02，融点 322℃，有强烈的吸湿性，易溶于水同时产生大量热，强腐蚀性物品。

用途：用于制皂、印染、造纸、皮革、石油、油脂等工业。

规格：

	30%液碱	45%液碱	固碱 一级	固碱 二级
含量	≥30%	≥45%	96%	95%

碳酸钠(Na_2CO_3)	≤1.0%	≤1.0%	≤1.5%	≤1.8%
氯化钠(NaCl)	≤5.0%	≤2.0%	≤2.8%	≤3.3%
三氧化二铁(Fe_2O_3)	≤0.01%	≤0.03%	≤0.01%	≤0.01%

主要原料规格及消耗定额:(以每吨100%烧碱计)

氯化钠	含量≥90%	1.618 吨/吨
电		2500 度/吨

工艺流程:

化盐:将工业食盐加入溶盐桶,同时进入淡盐水或回收盐水,用蒸汽加热至40~50℃,使其成为饱和液,当粗盐水的浓度达23°Bé以上时可溢流入反应桶。然后加定量的碳酸钠溶液,用压缩空气进行搅匀;使粗盐水中钙、镁、氯化物及硫酸盐等杂质生成沉淀物除去。除杂后的混合盐水预热至53~55℃左右,再加定量的苛化麸皮,均匀混合后,进入道尔型沉清桶或斜板沉清桶,进行自然沉降,再经砂滤池过滤除去盐水中悬浮物,即得精盐水备电解用。沉清桶底部盐泥回收其中盐分成淡盐水,供溶盐用。

电解:精盐水由高位槽流入预热器,预热至60~80℃,分配到每个电解槽,用内装木制的螺旋塞芯的玻璃喷嘴喷成雾状,以保槽内断电。盐水在槽内维持一定的液面,然后通入直流电,使氯化钠溶液发生电解反应,在阳极上产生氯气由槽盖顶部导出;在阴极上产生氢气由阴极箱上部的氢气断电器导出;阴极附近生成的氢氧化钠,在阴极箱下部由电解液导出管流出。

反应式: $2NaCl + 2H_2O \xrightarrow{电解} 2NaOH + Cl_2\uparrow + H_2\uparrow$

蒸发:电解产生的氢氧化钠溶液浓度在10%左右,经预热器进入第一效蒸发器,一效蒸发器加热室蒸汽压力≤8公斤/厘米^2,浓缩到15~18%,再送入第二效蒸发器,二效蒸发器加热室蒸汽压力≤3公斤/厘米^2,浓缩到22~25%,进入第三效蒸发器,三效蒸发器加热室蒸汽压力≤1公斤/厘米^2,浓缩到30%以上即得成品。

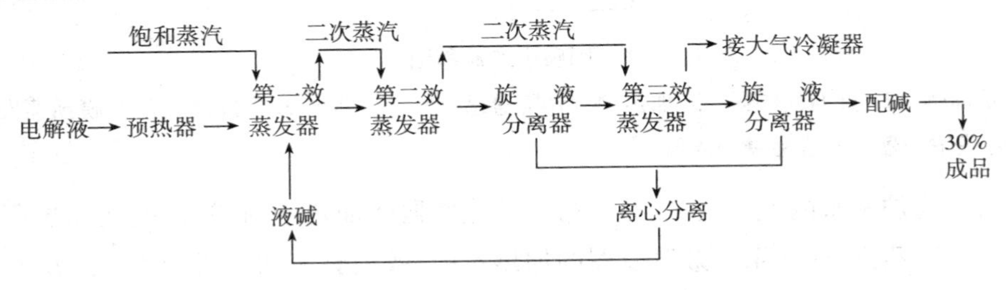

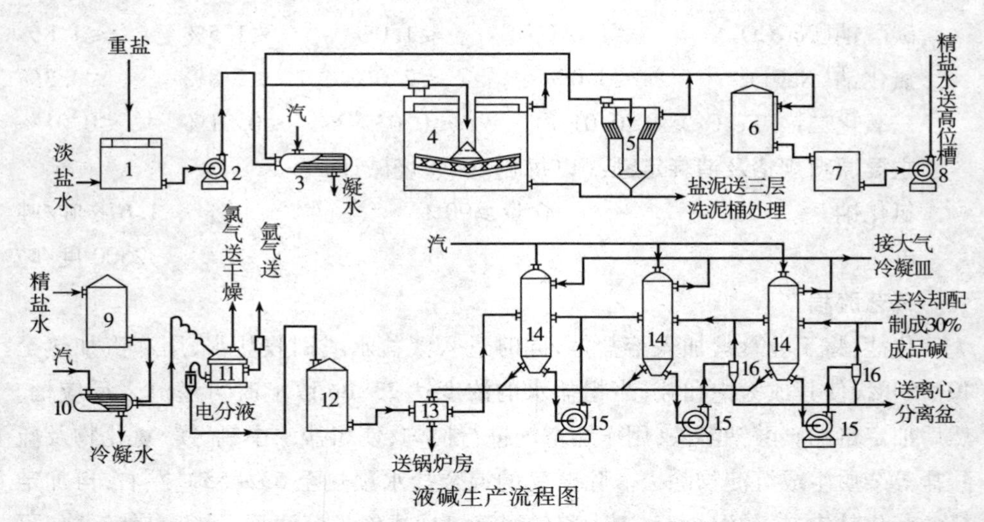

液碱生产流程图

1. 溶盐桶　2. 泵　3. 盐水预热器　4. 道尔型沉清桶　5. 斜板沉清桶(燎原)浮上法沉清桶(电化)　6. 快滤池　7. 盐永低位槽　8. 泵　9. 盐水高位槽　10. 盐水预热器　11. 电解槽　12. 龟解液桶　13. 电解液预热器　14. 悬筐式蒸发器(燎原)列文式蒸发器(电化)　15. 循环泵　16. 旋液分离器

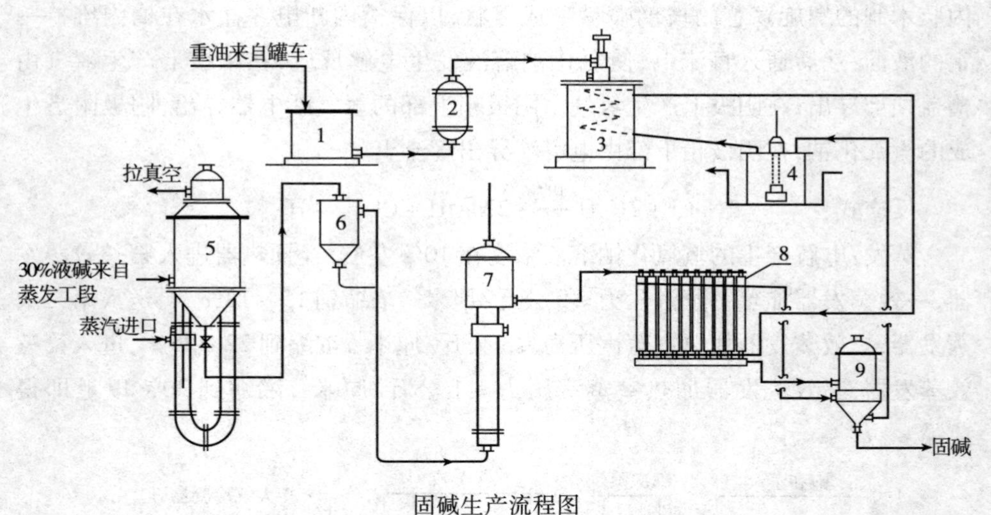

固碱生产流程图

1. 重油槽　2. 重油预热器　3. 加热炉　4. 熔盐槽　5. 蒸发器　6. 高位槽　7. 升膜预蒸发器　8. 降膜浓缩器　9. 成品碱分离器

由锅炉房来的饱和蒸汽，通入第一效蒸发器的加热室内，效内碱液加热所产生之二次蒸汽，通入第二效蒸发器的加热室内，效内碱液加热所产生的二次蒸汽通入第三效蒸发器的加热室内，并将第三效所产生之二次蒸汽经过旋风分离器除去碱沫后，通入大气冷凝器，直接用水冷凝，使第三效产生真空。

将30%液体烧碱用列文蒸发器先浓缩至45%，再将45%液碱进一步浓缩至55%以上，然后再以重油为燃料，熔盐为载热体将浓碱在镍管降膜蒸发器中浓缩为固体烧碱。

综合利用和三废处理措施：

电解产生之氯气、氢气，经干燥后，供各使用部门或压缩后灌钢瓶。

化盐工段产生的盐泥，内含氯化钠280～300克/升，用水洗取，所得淡盐水作化盐用，废泥弃去。

包装：液体：槽车装。固体：黑铁桶装，净重200公斤。

氢氧化钾
Potassium hydroxide

又名：苛性钾

分子式：KOH　　**分子量：**56.11

性状：本产品分白色固体和紫蓝色液体二种，腐蚀性很强，在空气中易潮解，并吸收二氧化碳，能溶于水及醇，微溶于醚。

用途：制造钾盐生产，在纺织工业上用作印染，漂白和丝光，大量用在制造人造纤维"涤纶"单体原料，其他还用于制皂和碱性蓄电池等。

规格：

	固体	液体
含量	≥90%	47～50%
氯化钾(KCl)	≤2%	≤1.0%
碳酸钾(K_2CO_3)	≤3%	≤1.5%
氢氧化钠(NaOH)	≤3.2%	≤1.6%

主要原料规格及消耗定额：(以每吨100%成品计)

氯化钾	含量90%	1.4吨/吨
电		2500度/吨
煤		1.8吨/吨

工艺流程：

化盐：在化盐桶中，加入氯化钾和蒸发工段来的回收盐水，加热搅拌，用水溶解，化成含氯化钾275～285克/升的饱和溶液，温度在90℃时分别加入碳酸钾，氯化钡和碱性盐水，除去氯化钾中硫酸盐及钙，镁等杂质，当钙、镁 <5 毫克/升后，放入粗盐池，并加入苛化淀粉，使之加速沉降，然后送入澄清槽，静置澄清，澄清后放入中和池，加盐酸中和至中性或微碱性为止，打入精制高位槽。

澄清槽剩下盐泥，用水冲泵搅动，洗出盐分后，静置澄清，将清液回入化盐桶套用，废泥浆排入下水道。

电解：精制后的氯化钾溶液，由高位槽流入 1000 安培 1.4m^2 虎克式电解槽，通入直流电后，盐水即分解而得氢氧化钾，氯气和氢气。

反应式：

$$2KCl + 2H_2O \xrightarrow{\text{电解}} 2KOH + H_2\uparrow + Cl_2\uparrow$$

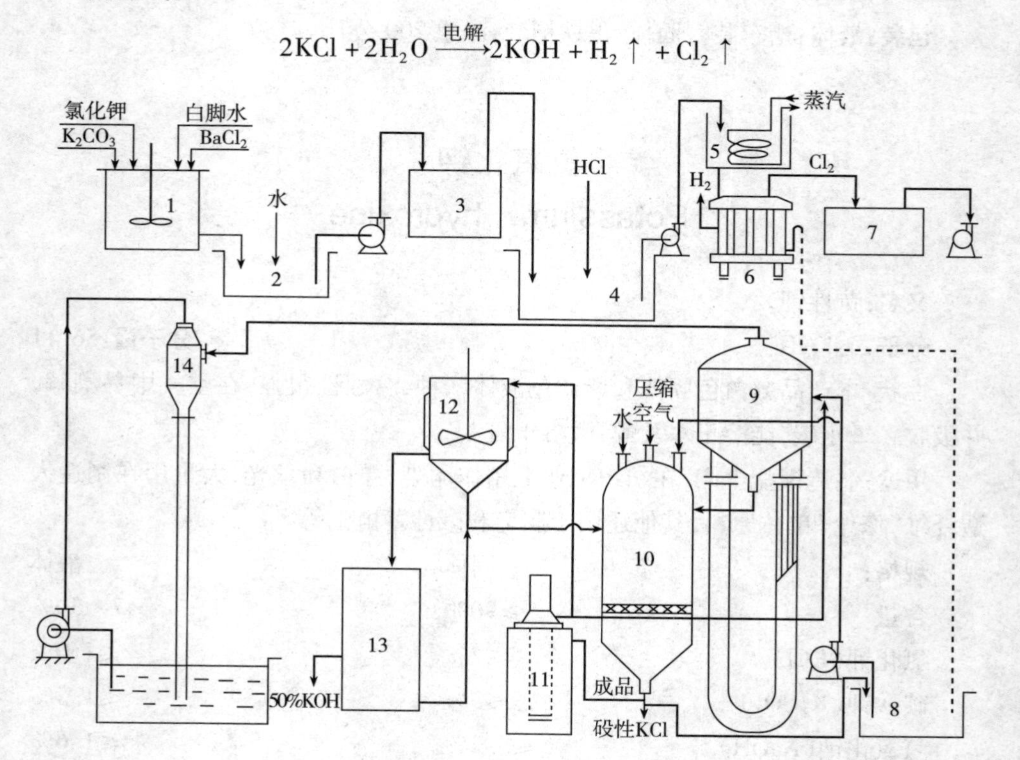

氢氧化钾生产流程图

1. 化盐桶 2. 粗盐池 3. 澄清桶 4. 中和池 5. 盐水高位槽 6. 虎克式电解槽 7. 通氯池 8. 淡氢氧化钾贮存池 9. 列文蒸发器 10. 滤盐箱 11. 循环泵 12. 强制冷却器 13. 成品桶 14. 泵

蒸发：由电解来的氢氧化钾浓度在 150 ~ 160 克/升，用真空吸入列文蒸发器浓缩，真空维持在 500 毫米汞柱，蒸汽压力 5 ~ 7 公斤/厘米^2，单效蒸发，成品料由循环泵输送到强制搅拌冷却器中冷却，冷却后放入成品桶。

如需生产固体氢氧化钾，则放入熬碱锅，温度到430℃时，停火保温，加硫黄粉脱色，含量在90%出料装桶。

综合利用和三废处理措施：

电解产生的氯气进入通氯池内与液碱作用制成次氯酸钠。

电解工序产生的氢气目前还未利用。

盐泥目前排入下水道，易使河道阻塞，拟采用叶片过滤器，滤液回用，滤并弃去。

包装：铁桶装，净重250公斤；或槽车装。

氢氧化铝

Aluminum hydroxide

分子式：$Al(OH)_3$　　**分子量：**77.98

性状：白色粉末，比重2.42，不溶于水、醇、能溶于无机酸及碱溶液中。

用途：油墨的填充剂和增稠剂，也可用于铝盐、玻璃器皿、润滑剂之制造以及制造印染的媒染剂、搪瓷上的展色剂等。

规格：

三氧化二铝	≥36%	铁(Fe)	≤0.5%
水分	23～28%	细度(30目)	≥95%
水溶性盐	≤2.5%	透明度	≥16m/m

主要原料规格及消耗定额：

铝灰	含量(Al_2O_3)30%	1.024吨/吨
硫酸	含量98%	0.62吨/吨
氢氧化钠(以100%计)		0.362吨/吨

工艺流程：

由铝灰，分别和硫酸、氢氧化钠制成硫酸铝、铝酸钠、然后合成为氢氧化铝。

硫酸铝的制备：在反应锅内加入水和硫酸，在搅拌下逐渐加入铝灰，反应温度保持在110℃左右，反应完后，用水稀释至7°Bé±0.5°Bé，放入澄清槽，静置澄清。(投料比：水：硫酸：铝灰=3：2：1.2：0.96)

铝酸钠制备。在反应锅内加入液碱，在搅拌下，逐渐加入铝灰，反应温度保持在100℃以上，反应完后，用水稀释到8.5°Bé±0.5°Bé，放入澄清槽，静置澄清。(投料比：液碱：铝灰=2：1)

合成：将硫酸铝溶液过滤，滤液由泵打入中和桶，在搅拌下加入铝酸钠清液，当溶液pH为6.5时为反应终点,并继续搅拌10分钟,所成氢氧化铝悬浊液,用水洗涤至硫酸盐含量<0.5%,然后再经压滤,将浆块放在网架上,于烘房内70~80℃干燥后,再经粉碎和包装。

化学反应式如下:$6NaAlO_2 + Al_2(SO_4)_3 + 12H_2O \longrightarrow 8Al(OH)_3 + 3Na_2SO_4$

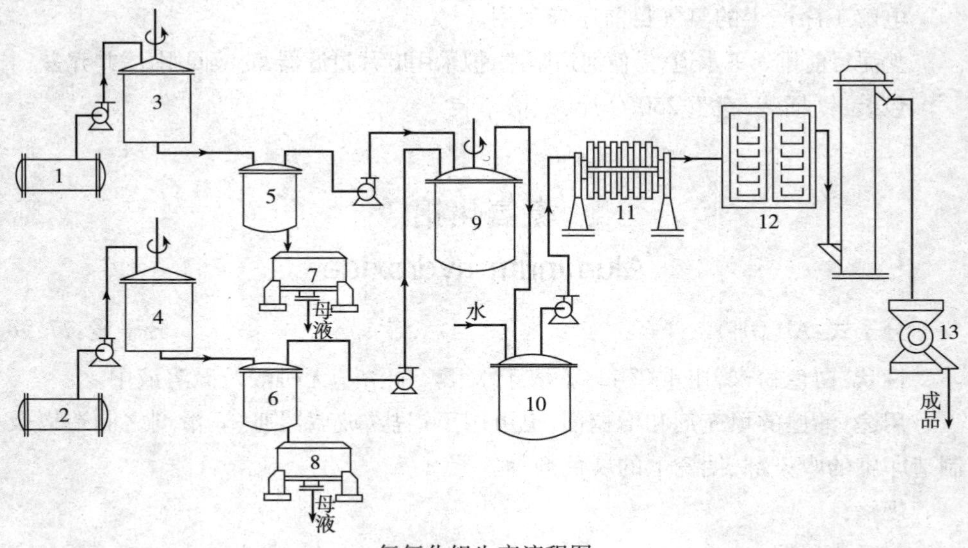

氢氧化铝生产流程图

1.液碱贮槽 2.硫酸贮槽 3.4.反应锅 5.6.澄清槽 7,8.离心机 9.中和桶 10.漂洗桶 11.压滤机 12.烘房 13.打粉机

综合利用和三废处理措施:

制备硫酸铝、铝酸钠时生成的渣滓,供窑厂作制砖原料。

酸性废气、碱性废气、用水吸收,中和后排放。

包装:麻袋内衬塑料袋装,净重50公斤。

氢气

Hydrogen

分子式:H_2 **分子量:**2.016

性状:为无色、无味、无臭、无毒的轻气体,沸点-252.7℃,熔点-257℃,在0℃,760毫米汞柱时的气体密度为0.08987克/升。氢气极易自燃,在常温下与氧化合极缓和,若在800℃以上或点火时呈青色火焰发生猛烈爆炸而生成水,同时产生强热。

用途:本品是盐酸、合成氨、尼龙 66 盐,聚氯乙烯、辛醇、油脂硬化等原料,另外用于金属切割、焊接的氢氧焰、金属的冶炼提纯、半导体材料的提纯等。

规格:

氢气纯度	≥98%	≥99%

工艺流程:

由氯化钠电解工段送来的氢气经水封、除水器后进入氢气压缩机压缩至 150 公斤/厘米^2,再经冷却器,除油器,除去氢气中油分及水分,再由高压导管通两只并列控制总阀,以及通过分路阀进入氢气钢瓶。

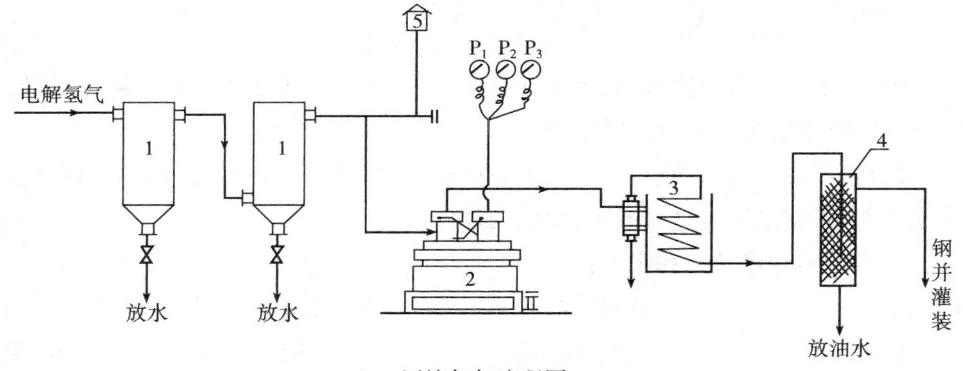

压缩氢气流程图

1. 除水器 2. 氢压缩机 3. 冷却器 4. 除油器 5. 阻火器

包装:专用高压钢瓶(压力 150 公斤/厘米^2)。

铅

Lead

分子式: Pb **原子量:**207.21

性状:蓝灰色金属,质软,熔点 327.4℃,比重 11. 34,沸点 1740℃,不溶于水,溶于热的硝酸。

用途:蓄电池、电缆、合金、防腐蚀衬里,和原子能工业的防护方面。

规格:

含量	95% ~99%

工艺流程:

取来自生产锌盐的废渣,加入铁屑、煤粉、纯碱,充分拌匀后置于反射炉冶炼,冶炼温度控制在 1300℃左右,使物料全部熔化成液态,即可出料,放入生铁锅内，冷却，去掉上面的油垢即得铅锡合金，其含铅量约 95%，含锡量约 3%。

包装：铅锭，净重 40 公斤。

润滑油添加剂 T207

T207(Additive for lubricating oil)

分子式：$[(OR)_2PS_2]_2Zn$

结构式：

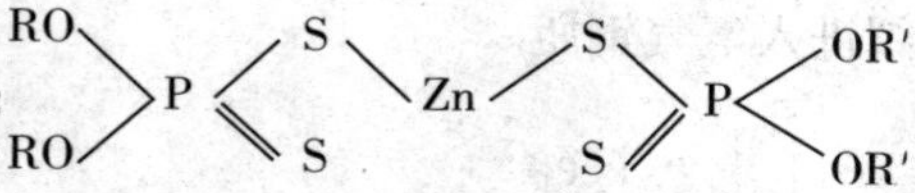

$$\begin{matrix} RO \\ RO \end{matrix} > P \begin{matrix} \diagup S \\ \diagdown\!\!= S \end{matrix} \diagdown Zn \diagup \begin{matrix} S \diagdown \\ S =\!\!\diagup \end{matrix} P < \begin{matrix} OR' \\ OR' \end{matrix}$$

性状：浅黄色透明油状物，添加于润滑油中可使之具有良好的抗氧化，抗腐蚀、抗摩擦性能，为多效有机磷添加剂。

用途：添加于各种润滑油中，如轿车自动传动轴润滑油，液压传动油、高级冷冻机油等，可使之性能显著改善，使用期延长。

主要原料规格及消耗定额：

$C_{7\sim10}$醇	0.63 吨/吨	$30^{\#}$机油	0.126 吨/吨
P_2S_5	0.283 吨/吨	锌粉	0.1 吨/吨

工艺流程：

为高级脂肪醇制备的硫磷酸锌盐，系经硫磷化反应、皂化反应制得，概述如下：

硫磷化反应：高级脂肪醇与机械油以一定比例送入硫磷化反应釜，充分搅拌后加入五硫化二磷并加热到 90 ~ 100℃，反应产物二烷基二硫磷酸酯，同时放出硫化氢气体。

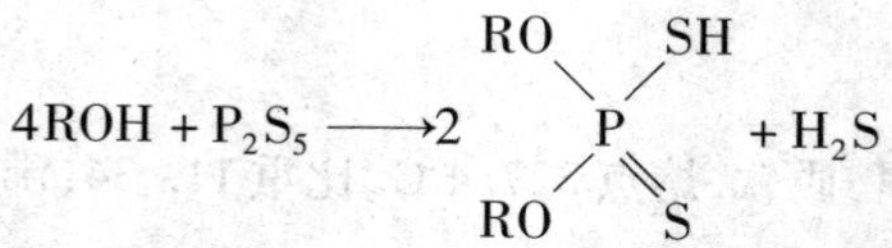

$$4ROH + P_2S_5 \longrightarrow 2\ (RO)_2P(=S)SH + H_2S$$

皂化反应：生成的硫磷酸酯送入皂化釜加入氧化锌和酒精，釜夹套蒸汽加热，开启搅拌和真空泵，在搅拌下进行反应，反应完后放料，将固液分离即得成品。

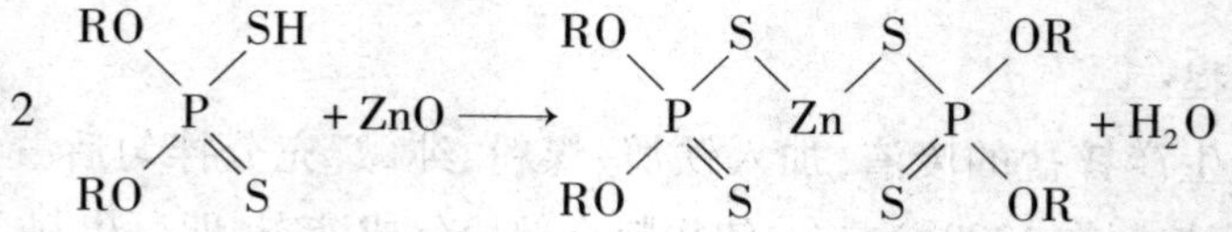

$$2\ (RO)_2P(=S)SH + ZnO \longrightarrow (RO)_2P(=S)\text{–}S\text{–}Zn\text{–}S\text{–}P(=S)(OR)_2 + H_2O$$

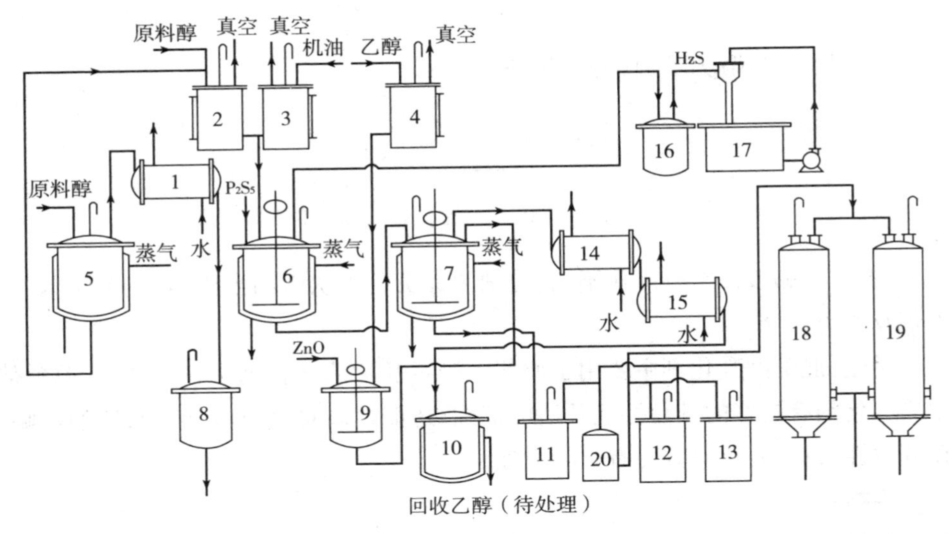

润滑油添加剂 T207 生产流程图

1. 冷凝器　2. 原料醇计量槽　3. 机油计量槽　4. 乙醇计量槽　5. 脱水釜　6. 硫磷化釜　7. 皂化釜　8. 受槽　9. 配浆桶　10. 受槽　11,12,13. 中间贮槽　14. 15. 冷凝器　16. 存气桶　17. 硫化氢吸收槽　18,19. 成品贮槽　20. 油分离器

综合利用和三废处理措施:

主要三废为硫化氢气体,现用氢氧化钠吸收后,用作制大苏打。

包装:铁桶装,净重 200 公斤。

02、04 混配型乳化剂

Emulsifer (mixture of types 02&04)

性状:本品由非离子型乳化剂环氧乙烷蓖麻油及阴离子型乳化剂十二烷基苯磺酸钙组成。

结构式:环氧乙烷蓖麻油(代号 BY)

$$
\begin{array}{l}
CH_3(CH_2)_5\underset{\displaystyle O(CH_2CH_2O)H_x}{\underset{|}{C}}HCH_2CH{=\!=}CH(CH_2)_7COOCH_2 \\
CH_3(CH_2)_5\underset{\displaystyle O(CH_2CH_2O)H_y}{\underset{|}{C}}HCH_2CH{=\!=}CH(CH_2)_7COOCH \\
CH_3(CH_2)_5\underset{\displaystyle O(CH_2CH_2O)H_z}{\underset{|}{C}}HCH_2CH{=\!=}CH(CH_2)_7COOCH_2
\end{array}
$$

$$x = y = z$$

十二烷基苯磺酸钙 <代号 A. B. S. —Ca>

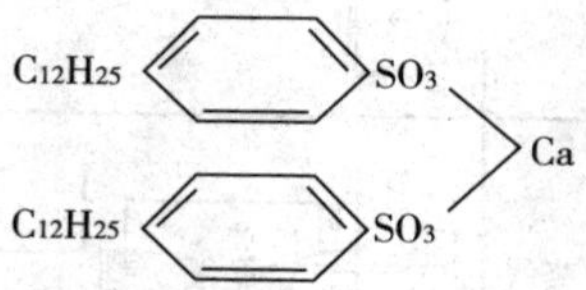

$C_{12}H_{25}$ SO_3
Ca
$C_{12}H_{25}$ SO_3

性状:本品按二组分配比不同,分别为棕黄色油状体和半固体,能溶于苯、二甲苯及醇类。

用途:混配型乳化剂主要用于调配有机氯及一部分有机磷农药,较之单独使用的乳化剂有较好的乳化性能及适应范围,还能提高对气温、水温、水质的影响。在分散性,自动乳化等方面有独特之处。

规格:

型号(即 H. L. B. 值)	根据各种农药不同亲水,亲油值进行复配
乳化性能	合格
水分	≤0.5%

主要原料规格及消耗定额:

十二烷基苯磺酸钙(含量 60% ~65%)	0.28 吨/吨
环氧乙烷蓖麻油	0.72 吨/吨
二甲苯	0.15 吨/吨

工艺流程:

在搪玻璃反应锅内加入十二烷基苯磺酸钙,加热蒸去料液内乙醇,然后加入环氧乙烷蓖麻油,当加入量接近总量的一半时,测定反应液中水分,在含水量小于 0.5% 时,即可将剩余的一半量环氧乙烷蓖麻油加入,放冷后加入溶剂二甲苯即为成品。

说明:本产品为适应不同种类的农药亲水、亲油平衡值,按需要情况调配成下列各种规格型号的乳化剂;(不同规格的乳化剂,其生产工艺完全相同,仅阴离子及非离子配比不同。)

H. L. B.	12.6	H. L. B.	13.0
H. L. B.	13.1	H. L. B.	13.2
H. L. B.	14.0	H. L. B.	14.5

包装:铁桶装、净重 200 公斤。

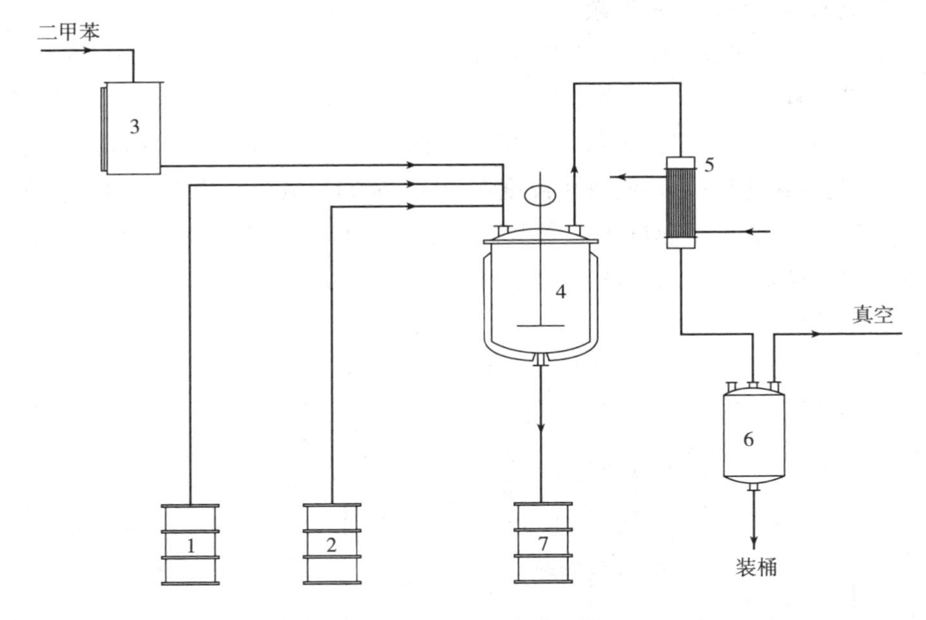

混配型乳化剂生产流程图

1. 十二烷基苯磺酸钙贮槽　2. 环氧乙烷蓖麻油贮槽　3. 二甲苯贮槽　4. 混料锅　5. 冷凝器
6. 回收乙醇贮槽

三氯化铁

Ferric chloride

分子式:$FeCl_3$　　**分子量**:162.2

性状:带有绿色闪光的紫色结晶固体,比重 2.8,熔点 306～307℃,沸点 310℃,有强烈的吸水性,在空气中易潮解,极易溶于醇、乙醚、丙酮、不溶于甘油、醋酸乙酯、微溶于二硫化碳,有腐蚀性。

用途:用于饮水的净化,工业污水处理,还可用来制造其他盐类,颜料、药物、染料制备时做氧化剂,有机化合物氯化反应,染料中的媒染剂,有机合成催化剂,照相铜板雕蚀剂等。

规格:	一级	二级
含量	≥95%	≥90%
水不溶物	≤3%	≤6%
二氯化铁($FeCl_2$)	≤2%	≤4%

主要原料规格及消耗定额：

氯气　含量≥99%　1.0 吨/吨　　铁丝　0.45 吨/吨

工艺流程：

铁丝由电动葫芦提升至氯化炉顶部，间歇投入炉内与氯化炉底部通入的干燥氯气，进行氯化反应，控制氯化温度在 500～600℃，氯化反应生成的三氯化铁蒸汽与残余的氯气，一起进入二个串联的冷凝捕集器中，在夹套水冷却下，使三氯化铁呈晶体析出，然后通过螺旋输送机送至贮斗，进一步冷却，即得成品。

反应式如下：

$$2Fe + 3Cl_2 \longrightarrow 2FeCl_3$$

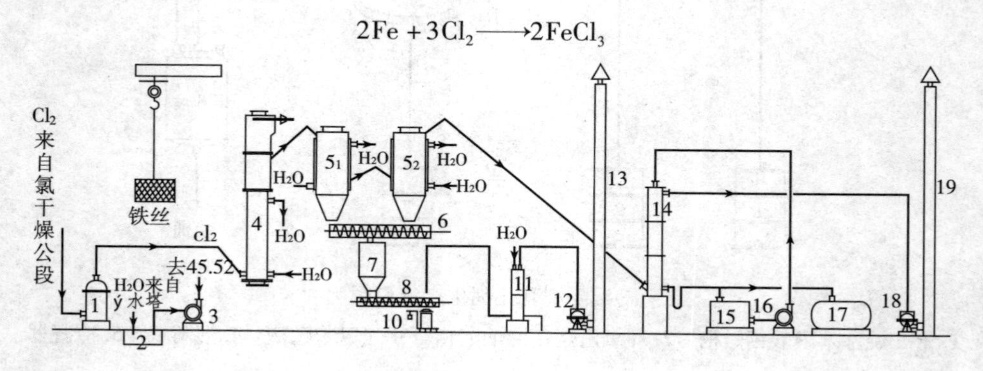

三氯化铁生产流程图

1. 氯气缓冲器　2. 水池　3. 水泵　4. 氯化炉　5. 冷凝器　6. 螺旋输送机　7. 成品贮斗　8. 螺旋输送器　9. 包装桶　10. 磅秤　11. 水洗塔　12. 鼓风机　13. 烟囱　14. 尾气处理塔　15. 液体三氯化铁循环槽　16. 泵　17. 液体贮槽　18. 鼓风机　19. 烟囱

综合利用和三废处理措施：

氯化炉内多余氯气，在尾气塔内与液体二氯化铁作用生成浓度 30% 的液体三氯化铁。

包装：铁桶或纤维板桶内衬塑料袋，净重 50 公斤。

三氧化铬

Chromium trioxide

又名：铬酸酐

分子式：CrO_3　　**分子量：**99.99

性状：铬酸酐为暗红色斜方结晶，结晶比重为 2.7，熔融物比重为 2.8，熔点为

197℃,在熔融状态时稍有分解作用,在200～500℃的温度范围发生分解放出氧,生成介于CrO_3至Cr_2O_3的中间化合物,铬酸酐极易潮解,易溶于水,是强氧化剂,有毒,腐蚀性很强与有机物接触摩擦能引起燃烧。

用途:主要用于电镀,医药,氧化剂,触媒,印染,石油化工脱氢裂化等。

规格:

	一级	二级
含量	≥99.5%	≥99%
水不溶物	≤0.05%	≤0.15%
氯化物(Cl)	≤0.005%	≤0.02%
硫酸盐(SO_4)	≤0.1%	≤0.15%
铁(Fe)	≤0.005%	≤0.01%

主要原料规格及消耗定额:

重铬酸钠	含量≥98%	1.543～1.578 吨/吨
硫酸	含量≥98%	1.049～1.076 吨/吨

工艺流程:

铬酸酐的工业生产方法,系用重铬酸钠结晶或浓度在60°Bé以上的溶液加硫酸熔融制得。熔态的CrO_3及$NaHSO_4$,因两者比重不同得以分离。流程如下:

重铬酸钠结晶或60°Bé以上的溶液和硫酸在反应锅内进行反应,反应式如下:

$$Na_2Cr_2O_7 \cdot 2H_2O + 2H_2SO_4 \longrightarrow 2CrO_3 + 2NaHSO_4 + 3H_2O$$

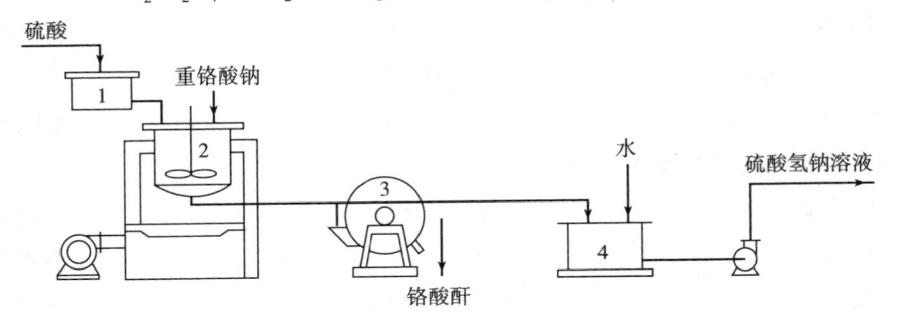

三氧化铬生产流程图

1.硫酸横　2.反应锅　3.结片机　4.溶解槽

反应锅用直接火加热,锅内装有框式搅拌器,在反应过程中逸出大量水蒸气,这些水分分成两个阶段释出,在170℃左右时释出结晶水及H_2SO_4中的游离水,在170～197℃时释出反应水。反应结束立即停止加热,停止搅拌。比重较重的熔融三氧化铬(比重 2.8)沉于下层,从锅底阀门放入制片机,冷却成厚度为 1 毫米左右的薄片。反应锅上层为熔融的硫酸氢钠(比重 2.4),熔融物中含少量的 CrO_3,应进行降温加以回收,返回反应锅。

综合利用和三废处理措施:

反应生成的硫酸氢钠可直接注入水中制成 40 ~ 42°Bé 的溶液,用以制造碱式硫酸铬的酸化剂。

三氧化钨

Tungsten trioxide

又名:钨酸酐

分子式:WO_3　　**分子量:**231.9

性状:淡黄色粉末,比重为 6.84,加热即变为深橙黄色,冷后恢复原色,熔点为 1478℃,不溶于水,能溶于碱,难溶于酸。

用途:用于硬质合金、刀具,模具制造。

规格:	内销	出口
水分	≤0.5%	≤0.5%
氧化物(R_2O_3)	≤0.04%	≤0.01%
硫(S)	≤0.015%	≤0.01%
钼(Mo)	≤0 .15%	≤0.01%
氧化钙(CaO)	≤0.02%	≤0.01%
650℃氯化残渣	≤0.08%	≤0.05%

主要原料规格及消耗定额:

钨精矿	含量(WO_3) 65%	1.81 吨/吨
盐酸		3.6 吨/吨
液碱	含量 30%	2.8 吨/吨
氯化铵		0.94 吨/吨

工艺流程:

取洗涤后的钨酸(来自钨酸产品酸解工序)放入磁蒸发器中,然后在高温炉中灼烧,成品再经 120 目过筛后包装。

包装:圆木桶内衬塑料袋,净重 25 公斤装。出口:圆铁桶内衬塑料袋,净重 50 公斤装。

三氯氢硅

Trichlorosilane

又名:硅氯仿

分子式:$SiHCl_3$　　**分子量:**135.47

性状:无色透明易挥发性液体,在空气中会强烈发烟,易溶于有机溶剂,遇水分解。

用途:用作有机硅材料中间体和多晶硅基本原料。

规格:

外观	无色透明液体	含量	≥90%
比重(15℃)	1.35		

主要原料规格及消耗定额:

硅粉	含量≥98%	0.45 吨/吨
氯化氢	含量≥90%	2 吨/吨

工艺流程:

将 60 目左右粒度的硅粉在沸腾干燥炉干燥,然后送入定量斗,间歇地将硅粉用氮气送入合成炉与干燥过的氯化氢在炉内呈沸腾状反应,反应温度控制在 340±10℃,反应后气体经旋风分离器及布袋除尘器后进入空冷器再至列管冷凝器,冷凝液三氯氢硅入粗制品贮槽。未冷凝的气体再经冷凝器,进一步回收粗制品,然后进入尾气淋洗塔处理后排空。

反应式如下:

主反应:　$Si + 3HCl \longrightarrow SiHCl_3 + H_2$

副反应:　$Si + 4HCl \longrightarrow SiCl_4 + 2H_2$

粗制品由贮槽压入蒸馏釜进行蒸馏,塔顶温度控制在 31~32.5℃,塔顶出料经精馏冷凝器后入成品槽。釜底高沸物压入四氯化硅贮槽,供白炭黑工段用。

综合利用和三废处理措施:

副产四氯化硅供制白炭黑。

废水 400 吨/天,含盐酸 1.5 克/升,水稀释后排放。

包装:不锈钢桶装,净重 40 公斤,或槽车装。

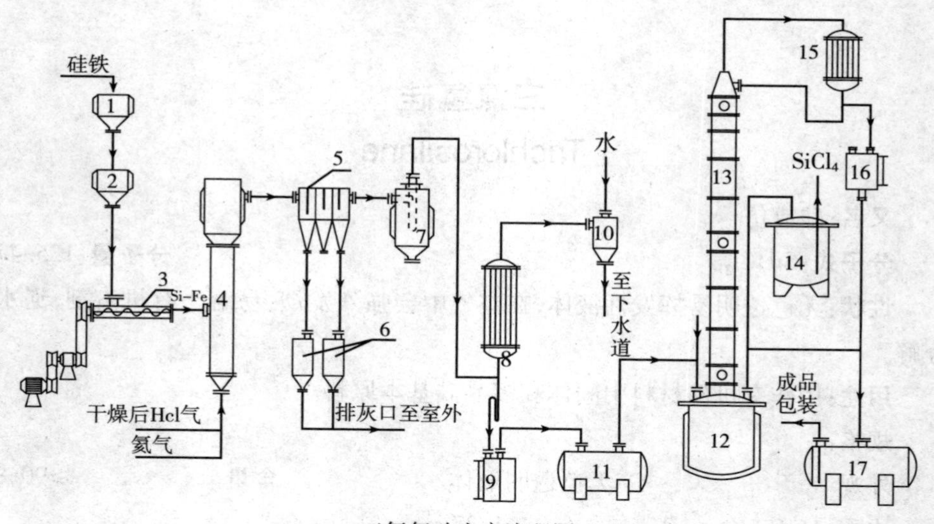

三氯氢硅生产流程图

1. 加料斗(上) 2. 加料斗(下) 3. 螺旋输送器 4. 合成炉(氯化沸腾炉) 5. 沉降除尘器 6. 贮灰器 7. 旋风除尘器 8. 列管冷凝器 9. 粗制品计量槽 10. 尾气处理器 11. 粗制品贮槽 12. 精馏釜 13. 精馏塔 14. 四氯化硅贮槽 15. 精馏冷凝器 16. 成品计量槽 17. 成品贮槽

三氯化磷

Phosphorus trichloride

分子式: PCl_3 **分子量:** 137. 35

性状: 无色澄清之发烟液体,在潮湿空气中迅速分解,能刺激黏膜,比重 1. 574,熔点 -111. 8℃,沸点 76℃,能溶于醚、苯、二硫化碳及四氯化碳,遇水分解为氯化氢和亚磷酸。

用途: 氯化剂、农药、敌百虫原料以及染料、香料、磷酸酯等有机合成。

规格:	优良级	一级
外观	无色透明	无色透明
含量	≥99%	≥98. 5%
游离磷	≤0. 005%	≤0. 01%
沸程≥95%(V/V)	74. 5 ~77. 5℃	74 ~78℃

主要原料规格及消耗定额:

黄磷	含量≥99%	杂质 <0. 5%	0. 23 吨/吨

氯气　　　　含量≥99.5%　　　　水分≤0.06%　　　　0.784 吨/吨

工艺流程：

以干燥氯气通入熔融磷中再经分馏而得。

熔磷：将磷块倒入熔磷锅水液面下部，用热水保温在 55～60℃，使磷块熔融成液体，由液下泵经保温导管送至高位槽，定量加入反应锅。

通氯：反应锅内贮有一定量的三氯化磷和底磷，通入氯气，生成的三氯化磷蒸汽经泡罩塔分离冷凝后回流入反应锅，待回流液清后，以磷、氯比 0.23∶0.784，蒸出成品。

反应式：

$$P_4 + 6Cl_2 \longrightarrow 4PCl_3$$

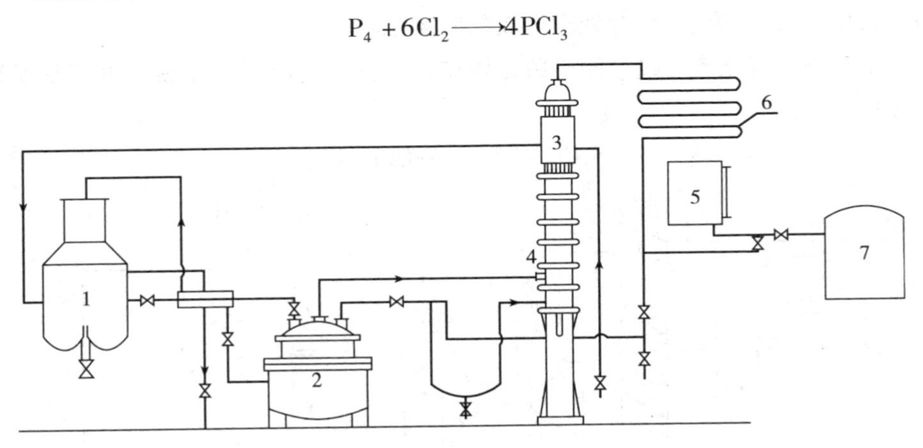

三氯化磷生产流程图

1. 加磷桶　2. 反应锅　3. 列管冷凝器　4. 泡罩塔　5. 计量槽　6. 排管冷凝器　7. 成品贮槽

综合利用和三废处理措施：

黄磷下脚回收黄磷经燃烧后生成五氧化磷用水吸收成磷酸。

包装：玻璃瓶外套木箱，净重 30 公斤装。

四氯化碳

Carbon tetrachloride

分子式：CCl_4　　　　**分子量：**153.84

性状：无色透明液体，几乎不溶于水，不燃烧，对脂肪、油类.橡胶有很好的溶解性。

用途:用作致冷剂 F_{11}、F_{12}的原料,也可用来做灭火剂、杀虫剂,并广泛地用于皮革工业脱脂及作溶剂。

规格:

外观	无色透明液体	沸程(75.5~77℃)	≥95%
比重(D_4^{20})	1.59	二硫化碳	≤0.04%

主要原料规格及消耗定额:

二硫化碳	0.605吨/吨	氯气	1.5吨/吨

工艺流程:

氯气、二硫化碳的混合气在见接加热下进行卤化作用,生成四氯化碳和副产物一氯化硫,经分馏、除杂等处理得成品四氯化碳。

副产物一氯化硫与过量的二硫化碳作二次投料生成四氯化碳。生产流程和反应式如下:

$$2S_2Cl_2 + CS_2 \longrightarrow CCl_4 + 6S$$

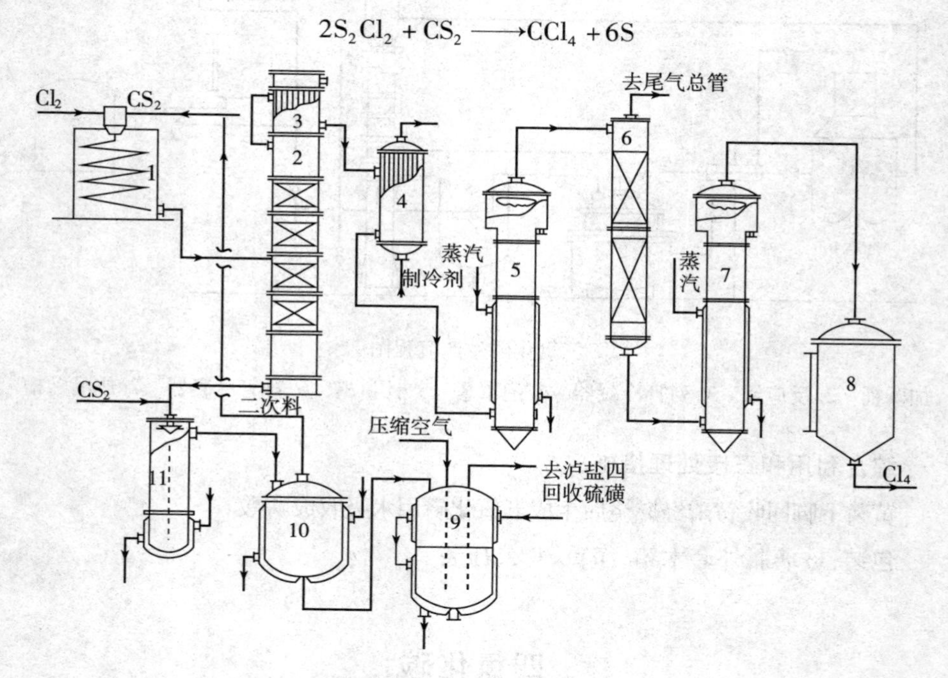

四氯化碳生产流程图

1.氯化反应器 2.分馏塔 3.塔顶冷凝器 4.再冷凝器 5.中和塔 6.通氯塔 7.精制中和塔 8.成品计量槽 9.纯碱中和塔 10.回收釜 11.回收反应塔

酸式磷酸锰

Manganese dihydrogen phosphate

分子式:$Mn(H_2PO_4)_2 \cdot xH_2O$

性状:白色或微红色颗粒结晶,易溶于水,水溶液呈酸性,加热易水解。

用途:用于钢铁制品的磷化防锈处理。

规格:

	一级品	二级品
磷酸及磷酸盐(以 P_2O_5计)	46% ~52%	46% ~52%
水不溶物	≤6%	≤6%
锰(Mn)	≥14.5%	≥14.5%
铁(Fe)	0.2% ~2%	≤0.2%
总酸度(以 H_3PO_4计)	≤2.1%	≤2.1%
硫酸盐(SO_4)	≤0.07%	≤0.07%
氧化钙(CaO)	≤0.06%	≤0.06%
氯化物(Cl)	≤0.05%	≤0.05%

主要原料规格及消耗定额:

硫酸锰	含量98%	0.549 吨/吨
磷酸	含量85%	0.828 吨/吨
纯碱		0.69 吨/吨

工艺流程:

中和:在硫酸锰溶液中,加入纯碱溶液进行中和,充分搅拌,使中和反应完全,当料液 pH 在 7.5 ~8 时,中和反应结束。自然澄清,抽出上部清液后,加水洗涤数次。

反应式:

$$MnSO_4 \cdot H_2O + Na_2CO_3 \longrightarrow MnCO_3 + Na_2SO_4 + H_2O$$

转化:用生产中产生的酸式磷酸锰母液,在搅拌下,加入碳酸锰溶液中,至溶液 pH =4 ~5,即转化反应完毕,加水洗涤数次。

反应式:

$$3MnCO_3 + 3H_3PO_4 \longrightarrow Mn_3(PO_4)_2 + 3CO_2 + 3H_2O$$

酸化:在磷酸锰溶液中,加入磷酸,当溶液浓度为 30 ~33°Bé,溶液中游离磷酸与总酸度为 1:(4.5 ~5)时,即酸化反应完毕,然后将料液加热至 70 ~80℃,加入碳酸钡,除去硫酸盐等杂质,再进行自然澄清。

蒸发结晶:吸取清液,放入真空蒸发器内,浓缩至液面有结晶析出,然后沥干即得成品。

反应式: $Mn_3(PO_4)_2 + 4H_3PO_4 \longrightarrow 3Mn(H_2PO_4)_2$

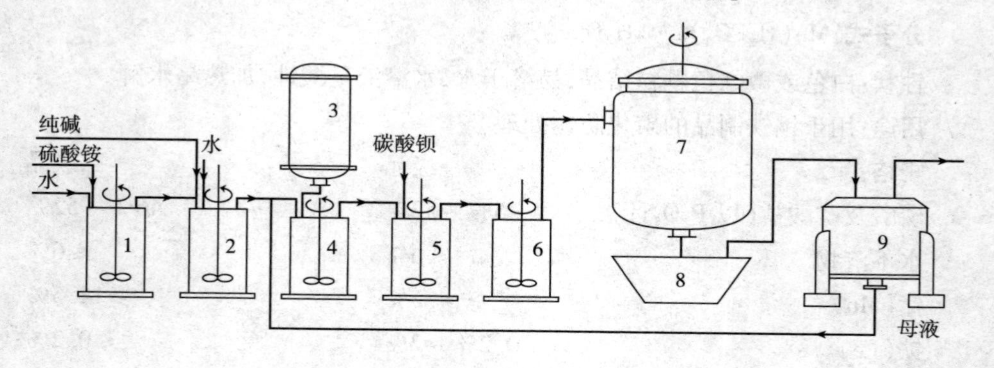

酸式磷酸锰生产流程图

1. 溶解槽　2. 中和槽　3. 磷酸贮槽　4. 反应槽　5. 除杂槽　6. 澄清槽　7. 蒸发器　8. 结晶槽　9. 离心机

综合利用和三废处理措施:

中和工序产生的硫酸钠废水及酸化除杂工序产生的硫酸钡渣脚,尚未利用。

包装:铁桶或木桶装,内衬塑料袋,净重 50 公斤。

水合肼
Hydrazine hydrate

分子式:$NH_2NH_2 \cdot H_2O$　　**分子量:**50.06

性状:无色发烟的强碱性液体,有腐蚀性,为强还原剂,能与水、醇混合,不溶于氯仿和醚。

用途:还原剂、溶剂,中间体、稀有元素的分离,高浓度肼可作为火箭燃料、炸药、显影剂等,还可供有机合成制肼的盐类。

规格:

含量	≥40%	氯化物	≤0.3%

主要原料规格及消耗定额:

次氯酸钠(有效氯 10%)　　8.9 吨/吨

尿素　　含量≥98%　　0.77吨/吨

30%液碱　　5.2吨/吨

工艺流程:

水合肼的制法很多,这里采用尿素做原料,次氯酸钠氧化法制水合肼,工艺简述如下:

氧化:将10%次氯酸钠液和30%液碱混合,然后冷却,并调整氯和碱成1:1.8的重量配比混合液,放入反应锅内,加入适量的锰化合物,开启搅拌,将尿素溶液加入反应锅,以蒸汽加热到料液沸腾为止(约103~104℃)。

尿素加入量按有效氯计算,有效氯和尿素的重量比是76:65。

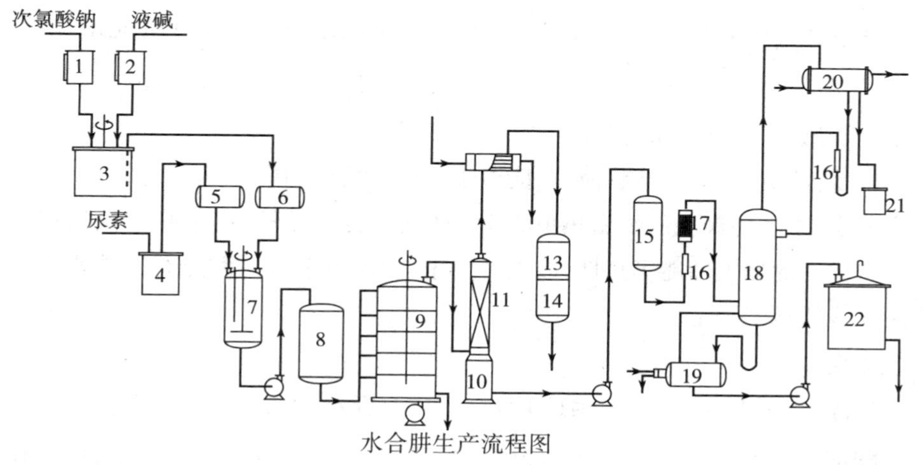

水合肼生产流程图

1.次氯酸钠高位槽　2.液碱高位槽　3.和料池　4.尿素溶解池　5.尿素液高位槽　6.混合液计量槽　7.氧化反应锅　8.氧化液贮槽　9.五层蒸发器　10.接受釜　11.填料塔　12.列管回流冷凝器　13.冷却器　14.废水贮槽　15.淡肼水计量槽　16.流量计　17.预热器　18.筛板塔　19.蒸馏釜　20.冷却器　21.废水桶　22.成品槽

氧化反应式如下:

$$(NH_2)_2CO + NaClO + 2NaOH \xrightarrow[\triangle]{Mn^{++}} N_2H_4 \cdot H_2O + NaCl + Na_2CO_3$$

真空蒸发:将氧化生成物粗肼水加到五层蒸发器,进行加热真空蒸发,肼气和水汽经过旋风器、导管进入接受釜,然后开启釜内蒸汽进行初次提浓,经冷却回流,冷凝废水,间隙排放。

五层蒸发器内的粗肼水蒸发完后,留在蒸发器内的盐用水溶解,放入碱水贮槽。

从釜内得到的纯淡肼水供提浓用。

真空浓缩：纯淡肼水经流量计，预热器，进入筛板塔进行真空提浓。肼水含量达 40% 时，即可出料。

综合利用和三废处理措施：

蒸馏和提浓工序的冷却器用水经淋水塔循环使用。

氧化工序中的副产物淡碱液，在蒸发工序中予以回收。

双季戊四醇六(戊、己、庚酸)酯

Dipentaerythritol hexe (pentanoic, hexanoic, enanthic) ate

分子式：$(RCOOCH_2)_3C-CH_2O[CH_2-C(CH_2COOR)_2CH_2O]nOCR$

$n=1\sim3$, $R=C_xH_{2x+1}$ $x=4\sim6$

分子量：平均分子量 842

性状：淡黄色，黏稠油状液体，能溶于一般有机溶剂中，不溶于水。

用途：本品为聚氯乙烯耐热 105℃增塑剂的良好品种，由于其有低的热挥发损失及优良的加工性能等特性，故能应用于电线，电缆及对耐热有特殊要求的塑料制品或塑料薄膜上。

规格：

色泽(碘号)	≤100 号	折光率(η_D^{20})	1.455～1.457
酸值(KOH 毫克/克)	≤0.5%	比重(D_4^{20})	1.00～1.04
羟值(OH)	≤0.5	闪点(开口式)	≥280℃
皂化值	360～415		

主要原料规格及消耗定额：

双季戊四醇	双季含量 >85%	0.53 吨/吨
脂肪酸($C_{5\sim7}$)	平均分子量 120～125	1.19 吨/吨
活性炭	糖用	

工艺流程：

酯化：在反应锅内投入双季戊四醇，混合酸，活性炭和稀硫酸，开搅拌，控制真空度在 450～460 毫米汞柱下升温反应，当料温升至 100℃左右时开始出水(此时略有酸带出)继续逐步升温到 150℃，若出水量接近理论数，即酯化完成。料液趁热压入真空过滤器，滤去活性炭渣。

反应式：

$$HOH_2C-\underset{CH_2OH}{\overset{CH_2OH}{\underset{|}{\overset{|}{C}}}}-CH_2-O-\left[CH_2-\underset{CH_2OH}{\overset{CH_2OH}{\underset{|}{\overset{|}{C}}}}-CH_2O\right]_{n-1}H+(2+2n)RC\begin{matrix}\nearrow O\\ \searrow OH\end{matrix}\longrightarrow$$

$$R\overset{O}{\overset{\|}{C}}-OH_2C-\underset{CH_2O\overset{O}{\overset{\|}{C}}R}{\overset{CH_2O\overset{O}{\overset{\|}{C}}-R}{\underset{|}{\overset{|}{C}}}}-CH_2-O-\left[CH_2-\underset{CH_2O\overset{O}{\overset{\|}{C}}R}{\overset{CH_2O\overset{O}{\overset{\|}{C}}-R}{\underset{|}{\overset{|}{C}}}}-CH_2-O\right]_{n-1}\overset{O}{\overset{\|}{C}}-R+(2+2n)H_2O$$

n=1～3。

脱酸:将滤液抽入蒸馏锅,然后加入活性炭,控制真空度 650 毫米汞柱加热脱酸,最后升温至 200℃,控制残压 3～5 毫米汞柱条件下,继续脱酸,液温到达 270℃后,停止加热,保温 1 小时,冷至 220℃以下,压入真空过滤器,滤去活性炭渣即得成品。

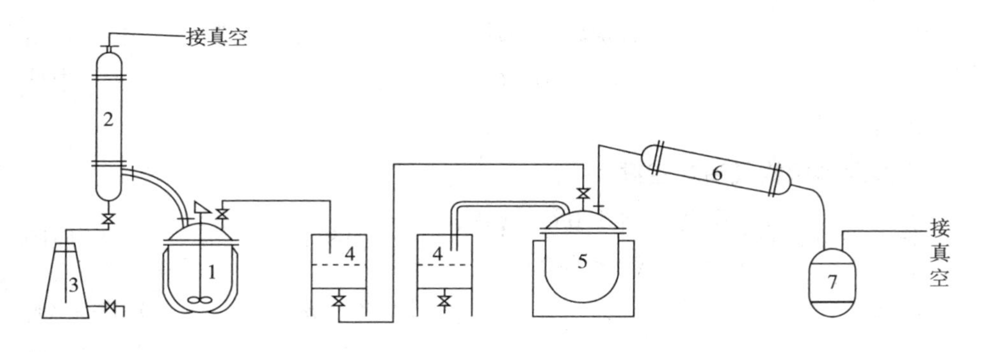

双季戊四醇六酯生产流程图

1. 酯化锅　2. 冷凝器　3. 贮水器　4. 过滤器　5. 脱酸锅　6. 冷凝器　7. 回收酸受器

综合利用和三废处理措施:

脂肪酸是用肥皂厂石蜡氧化生产皂用酸的副产品 $C_{5\sim9}$酸,经过蒸馏,取用 $C_{5\sim7}$酸馏分尚有 $C_{8\sim9}$酸,需外单位协助使用。

脱酸工序蒸出之酸,供反应时回用。

包装:白铁桶装净重 200 公斤。

十二烷基苯磺酸钙

Calcium dodecylbenzenesulfonate

分子式: $C_{36}H_{58}O_6S_2Ca$　　**分子量:** 690.72

结构式:

$$\left(C_{12}H_{25}-C_6H_4-SO_3\right)_2Ca$$

性状: 本品不溶于水,稍溶于苯、二甲苯、易溶于甲醇、乙醇、异丙醇、乙醚等有机溶剂。产品系红棕色黏稠溶液,含有效物 60% ~65% 钙盐。

用途: 是一种具有优良的乳化性能,油溶性阴离子型表面活性剂,为配制各种农药用的混合型乳化剂的重要组成部分。

规格:

项目	指标	项目	指标
外观	棕红色透明黏稠液体	苯中不溶物	合格
钙盐含量	60 ~65	pH	中性
水分	≤10%		

主要原料规格及消耗定额:

原料	规格	消耗定额
分子筛脱蜡油(初馏点 > 190℃;干点 < 240℃)	99%	0.58 吨/吨
液氯	含量≥99.5%	0.32 吨/吨
苯	含量≥95%	0.35 吨/吨
发烟硫酸(游离 SO_3)	含量≥20%	0.58 吨/吨
石灰	含量≥90%	0.24 吨/吨
乙醇	含量≥95%	0.33 吨/吨

工艺流程:

氯化:在搪玻璃反应锅内(反应锅内装有灯管)先投入脱腊油,开动搅拌,夹套内通冷却水,锅内通入氯气进行反应,氯化温度控制在 65℃左右,当氯化液含氯量为 13% 时,停止通氯,将料液抽至高位槽。氯化反应中生成的氯化氢气体经气液分离器到盐酸吸收罐进行吸收。

反应式:

$$C_{12}H_{26} + Cl_2 \xrightarrow{\text{光}} C_{12}H_{25}Cl + HCl\uparrow$$

缩合:在缩合锅内先投入苯、再加入三氯化铝作催化剂,加热到50℃时,开始加入氯化石油,反应温度保持在50~65℃,加毕后继续保温1.5小时,控制残氯量应为0.3%以下。

反应式:

$$C_{15}H_{25}Cl + C_6H_6 \xrightarrow{AlCl_3} C_{12}H_{25}C_6H_5 + HCl$$

投料比: 氯化石油:苯:氯化铝 =1:5:0.08(克分子)

沉淀、碱洗:缩合后的料液,静置沉降8~12小时,放去下层三氯化铝泥脚,然后准备用预先配好的5%氢氧化钠溶液洗涤粗品,碱液和十二烷基苯分别由转子流量计控制流速,进入泵内充分混合、洗涤。洗涤液进入碱洗分离器,分去下层废碱水。上层为中性缩合液。

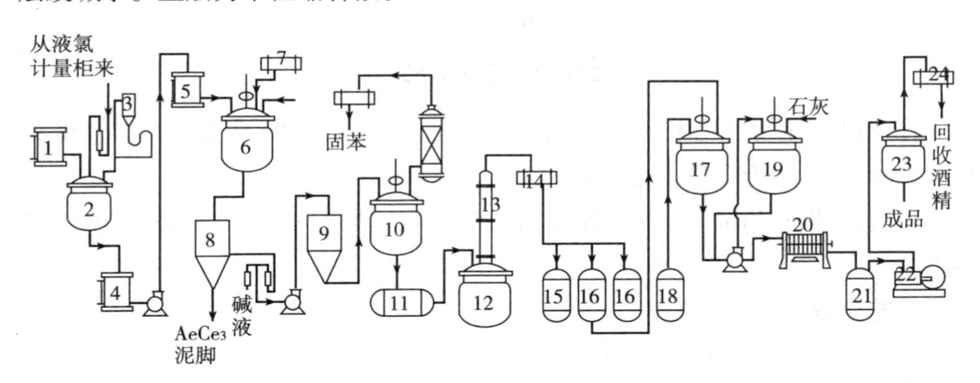

十二烷基苯磺酸钙生产流程图

1.石油计量槽 2.氯化锅 3.气液分离器 4.氯化石油贮槽 5.计量槽 6.缩合锅 7.回流冷凝器 8.缩合物沉淀锅 9.碱洗分离器 10.脱苯锅 11.粗烷基苯受槽 12.精馏釜 13.精馏塔 14.冷凝器 15.回收油贮槽 16.精烷基苯受槽 17.磺化锅 18.发烟硫酸贮槽 19.中和锅 20.压滤机 21.滤液贮槽 22.蒸汽往复泵 23.浓缩锅 24.酒精冷凝器

脱苯、精馏:洗涤后之缩合液,由泵打入蒸苯锅,蒸去过量苯,所得粗烷基苯,再经过精馏得精制烷基苯。

磺化、中和:在磺化锅内,先投入精制烷基苯,夹套内通冷冻盐水,开始滴加20%烟酸,锅内料温保持在25~30℃,烟酸加入量为精烷基苯重量的1.1倍,加酸结束,在30~35℃范围内保温2小时,然后加水,分酸,静置分层,分去下层98%废硫酸,料液用石灰中和至pH=7~8,中和时温度应小于60℃,中和后料液经板框压滤机压滤,滤液蒸去乙醇后再浓缩至60%~65%即为成品。

反应式：

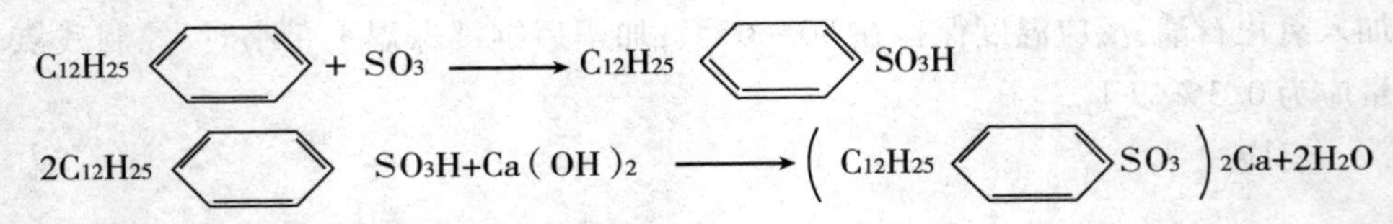

综合利用和三废处理措施：

氯化、缩合工序产生之氯化氢气体，经水吸收制成30%副产盐酸。

磺化完后，加水分酸，分出约98%废硫酸。

生产1吨成品约有100公斤三氯化铝泥脚，内含苯、烷基苯等。

包装：铁桶装，净重200公斤。

石粉

Stone powder

性状：系各种矿石如白云石、方解石、火泥砖、长石、红砂、泥板石等经雷蒙机加工成粉末，总称为石粉。均不溶于水。

用途：根据石粉品种，用于橡胶的补强填料、铸铁选型、抛光膏、油毡中填料等。

工艺流程：

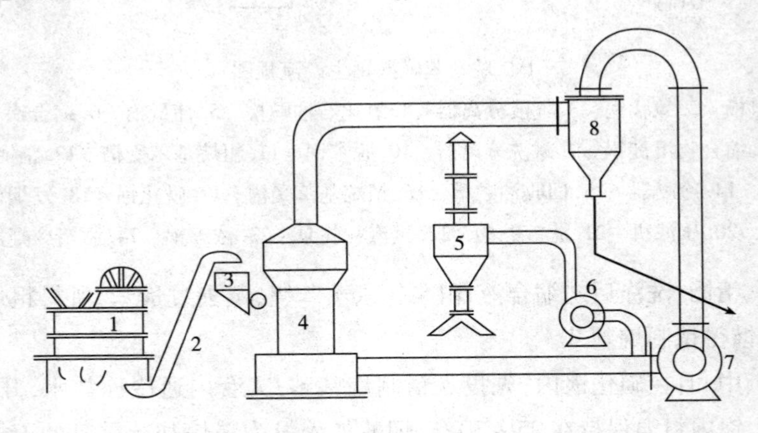

石粉生产流程图

1. 颚式破碎机　2. 斗式提升机　3. 物料贮仓　4. 雷蒙粉碎机　5. 旋风聚粉器　6. 7. 鼓风机　8. 旋风聚粉器

需加工矿石经颚式破碎机粗碎后，通过运输带，畚斗提升机送往物料贮仓，然后经喂料机送入雷蒙磨粉机碾磨室，经铲刀铲至磨辊与磨环之间，因受离心力作用，物料被挤压成粉末送至分析机，符合细度规格的粉末，经鼓风机送往旋风聚粉器，然后包装成品。

本机可粉碎中等硬度之各种矿石，其细度在1550～16300孔/厘米^2（100～325目/时）使用时，细度可按要求来调节。

粗粉仍落入碾磨室重新碾磨，整个生产过程是一个封闭式的循环系统，多余气体经小鼓风机送入小旋风聚粉器，粉末回收，废气经吸尘设备处理后排出。

石墨粉

Graphite powder

性状：石墨系炭族元素之一，是炭的同素异型体，有金属光泽，触之有滑腻感，有良好的导电性和传热性，熔点3527℃，比重1.9～2.2，莫氏硬度1.0～1.5，摩擦系数0.15～0.2，在常温下石墨的化学活泼性很小。

矿产石墨含有二氧化硅、铁等杂质，经工艺处理成为纯石墨粉。

用途：在纯石墨粉中加入相应稳定剂，配成油剂，粉剂、水剂（石墨乳）等，其使用情况如下：

水剂：拉制难熔金属的润滑剂、玻璃工业涂模剂、也可用作增加导电性能、高温隔热的材料。电子工业用于制作遮屏或导电膜等。

粉剂：耐高温润滑剂基料，耐腐蚀润滑基料。橡胶、塑料的填充料、炭膜电阻以及配制导电液。

油剂：润滑剂、高温密封润滑脂、脱模剂等。

主要原料规格及消耗定额：

石墨粉	含量90%	1.1吨/吨
盐酸	含量31%	1.2吨/吨
氢氟酸	含量3 5%	0.35吨/吨

工艺流程：

原料石墨粉经氢氟酸、盐酸提纯得到纯石墨粉。再按产品种类，在石墨粉中加入相应稳定剂，经过充分混合后即为成品。流程简述如下：

提纯：原料石墨含量约89%，含有二氧化硅、铁等杂质，提纯目的就是除去此类杂质。提纯方法：在衬有聚氯乙烯塑料的反应桶加入石墨粉、盐酸、氢氟酸，用蒸汽加热至120℃

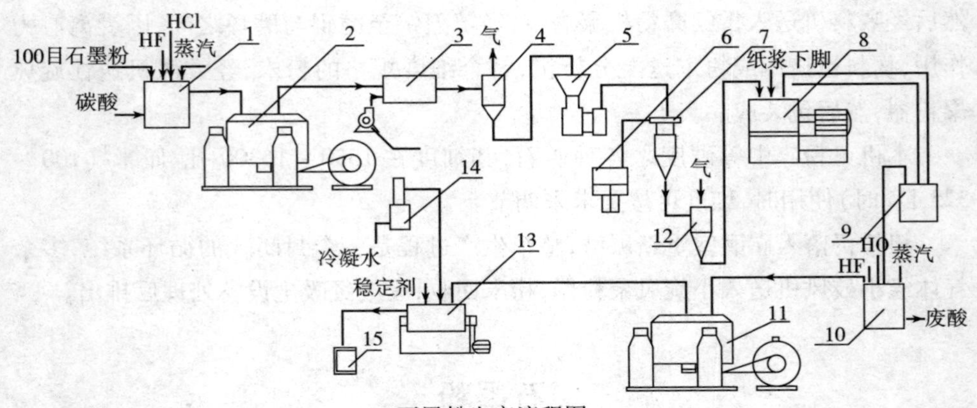

石墨粉生产流程图

1. 提纯桶 2. 离心机 3. 热气流干燥器 4. 旋风分离器 5. 万能粉碎机 6. 空气压缩机 7. 气流粉碎器 8. 振动式球磨机 9. 分级缸 10. 提纯桶 11. 离心机 12. 旋风分离器 13. 球磨机 14. 蒸馏水机 15. 鼓风机

碳酸氢钠

Sodium bicarbonate

又名:小苏打

分子式:$NaHCO_3$ **分子量:**84.02

性状:白色粉末或单斜柱状的结晶,溶于水,不溶于醇,置于干燥空气中无变化,在潮湿空气中即缓慢分解,放出二氧化碳,变为倍半碳酸钠。

用途:化工原料、橡胶、鞣革、染整、农药、农业浸种、食品、焙粉、在制药工业中用作制酸药,胃与十二指肠溃疡病,酸中毒等。

规格:	药用	食用	工业用
含量	≥99%	98% ~101%	≥98%
总碱量	—	—	99% ~101%
pH	≤8.6	≤8.6	—
钙、铝与不溶物	—	≤0.02%	—
氯化物(Cl)	≤0.023%	≤0.5%	—
硫酸盐(SO_4)	≤0.05%	≤0.05%	—
碳酸钠	—	—	≤1%
铵盐(NH_4)	无氨味	无氨味	—

铁盐(Fe)	≤0.0016%	≤0.005%	—
重金属(Pb)	≤0.0005%	≤0.0005%	—
砷盐(As)	≤0.0004%	≤0.0001%	—
水分	—	—	≤0.4%
不溶物	澄明	-	≤0.2%
细度 60 目筛余	-	-	≤5%

主要原料规格及消耗定额:

碳酸钠	含量>98%	0.635 吨/吨
石灰石	含量>95%	0.8 吨/吨

工艺流程:

以二氧化碳作用于纯碱溶液析出结晶而得。生产流程如下:

溶解:取纯碱放入溶解桶内;在搅拌下用水或母液溶解,控制温度在 70～80℃,溶液浓度在 21～23°Bé,经过自然沉降后,通过板框压滤机,使溶液达到澄清,流入贮槽,由潜水泵压入碳化塔。

石灰石煅烧:石灰石的煅烧是在石灰窑内进行的,石灰石直径约 200 毫米,连同煤块由加料器从窑顶加入窑内,煤块直径 40～50 毫米,煤与石投料比约 1∶10,窑内燃烧层温度达 1000～1100℃。反应式如下:

$$CaCO_3 \xrightarrow{\triangle} CaO + CO_2 \uparrow$$

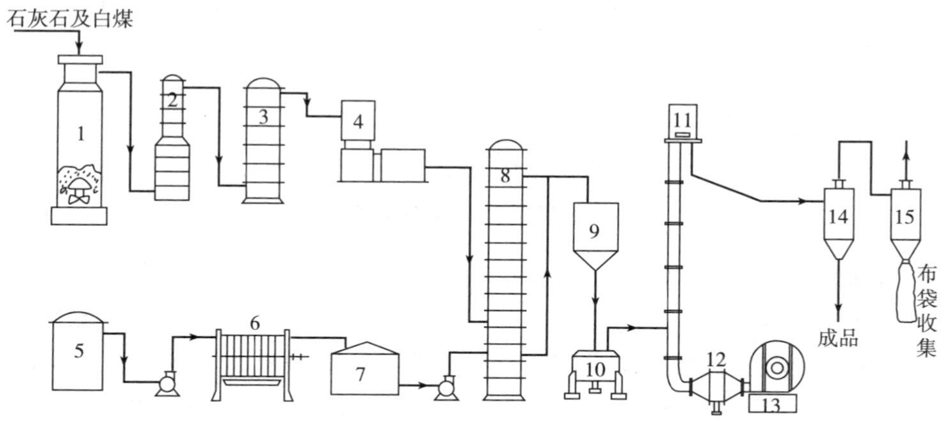

碳酸氢钠生产流程图

1. 石灰窑　2. 3. 洗气塔　4. 空压机　5. 溶碱桶　6. 压滤机　7. 贮槽　8. 碳化塔　9. 高位槽　10. 离心机　11. 气流干燥　12. 加热器　13. 鼓风机　14,15. 旋风分离器

反应后产生 CO_2 浓度达到 30%～32%,经过洗涤,由压滤机压入碳化塔内,

石灰从窑底的炉栅卸下装入圆桶。

碳化：净化后的 CO_2 气体，温度约在 60℃，进入碳化塔内与纯碱溶液进行气液两相反应，反应后将含有碳酸氢钠结晶的悬浮液压入高位槽中。

反应式：

$$Na_2CO_3 + CO_2 + H_2O \rightarrow 2NaHCO_3$$

脱水洗涤：将高位槽中的悬浮液，放入离心机内，脱除母液，并用蒸馏水进行洗涤。

干燥包装；潮湿的碳酸氢钠，经送料机连续不断地投入气流干燥器，并由翅片式换热器供应热空气，然后随同热空气由鼓风机吸入干燥器竖直管而落入旋风细粉机，再进入旋风分离器，干粉由出口放出，即为成品。

上述工艺流程是制造药用、食用碳酸氢钠，工业用碳酸氢钠的工艺过程，大致上与上述相同，所不同点如下：

1. 纯碱溶液不经过板框压滤机过滤。

2. 在脱水洗涤时，没有用蒸馏水洗涤碳酸氢钠结晶。

综合利用和三废处理措施：

煅烧后产生的石灰，供钢铁工业、制药工业用。

利用制造水合肼所产生的废碱水，经过自然沉降澄清后，作为原料，制造工业碳氢钠。

洗涤工序所产生的母液，作溶解纯碱循环使用，直至浓度很淡时再排出。

包装：纸袋外套布袋，净重 50 公斤装。

碳化钙
Calcium carbide

又名：电石

分子式：CaC_2 **分子量：**64.10

性状：灰褐色块状固体，遇水或湿空气分解，放出乙炔气

用途：有机合成工业基本原料，可以从乙炔制得聚氯乙烯、醋酸等。与水作用生成乙炔气可用于切割焊接金属，照明等。

规格：	一级	二级	三级	四级
发气量（升/公斤）	≥300	≥285	≥265	≥235
乙炔中磷化氢（V/V）	≤0.08%	≤0.08%	≤0.08%	≤0.08%

乙炔中硫化氢(V/V)	≤0.15%	≤0.15%	≤0.15%	≤0.15%

主要原料规格及消耗定额:

石灰石	含量>92%		0.89吨/吨
焦炭	含炭>84%	灰分<14%	0.56吨/吨
电			3150度/吨

工艺流程:

石灰石煅烧:石灰石先经破碎符合要求后,用吊车至皮带运输机,经滚动筛除去泥屑,碎石进入700吨贮斗,过磅后入吊斗。煅烧石灰用的燃料(无烟煤或焦炭)由皮带运输机过磅入吊斗。吊斗里的石灰石和焦炭由卷扬机提升入石灰窑煅烧。卸出窑内烧好的石灰,经滚齿破碎机,破碎至45毫米以下的粒度供电炉使用。焦炭经反击式破碎机和滚齿式破碎机破碎至18毫米以下,烘去水分后,供电炉使用。

电石:符合电炉要求的石灰和焦炭由皮带输送机送至自动磅按规定配比进行配料,炉料由输送皮带至电石炉楼上的炉料料仓内,经过料管连续不断地向电炉内投料。

35000伏高压经过变压器变成低压后,经过短网、软线、导电铜带和导电铜瓦导入电极,电极由升降卷扬机带动,经过电极电弧热和炉料的电阻热,将炉料化合为电石。反应式如下:

$$CaO + 3C \longrightarrow CaC_2 + CO$$

冷却:电石生成后,定时出炉,放至电石盆内,由电坪车输送至冷却室,,经过冷却,用大吊车将电石过磅后,吊到电石冷却平板上继续冷却,约经8小时,将冷却电石用大吊车吊至破碎机平台,用颚式破碎机破碎成用户要求的粒度规格。

在电石炉连续运行过程中,电极糊由汽车运至车间,进行破碎后送到电炉使用之。

综合利用和三废处理措施:

炉气洗涤水含氰15~20毫克/升,由管道输送到集水池后,由水泵送到斜板沉淀池,经过沉淀分离,上层澄清水由管道溢流到喷淋吹脱塔喷洒而出,污泥由沉淀池下部放出到沉降离心机进一步脱水分离。然后污泥由螺旋输送机送到堆场,此干化污泥含炭30%左右,可作燃料使用。窑气含CO_2 35%左右,由石灰窑引出,经双级蜗旋除尘器除尘,由风机吹入喷洒吹脱塔内,塔内装有瓷环填料,窑气与含氰污水充分接触后,把氰吹脱,脱氰后水排放,控制含氰为0.5毫克/升以下。

包装:铁桶装,净重 200 公斤。

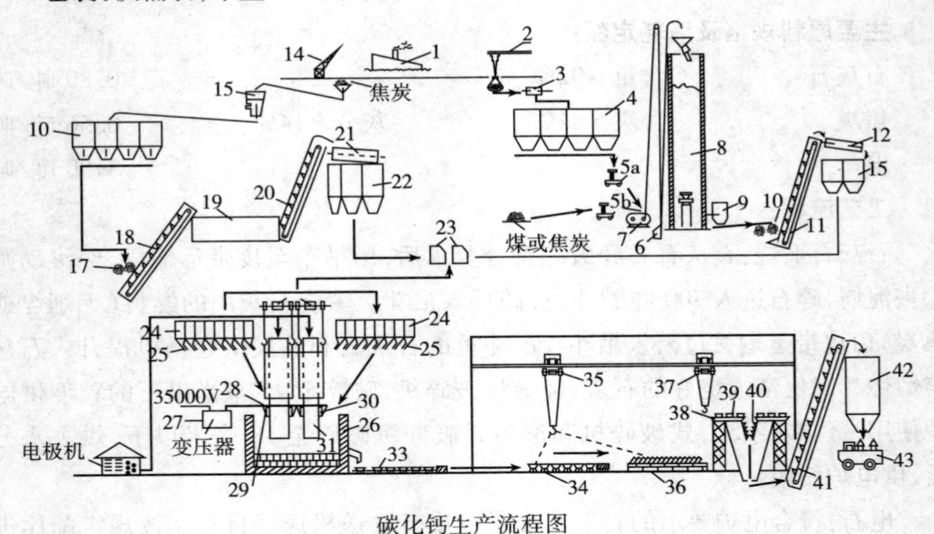

碳化钙生产流程图

1. 运输船 2. 吊车 3. 滚动筛 4. 贮斗 5a . 5b. 磅秤 6. 吊斗 7. 卷扬机 8. 石灰窑 9. 中间仓 10. 破碎机 11. 提升机 12. 滚动筛 13. 石灰贮斗 14. 抓吊 15. 反击式破碎机 16. 贮斗 17. 破碎机 18. 提升机 19. 干爆室 20. 提升机 21. 滚动筛 22. 焦炭贮斗 23. 自动磅 24. 料仓 25. 下料管 26. 电石炉 27. 变压器 28. 短网 29. 软铜线 30. 导电铜瓦板 31. 电极 32. 卷扬机 33. 电石盆 34. 载运电石盆小车 35. 大吊车 36. 电石冷却平板 37. 大吊车 38. 平台 39. 去掉吊攀之电石 40. 颚式破碎机 41. 提升机

二氧化钛
Titanium dioxide

又名:钛白粉

分子式:TiO_2 **分子量:**79. 9

性状:白色粉末,对腐蚀解质的作用非常稳定,不溶于水、有机酸和弱无机酸,但微溶于碱,只有在浓硫酸及氢氟酸中长时间煮沸的情况下,才能完全溶解,对热敏性是稳定的,在 1800℃以上高温才能逐渐熔融,同时具有卓越的颜料性能,是最好的白色颜料。

用途:在涂料工业上用量最大,其他如印刷、印染、冶金、焊条、搪瓷、电讯器材、造纸、塑料、橡胶、合成纤维等工业。

规格: 颜料用(锐钛型) 搪瓷用 电焊条用 电容器用

含量	≥97%	≥98.5%	≥98.5%	≥98.5%
着色力	≥90%	—	—	—
吸油量	≤30%	—	—	—
三氧化二铁(Fe_2O_3)	—	≤0.025%	—	≤0.1%
三氧化硫(SO_3)	—	≤0.15%	—	≤0.15%
pH	6.5~7.5	—	—	—
硫(S)	—	—	≤0.05%	—
磷(P)	—	—	≤0.05%	—
二氧化硅(SiO_2)	—	—	—	≤0.2%
五氧化二磷(P_2O_5)	—	—	—	≤0.1%
三氧化二铝(Al_2O_3)	—	—	—	≤0.1%
氧化镁、氧化钙	—	—	—	≤0.2%
锑(Sb)	—	—	—	≤0.03%
灼烧减量	—	—	—	≤0.5%
细度325目筛余	≤0.5%	≤0.1%	≤0.5%	≤0.3%
比表面积	—	—	—	9000~12000
比重	—	—	—	≥3.9

主要原料规格及消耗定额：

钛铁矿	含量(TiO_2)50%	颜料用钛白	2.4吨/吨
		搪瓷、电容器、电焊条用钛白	2.3吨/吨
硫酸	含量93%	颜料用钛白	3.8吨/吨
		搪瓷、电容器、电焊条用钛白	3.7吨/吨

工艺流程：

二氧化钛的制取有硫酸法和氯化法，这里采用硫酸法制造，生产流程如下：

酸解：在酸解反应锅内，先加入硫酸、在压缩空气搅拌下，关闭闸门投入粒度325目的钛铁矿粉和催化剂氧化锑（矿的0.2%），并加水调整酸浓在88%~90%，充分搅拌后，以直接蒸汽加热，控制反应温度在80℃左右，反应成固相物并成熟30~40分钟，再用水浸取，制得硫酸钛液。反应式如下：

$$TiO_2 + 2H_2SO_4 \longrightarrow Ti(SO_4)_2 + 2H_2O$$

$$TiO_3 + H_2SO_4 \longrightarrow TiOSO_4 + H_2O$$

$$FeO + H_2SO_4 \longrightarrow FeSO_4 + H_2O$$

$$Fe_2O_3 + 3H_2SO_4 \longrightarrow Fe_2(SO_4)_3 + 3H_2O$$

$$Sb_2O_3 + 3H_2SO_4 \longrightarrow Sb_2(SO_4)_3 + 3H_2O$$

净化:酸解浸取后的钛液,加铁屑还原,并调整三价钛和钛液浓度,在压缩空气搅拌下,加入硫化铁,然后静置沉降 20 小时左右。

反应式:
$$Fe_2(SO_4)_3 + Fe \longrightarrow 3FeSO_4$$
$$2TiOSO_4 + Fe + H_2SO_4 \longrightarrow Ti_2(SO_4)_2 + FeSO_4 + 2H_2O$$
$$2Ti(SO_4)_2 + Fe \longrightarrow Ti_2(SO_4)_3 + FeSO_4$$

硫化铁助沉反应:
$$H_2SO_4 + FeS \longrightarrow H_2S + FeSO_4$$
$$Sb_2(SO_4)_3 + H_2S \rightarrow Sb_2S_3 + 3H_2SO_4$$

将上面澄清的钛液,抽入冷冻锅,夹套内用冷冻盐水冷却,使料液冷却至 3~5℃,析出硫酸亚铁,将亚铁分离后,钛液再经板框压滤机压滤,即得到合格的硫酸钛液。

偏钛酸的制备:净化后的钛液,进入水解锅内,加入晶种,晶种加入量为总钛量的 1%,用直接或间接蒸汽加热进行水解,(颜料用钛白需浓缩后加压水解)制得偏钛酸,用叶片真空吸滤机进行过滤,滤饼在水洗槽中用水洗涤、吸滤直至用铁氰化钾检验呈黄色时即水洗完毕。水洗完后按不同品种控制不同浆液浓度,加入不同处理剂,进行盐处理,以改变其性能。水解反应式如下:

$$Ti(SO_4)_2 + H_2O \longrightarrow TiOSO_4 + H_2SO_4$$
$$TiOSO_4 + 2H_2O \longrightarrow H_2TiO_3 + H_2SO_4$$

煅烧、粉碎:根据不同品种、调整转窑转速及煅烧温度,将偏钛酸定量加入转窑内进行煅烧,脱去水分和三氧化硫,并及时分析成品含硫量和测定 pH,所得二氧化钛经冷却后,用万能粉碎机粉碎,颜料用钛白再经分级水选、表面处理工序,然后经喷射干燥为成品。符合细度要求即为成品。

反应式:
$$H_2TiO_3 \cdot SO_3 \xrightarrow{\triangle} TiO_2 + H_2O + SO_3$$

综合利用和三废处理措施:

酸解废渣:生产 1 吨钛白粉有废渣约 250 公斤,经水洗回收得淡钛液后弃去废渣。

废气:酸解反应放出的 SO_3废气,经文丘里用水喷淋吸收,然后进入水汽分离器、废气排空,酸水用废碱中和后排放。煅烧时产生的 SO_3废气,在烟囱内用水喷淋吸收后,用废碱水中和排放。

废酸:水解后产生大量废酸,供冶金工业作酸洗用。水洗过程中的废酸水,用废碱水中和后排放。

副产品硫酸亚铁,供自来水厂作原水净化剂用。

包装:颜料用钛白乳胶袋装,净重25公斤。

电焊条、电容器、搪瓷用钛白乳胶袋装,净重50公斤。

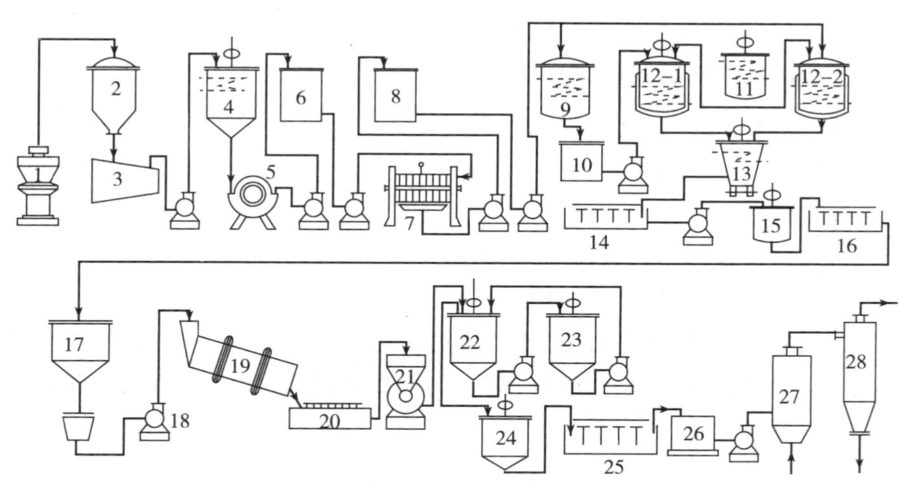

二氧化钛生产流程图

1. 雷蒙磨　2. 酸解锅　3. 沉淀桶　4. 冷冻锅　5. 鼓式过滤机　6. 钛液贮槽　7. 压滤机　8. 清钛液贮槽　9. 真空浓缩锅　10. 浓钛液贮槽　11. 晶种锅　12–1. 加压水解锅　12–2. 常压水解锅　13. 冷却锅　14. 叶片吸滤洗涤器　15. 盐处理锅　16. 叶片吸滤洗涤器　17. 偏钛酸贮槽　18. 挤压泵　19. 转窑　20. 冷却窑　21. 万能粉碎机　22. 浮选锅　23. 砂磨锅　24. 处理锅　25. 叶片吸滤洗涤器　26. 下料器　27. 喷雾干燥　28. 旋风下料器

硝酸钾

Potassium nitrate

分子式:KNO_3　　**分子量:**101.1

性状:无色透明棱柱状结晶或白色粉末,比重2.11,熔点334～339℃,能溶于水,稀乙醇,甘油,不溶于无水乙醇和乙醚。受热至400℃以上会分解并放出氧气。当与碳或硫黄加热时会燃烧发光,与碳粉、硫黄粉混合,一经着火,则剧烈燃烧而产生大量气体,立即引起爆炸。

用途:黑色火药的主要原料,亦用于烟火、火柴、玻璃、食品工业,亦可用作肥料和分析试剂。

规格：

含量	≥98.5%	硫酸盐(以 K_2SO_4 计)	≤0.1%
水不溶物	≤0.1%	铁(Fe)	≤0.1%
氯化物(以 NaCl 计)	≤0.6%	水分	≤0.6%
碳酸盐(以 K_2CO_3 计)	≤0.1%		

主要原料规格及消耗定额：

氯化钾	≥90%	0.787 吨/吨
硝酸钠	≥96%	0.878 吨/吨

工艺流程：

用氯化钾、硝酸钠为原料制成，流程如下：

在具有搅拌和蒸汽加热管装置的反应锅内加入硝酸钠，用水溶解，边加热边搅拌下加入氯化钾，反应完后，继续加热蒸浓到 45 ~ 48°Bé，立即放料进行抽滤，其结晶用少量水洗涤至氯化物 <0.5% 时，可离心脱水、脱水后的硝酸钾再经气流干燥后包装。

反应式如下： $KCl + NaNO_3 \longrightarrow KNO_3 + NaCl$

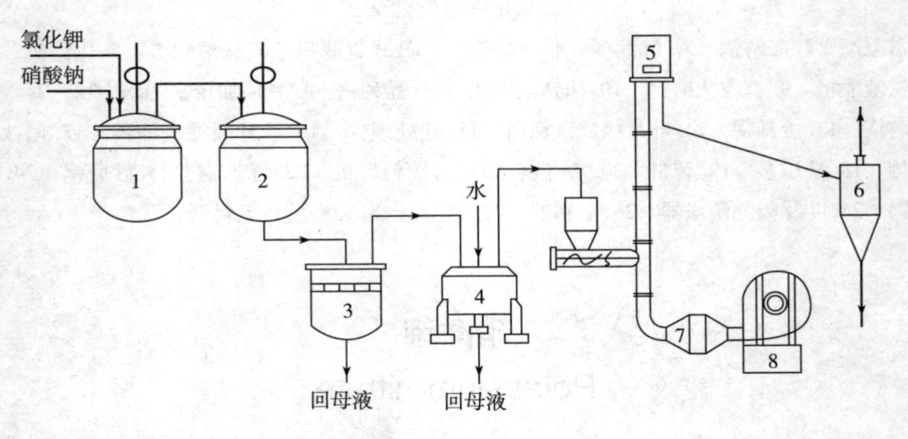

硝酸钾生产流程图

1. 反应锅　2. 结晶锅　3. 过滤器　4. 离心机　5. 气流干燥器　6. 旋风收集器　7. 空气加热器　8. 鼓风机

综合利用和三废处理措施：

副产品氯化钠作软水处理用。

包装：麻袋内衬牛皮纸袋，净重 50 公斤。

锌粉

Zinc dusf

又名:兰粉

分子式: Zn　　　　**原子量:**65.38

性状:浅灰色粉末,具有强烈的还原性能,不溶于水,能溶于酸碱;与酸碱接触发生氢气,易燃。

用途:用作还原剂或置换某些贵金属及稀有元素。染料、涂料、医药等方面也大量地应用。

规格:

有效锌含量　≥95%　　细度(120 目)　100%

主要原料规格及消耗定额:

锌锭　含量≥99.9%　1.05 吨/吨　　煤　2.3 吨/吨

工艺流程:

本工艺系汽化法生产,将锌锭熔融,加热蒸发后经冷凝而得。生产流程如下:

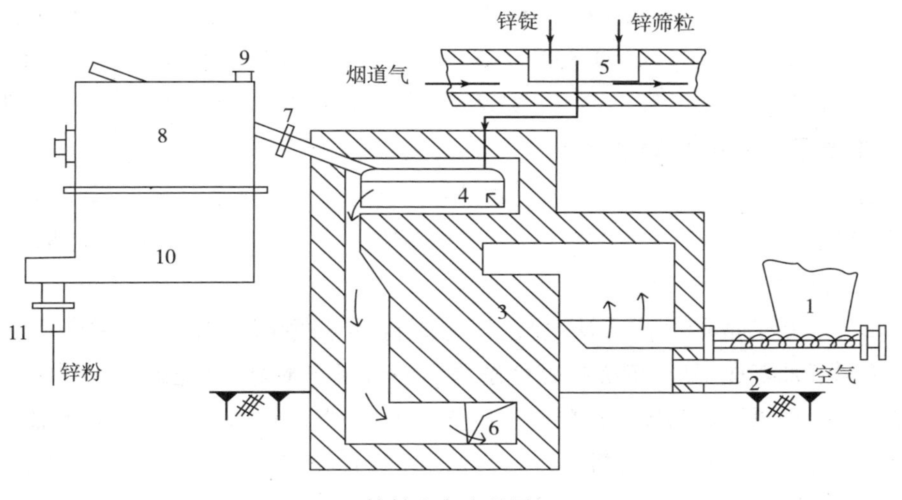

锌粉生产流程图

1.喂煤机　2.空气管　3.坩锅炉　4.坩锅　5.熔锌槽　6.烟道　7.导管　8.冷凝器　9.冷却水　10.接收器　11.接收箱

熔融:原料锌锭经烘烤,使表面的氢氧化锌和碳酸锌分解,放出 H_2O 和 CO_2,然后缓慢地加入石墨制融锌槽中,用来自汽化炉的余热加热,保持温度在 600℃ ±40℃,锌锭中铅铁杂质也大部分地以锌化物析出,熔融的金属锌由上部溢流至坩埚。

汽化冷凝:容有锌液的坩埚,在坩埚炉内加热至沸腾、汽化,温度应稳定在1200~1300℃。汽化的锌蒸汽经导管进入冷凝器,锌粉被集聚在底部,定期地排到受粉箱中,过筛得成品,即可包装。

成品含锌量≥95%,全部通过 120 目,其中 75% 通过 325 目。

综合利用和三废处理措施:

烊灰:融锌槽中取出的烊灰(氧化锌及金属锌化物)供生产其他化学产品使用。

2-乙基-1-己醇
2-Ethyl-1-hexanol

又名:辛醇

分子式:$CH_8(CH_2)_2CH(C_2H_5)CH_2OH$　　**分子量:**130.22

性状:无色油状液体,能和醇、氯仿、醚混合。

用途:用作增塑剂和润滑剂的原料。

规格:

外观	不深于标准色 20 号	酸度(以乙酸计)	≤0.025%
比重(D_{20}^{20})	0.832~0.834	不饱和化合物	≤0.05%
沸程(181~185℃)	≥95%	醛(以辛烯醛计)	≤0.3%

主要原料规格及消耗定额:

乙醛	含量≥98%	2.21 吨/吨
氢气	含量≥99%	1012 立方米/吨

工艺流程:

2-乙基己醇的合成方法:以乙醛为原料,经过醇醛缩合,脱水后生成丁烯醛,丁烯醛加氢成丁醛,丁醛在碱性解质下缩合成辛烯醛,再经第二次氢化生成辛醇;另一种以丙烯为原料经羰基反应合成丁醛,由丁醛合成辛醇的工艺部分与乙醛法相同。丙烯法步骤简单,但合成丁醛时有经济价值较低的异丁醛生成。这里用乙醛法生产辛醇,反应式和生产流程如下:

$$2CH_3CHO \xrightarrow{OH^-} CH_3CH(OH)CH_2CHO \xrightarrow{H^+} CH_3CH{=}CHCHO + H_2O$$

$$CH_3CH{=}CHCHO + H_2 \xrightarrow{Ni} CH_3CH_2CH_2CHO$$

$$2CH_3CH_2CH_2CHO \xrightarrow{OH^-} CH_3CH_2CH_2CH{=}C(C_2H_5)CHO + H_2O$$

$$CH_3CH_2CH_2CH{=}C(C_2H_5)CHO + 2H_2 \longrightarrow CH_3CH_2CH_2CH_2CH(C_2H_5)CH_2OH$$

乙醛缩合:乙醛加入缩合塔,在冷却下加入5%稀碱缩合成丁醇醛,缩合碱度控制在0.05%~0.07%,温度为46℃,缩合液用50%乙酸酸化后脱水生成丁烯醛。

粗丁烯醛在二台蒸馏塔中除去乙醛,第一塔控制塔顶表压(1.4±0.1)公斤/厘米^2,温度43~47℃,塔釜压力(1.7±0.1)公斤/厘米^2,温度(94±2)℃;第二塔塔顶表压(0.5±0.1)公斤/厘米^2,温度30~32℃,塔釜压力(0.8±0.1)公斤/厘米^2,温度105~108℃。除去乙醛后的粗丁烯醛在常压蒸馏塔中除去高沸物,丁烯醛和水在84~85.5℃共沸馏出,冷凝后经过分离器,水回入塔内,丁烯醛流入贮槽供氢化用。

丁烯醛氢化:丁烯醛气相氢化生产丁醛,在列管式氢化器中进行,采用镍一浮石作为催化剂,管间以不超过5公斤/厘米^{2}的高压水,控制反应温度在145~165℃之间。出料粗丁醛和丁烯醛的总醛量相差应小于2%。

氢化冷凝液在常压蒸馏塔中蒸馏,塔顶温度68℃,馏出的丁醛含量为93%以上,丁烯醛含量<1%。塔底料流入丁烯醛回收塔,回收的丁烯醛含量大于75%,可以一定的比例和丁烯醛混合作为氢化原料。

丁醛缩合:丁醛用8%~10%的稀碱进行缩合,保持缩合液的碱度为1.9%~2.1%,缩合温度控制在60~75℃,缩合液经过水洗除去钠离子,水洗后辛烯醛的pH在7~8,含量(双键换算)在95%以上,已可用于氢化。

辛烯醛氢化:辛烯醛加入汽化塔和氢气混合,塔顶温度维持75~80℃,混合气预热到160℃后进入列管式氢化器,管内装置铜一硅藻土催化剂,反应温度155~165℃,氢化液中醛含量一般小于1%,双键含量小于2%,经减压蒸馏分去低沸点和高沸点后得到粗辛醇,粗品质量除双键外都可以符合产品标准,为了降低双键含量,须进行一次补充氢化,补充氢化采用镍一硅藻土为催化剂,在20公斤/厘米^{2}压力下,在填料式氢化塔中进行液相氢化温度控制为150℃,得到的辛醇可以符合一级品标准。

综合利用和三废处理措施:

辛醇精馏塔低沸物中有丁醇、2-乙基丁醇;高沸物中有十二醇和其他高级醇可以回收。

蒸馏残渣作燃料。

辛烯醛洗涤水和丁烯醛合成中产生的废水中和后排放。

包装:铁桶装,净重160公斤。

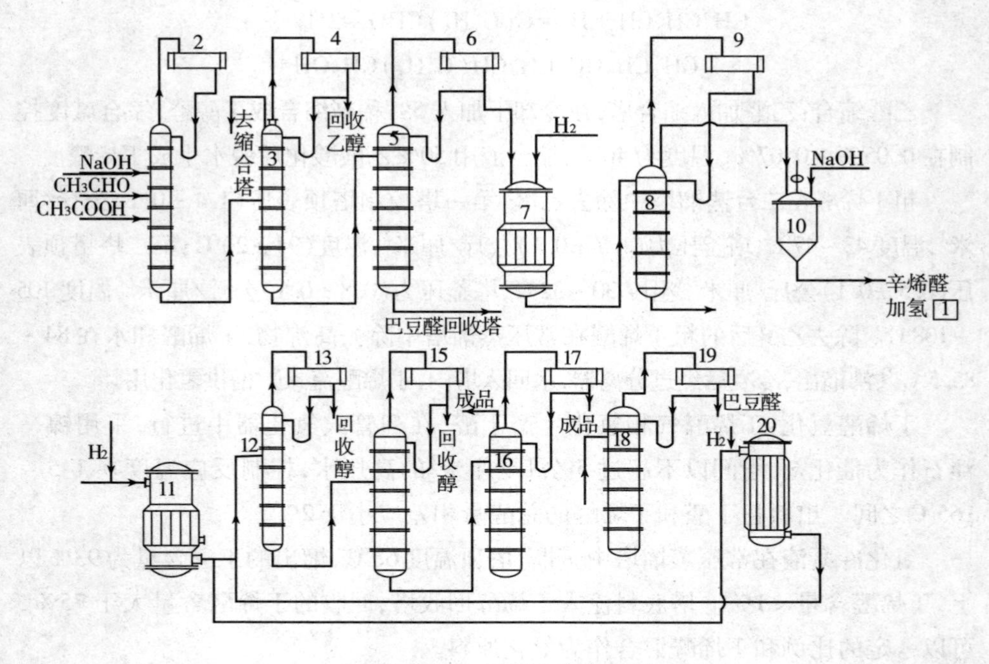

2－乙基－1－己醇生产流程图

1. 缩合塔　2. 冷凝器　3. 乙醛分离器　4. 冷凝器　5. 巴豆醛(丁烯醛)分馏塔　6. 冷凝器　7. 巴豆醛加氢器　8. 丁醛巴豆醛分离塔　9. 冷凝器　10. 丁醛缩合器　11. 辛烯醛加氢器　12. 低沸分离塔　13. 冷凝器　14. 辛烯醛分离塔　15. 冷凝器　16. 辛醇精馏塔　17. 冷凝器　18. 巴豆醛回收塔　19. 冷凝器　20. 高压加氢器

硝酸锌

Zinc nitrate

分子式:$Zn(NO_3)_2 \cdot 6H_2O$　　**分子量**:297.49

性状:无色或微带绿色,易潮解性块状或结晶,能溶于水及醇。比重为2.065,熔点36.4℃(溶于结晶水),在105℃失去结晶水。

用途:用于金属表面磷化剂及电镀工业,还可用作医药、试剂、中间体、有机化学品和媒染剂的制造。

规格:

含量	≥98%	铅(Pb)	≤0.5%
游离酸(HNO_3)	≤0.03%	铁(Fe)	≤0.01%

主要原料规格及消耗定额：

硝酸	含量≥96%	0.368 吨/吨
氧化锌	含量≥98%	0.259 吨/吨
冶炼氧化锌	含量>60%	

工艺流程：

由硝酸与氧化锌制得，由于所用原料氧化锌种类不同，故用不同的生产方法，现分别叙述如下：

反应式：　　$ZnO + 2HNO_3 \longrightarrow Zn(NO_3)_2 + H_2O$

采用优质氧化锌：

在反应锅内加入水和硝酸（重量比 2∶1），在搅拌下加入氧化锌，当反应液 pH 达 3.5～4 时，停止加料，反应液放入澄清槽静置澄清，再将清液浓缩至 60～63°Bé，，用酸调整 pH 为 4，由泵送入成品槽，在搅拌下冷却到约 50℃，放入包装桶内待其自然冷却结晶。

反应式如下：　　$ZnO + 2HNO_3 \longrightarrow Zn(NO_3)_2 + H_2O$

采用冶炼氧化锌：

在反应锅内加入水和硝酸（重量比 2∶1），在搅拌下加入氧化锌，当反应液 pH 达 3.5～4 时，停止加料，放入澄清槽静置澄清，再将清液送入除铅锅内，用水稀释成 30～36°Bé 溶液，再以酸调整 pH 为 3，加入用水调匀的糊状锌粉，搅拌片刻，当溶液中生成粗粒絮状沉淀，立即送入抽滤桶内抽滤，再将滤液浓缩至 60～63°Bé，并用硝酸调整 pH 为 4，即可进行搅拌，冷却到约 50℃进行结晶。

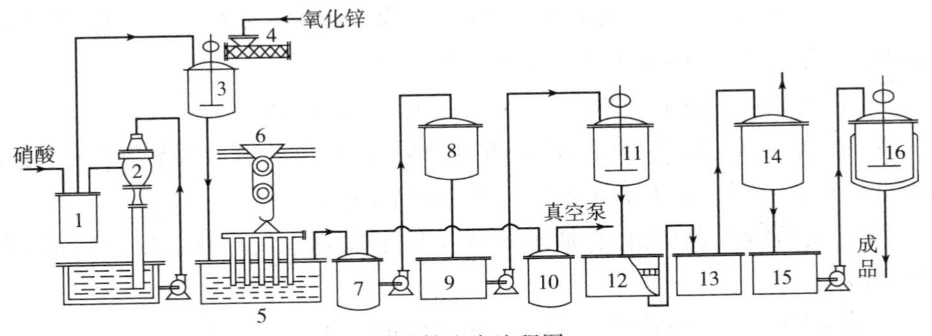

硝酸锌生产流程图

1. 硝酸贮槽　2. 水冲泵　3. 中和桶　4. 螺旋输送机　5. 澄清池　6. 叶片吸滤　7. 中转贮槽　8. 高位澄清槽　9. 中转槽　10. 气泡　11. 除铅锅　12. 吸滤槽　13. 地下贮槽　14. 蒸发锅　15. 地下贮槽　16. 成品桶

综合利用和三废处理措施：

采用缓慢加料，在反应中生成的 NO_2，用氢氧化锌吸收。蒸发产生的酸雾，由敞开常压蒸发，改用水冲泵减压，密闭蒸发。

包装：铁桶内衬塑料袋，净重 50 公斤、80 公斤、100 公斤。

硝酸镍

Nickel nitrate

分子式：$Ni(NO_3)_2 \cdot 6H_2O$　　**分子量：**290.8

性状：青绿色结晶，在干燥空气中微微风化，在潮湿空气中迅速潮解，能溶于水和乙醇中，水溶液呈酸性。

用途：用于电镀工业，制造其他镍盐，及陶瓷着色。

规格：

含量	≥96%	硫酸盐(SO_4)	≤0.01%
铜(Cu)	≤0.005%	锌(Zn)	≤0.01%
铁(Fe)	≤0.001%	水不溶物	≤0.05%

主要原料规格及消耗定额：

金属镍	含量≥99.5%	0.22 吨/吨
硝酸	含量≥96%	0.6 吨/吨

工艺流程：

酸化：将金属镍放入酸化器中，加入浓度为 30°Bé 的硝酸进行反应，当料液的 pH≌1，浓度为 45～48°Bé 时，反应完毕。

反应式：　$Ni + 4HNO_3 \longrightarrow Ni(NO_3)_2 + 2NO_2 + 2H_2O$

除杂，澄清：酸化后的料液含铁、铜等杂质，故在料液内加入氢氧化镍，调节溶液 pH 在 6～6.2 后，并加热至近沸，进行除杂，静置澄清。

蒸发：取除杂后的澄清液，加硝酸调节至料液 pH＝2，加热蒸发至液面有结晶析出为止。

干燥：冷却后析出的结晶经离心机甩干即得成品。

综合利用和三废处理措施：

酸化反应时有大量氧化氮气体，在吸收塔内用氨吸收，生成硝酸铵作肥料用。

包装：铁桶或木箱装，内衬塑料袋，净重 50 公斤。

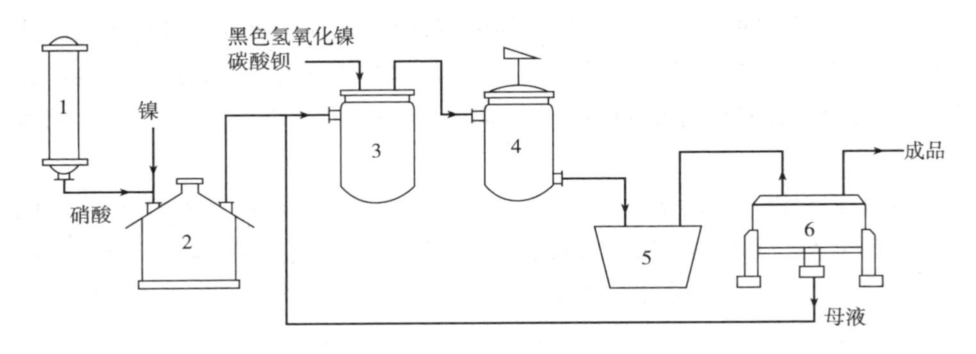

硝酸镍生产流程图

1. 硝酸贮槽　2. 酸化器　3. 除杂器　4. 蒸发锅　5. 结晶缸　6. 离心机

溴

Bromine

分子式:Br_2　　**分子量:**159.84

性状:暗红色液体,易发出红棕色气体,比重 3.119(20℃)沸点 58.8℃,在 -7.3℃时固化为带有金属光泽的黄绿色物质易溶于多种有机溶剂中,在水中溶解度,20℃时为 3.46%,溴系剧毒物,能强烈灼伤皮肤,其气体能灼伤黏膜,它对金属有严重腐蚀性,对一般橡胶、塑料亦被其腐蚀,与它接触较稳定的是陶瓷、聚四氟乙烯和辉绿岩等材料。

用途:溴是一种很重要的化工原料,用于医药、化工、国防工业。

规格:

含量	≥95%	有机物	≤0.1%
氯	≤3.0%		

主要原料规格及消耗定额:

工业含溴废水(含 Br_2约 60 克/升)

液氯	含量≥99.5%	水分≤0.06%	0.8 吨/吨

工艺流程:

含溴废水的处理:因各种工业废水中的含溴量不一,含有机杂质及酸碱度也不一,在提溴前先除去有机物,再调节酸度在 1.5N 上,料液含溴达 60 克/升左右。

提溴：处理好的料液，压入高位槽经流量计自塔顶流入提溴塔内，氯气和蒸汽自塔底通入，塔内形成料液和氯气逆向流动，在塔内充分接触，分解后，经塔顶出口，经过冷却得溴和溴水，再经溴水分离器，上部溴水不断流入塔内，下部粗溴流入精馏釜。

精馏：粗溴进入精馏釜中，加入硫酸有助于除去氯和溴的有机物，塔顶温度控制在 60℃左右，精溴自塔顶流出入成品贮槽，低沸物进入尾气塔，汇合提溴尾气，经水淋洒后，再进入提溴塔利用。高沸点物质截留于精馏釜内，定期抽出。

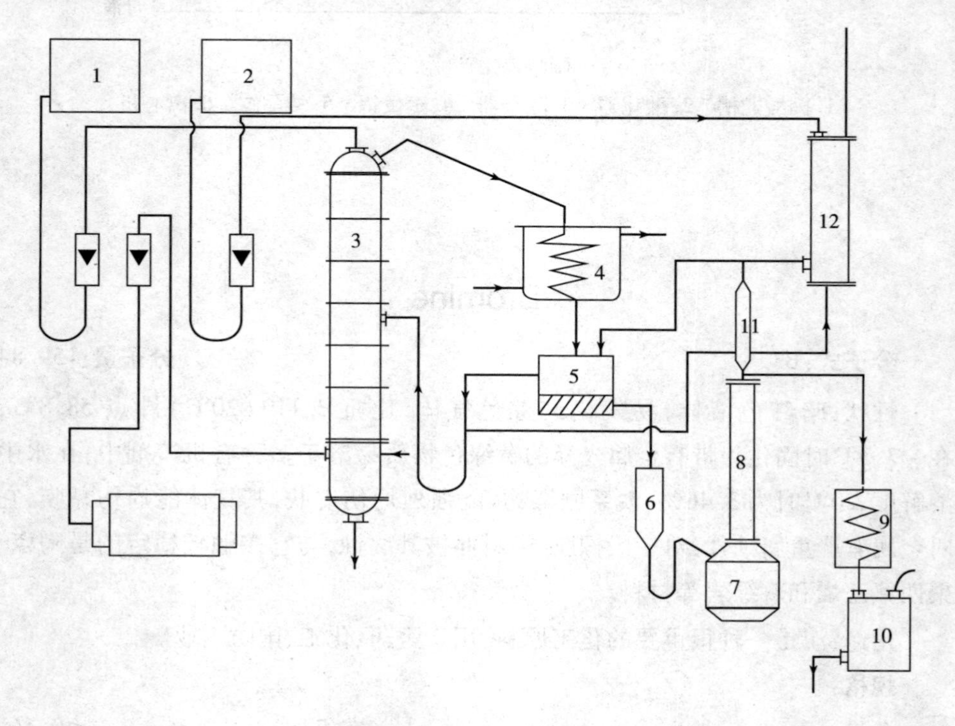

溴生产流程图

1. 提溴母液高位槽　2. 尾气洗涤高位槽　3. 提溴塔　4. 粗溴冷凝器　5. 溴水分离器　6. 硫酸洗涤器　7. 溴精馏釜　8. 溴精馏塔　9. 精溴冷凝器　10. 溴贮槽　11. 冷凝器　12. 尾气吸收塔

包装：陶瓷罐，净重 30 公斤。

备注：腐蚀性物品，剧毒。

橡胶活化剂 420
Activator 420

结构式:(近似)

$$(CH_3)_3C-C_6H_2(OH)(CH_3)-S-S-C_6H_2(OH)(CH_3)-C(CH_3)_3$$

性状:外观为褐色树脂胶状物,总硫量 11% ~13%,游离硫 1.5% ~2.5%。

用途:在油法或水油法的废再生胶脱硫过程中,加入本品 0.8% ~1%,可使脱硫时间缩短 3 ~6 倍,并能有效地提高产品的可塑度。同样对于再生丁苯橡胶及天然废橡胶也具有较高活性,对于再生氯丁、丁腈、丁苯等合成橡胶也有明显效果。

主要原料规格及消耗定额:

单烃基酚(生产防老剂"264"的母液)	0.895 吨/吨
一氯化硫	0.298 吨/吨

工艺流程:

本品为防老剂"264"的母液与一氯化硫硫化后制成的产品,工艺简述如下:

脱水:将单烃基酚加到反应锅,加热蒸去水分,脱水温度 120 ~130℃。

硫化:脱水后的单烃基酚冷却到 70 ~75℃,加入一氯化硫温度保持在 70 ~80℃,料加完后于 80 ~100℃保温数小时,硫化反应式如下:

$$2(CH_3)_3C-C_6H_3(OH)-CH_2 + CL_2S_2 \longrightarrow (CH_3)_2C-C_6H_2(OH)(CH_3)-S—S-C_6H_2(OH)(CH_3)-C(CH_2)_2 + 2HCl$$

提纯:粗品再需进行真空提纯,蒸出来反应的低沸物,控制温度 135 ~140℃。

综合利用和三废处理措施:

硫化反应产生的氯化氢气体,经水吸收成盐酸。

包装:铁桶装,净重 180 公斤。

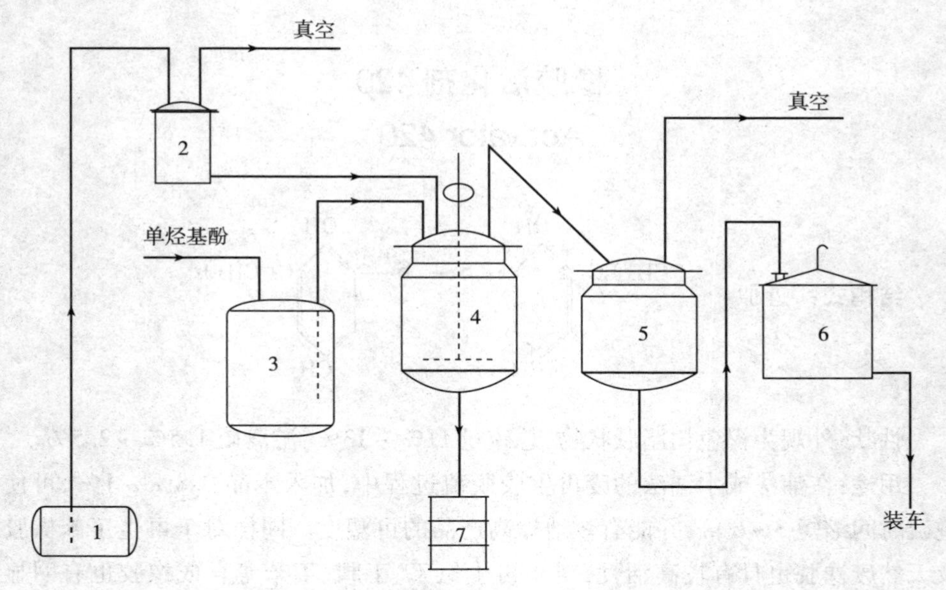

橡胶活化剂 420 生产流程图

1. 氯化硫贮槽　2. 氯化硫高位槽　3. 单烃基酚贮槽　4. 硫化反应锅　5. 氯化氢吸收锅　6. 盐酸贮槽　7. 成品桶

无机粘结剂

Inorganic adhesive

性状:固体:黑色粉末,易吸潮而结块,主要组分为含铁氧化铜。

液体:白色或微带棕黄色的黏状液体,易结晶,主要组分为磷酸二氢铝。

用途:用于金属及部分非金属制品的凝结。

规格:

固体:外观	深黑色略带灰的粉末	铁(Fe)	0.5~2%
含量(CuO)	≥95%	氯化物(Cl)	≤0.05%
氧化亚铜(Cu_2O)	≤0.5%	硫酸盐(SO_4)	≤0.3%
液体:比重	1.85~1.92		

主要原料规格及消耗定额:

硫酸铜	含量 93%	4.0 吨/吨
氢氧化钠	工业品(以 100% 计)	0.7 吨/吨
磷酸	工业品含量 85%	1.2 吨/吨

氢氧化铝 0.03 吨/吨

工艺流程：

合成：在反应槽内，先加入 13°Bé 氢氧化钠溶液，加热近沸，在搅拌下，加入调配好的含铁硫酸铜溶液，当溶液 pH = 13 时，加入过量的氢氧化钠，加毕后用蒸汽加热半小时，静置澄清。

反应式：$3CuSO_4 + 4NaOH \longrightarrow Cu(OH)_2 + Cu(OH)_2 \cdot CuSO_4 + 2Na_2SO_4$

$$Cu(OH)_2 \cdot CuSO_4 + 2NaOH \longrightarrow 2Cu(OH)_2 + Na_2SO_4$$

洗涤干燥：沉淀物用水洗涤至无硫酸盐为止，然后进离心机甩干。

焙烧，粉碎：甩干物先经 100～120℃干燥，再粉碎至 100 目，放入马弗炉内焙烧，控制温度 850℃左右，焙烧时间约 2 小时。冷却后，经万能粉碎机粉碎即得固体产品。

反应式：$3Cu(OH)_2 \longrightarrow (3CuO) \cdot H_2O$

$$3CuO \cdot H_2O \longrightarrow 3CuO + H_2O$$

液体生产：在玻璃蒸发器中先加入磷酸，然后再加入氢氧化铝，搅成糊状，于电炉上加热至 170℃左右取下，自然冷却至室温，得比重 1.89～1.92 的黏稠状液体，即得成品。

反应式：$Al(OH)_3 + 3H_3PO_4 \longrightarrow Al(H_2PO_4)_3 + 3H_2O$

综合利用和三废处理措施：

合成反应产生大量硫酸钠溶液应回收利用。

包装：固体：铁桶内衬塑料袋装，净重 50 公斤。

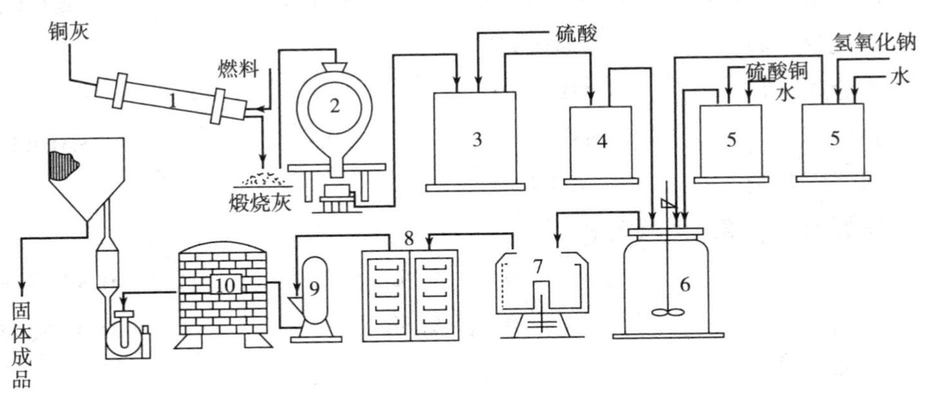

无机粘结剂(固体)生产流程图

1. 反射转炉 2. 球磨机 3. 反应槽 4. 沉清槽 5. 溶解槽 6. 反应槽 7. 离心机 8. 干燥箱 9. 粉碎机 10. 焙烧炉 11. 万能粉碎机

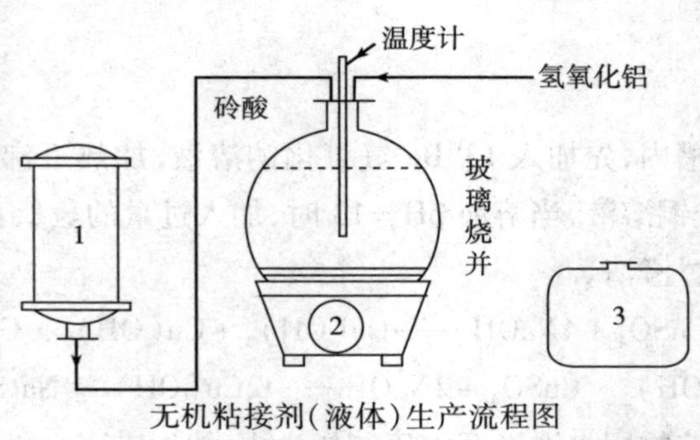

无机粘接剂(液体)生产流程图

1. 磷酸贮槽　2. 电热炉　3. 成品包装

无水亚硫酸钠

Sodium sulfite anhydrous

分子式: Na_2SO_3　　**分子量:** 126.05

性状: 白色结晶,易溶于水,水溶液呈碱性。本品易被空气氧化成硫酸钠。遇热易分解。

用途: 用于造纸、染料、照相、人造纤维方面的还原剂或漂白。

规格:	照相级	一级	二级
含量	≥97%	≥96%	≥93%
水不溶物	≤0.01%	≤0.03%	≤0.05%
游离碱(Na_2CO_3)	≤0.15%	≤0.6%	≤1.0%
氯化物(Cl)	≤0.1%	—	—
重金属(Pb)	≤0.002%	—	—
铁(Fe)	≤0.003%	≤0.02%	≤0.02%
硫代硫酸钠	≤0.03%	—	—

主要原料规格及消耗定额:

纯碱	含量≥98%	0.92 吨/吨
硫黄	含量≥95%	0.32 吨/吨

工艺流程:

以硫黄为原料;燃烧成二氧化硫气体,经碱液吸收生成无水亚硫酸钠,其反应式和流程如下:

$$Na_2CO_3 + 2SO_2 + H_2O \longrightarrow 2NaHSO_3 + CO_2$$

$$2NaHSO_3 + Na_2CO_3 \longrightarrow 2Na_2SO_3 + CO_2 + H_2O$$

以压缩空气与硫黄喷入燃烧炉燃烧，生成 SO_2 气体，气浓在 8% ~12%，气体经过冷却除尘器和水洗塔以除去升华硫和降低气浓温度至 50℃左右，即可将气体通入反应器中。经过净化后的 SO_2 主气体通入串联的 3 只反应器与已精制的碱液（注 1）进行逆向吸收〔碱液自贮槽（5）→反应器（4）；SO_2 气体自水洗塔（3）→反应器（4）〕，当反应液 pH 达 5.2 ~5.6，即可放入中和锅用烧碱中和，加热沸腾，再加烧碱至 pH =10，然后加入硫化钠除杂，同时放入活性炭脱色，

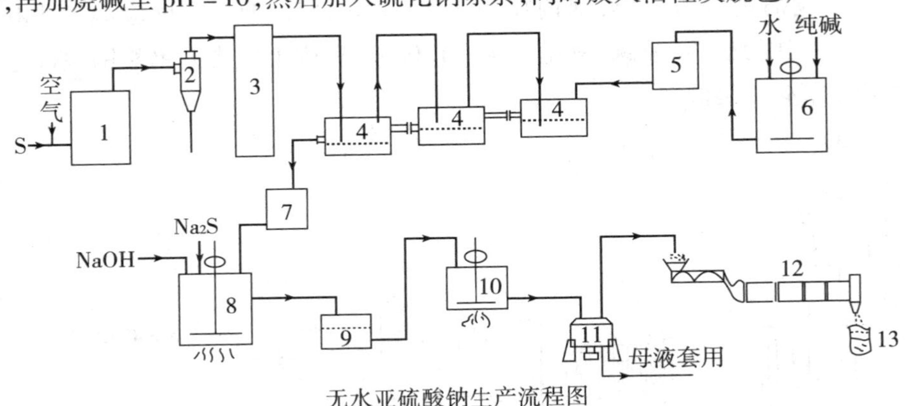

无水亚硫酸钠生产流程图

1. 燃烧炉　2. 除尘器　3. 水洗塔　4. 反应器　5. 贮槽　6. 溶碱槽　7. 贮槽　8. 中和锅
9. 过滤桶　10. 浓缩锅　11. 离心机　12. 回转干燥器　13. 成品

钨酸钠

Sodium tungstate

分子式：$Na_2WO_4 \cdot 2H_2O$　　**分子量：**329.86

性状：无色结晶，在空气中风化，于 100℃时失水，能溶于水，不溶于乙醇，水溶液呈弱碱性。

用途：用于油墨，染料、电镀工业等方面。

规格：

外观	洁白	水分	≤15%
含量	≥97%	碱度	≤0.5%

主要原料规格及消耗定额：

钨精矿（WO_3）	含量　65%	1.218 吨/吨
液碱	含量　30%	1.75 吨/吨

工艺流程：

用碱分解法从钨精矿制取钨酸钠，生产流程和反应式如下：

$$\begin{pmatrix}Fe\\Mn\end{pmatrix}WO_4+2NaOH\xrightarrow{[O]}Fe、Mn(OH)_2+Na_2WO_4$$

$$Fe(OH)_2\xrightarrow{[O]}Fe(OH)_3$$

将含 WO_3≥65%以上的钨精矿，经粉碎到 300 目，与液碱及氧化剂硝酸钠一起投入反应锅进行碱分解，锅内压力 1.5～2.0 公斤/厘米^2，反应温度 140～145℃，投料比为矿砂∶液碱∶氧化剂＝1∶1∶0.03，反应生成物为钨酸钠，铁，锰等杂质成氢氧化物沉淀。

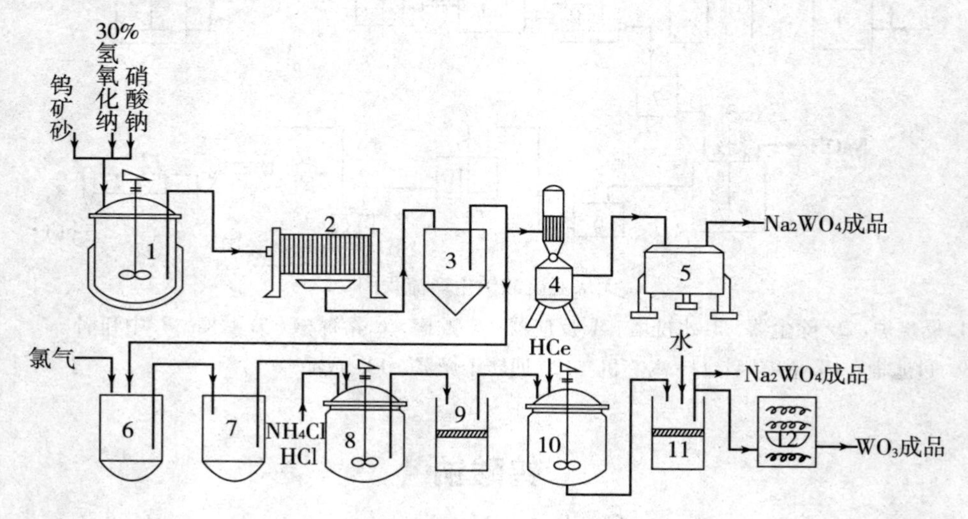

钨化合物（钨酸钠、钨酸、三氧化钨）生产流程图

1. 反应锅　2. 压滤机　3. 沉清槽　4. 真空蒸发器　5. 离心机　6. 净化桶

7. 沉降槽　8. 复盐锅　9. 抽滤桶　10. 酸解锅　11. 抽滤桶　12. 电加热炉

无水氯化钙

Calcium chloride anhydrous

分子式：$CaCl_2$　　**分子量：**110.99

性状：白色颗粒状或块状物，易吸水潮解，比重 2.15，熔点 772℃，易溶于水而放出大量热，也能溶于乙醇、丙酮等。

用途：作干燥剂、冷冻剂、食品保存剂、防冻剂、亦用于钙盐和试剂之制造。

规格：

含量　≥96%　　水分　≤3%　　镁及碱金属　≤1%

主要原料规格及消耗定额：

单飞粉 ≥95%　　0.94 吨/吨

盐酸(以 100% 计)　　0.68 吨/吨

石灰≥90%

工艺流程：

以盐酸与单飞粉反应，经除杂、浓缩、干燥后为成品。化学反应式如下：

$$2HCl + CaCO_3 \longrightarrow CaCl_2 + CO_2 + H_2O$$

氯化钙制备：先以盐酸与单飞粉反应生成酸性氯化钙溶液，用石灰乳中和至 pH = 8.5 ~ 9，搅拌片刻，静置澄清，清液由泵送入高位槽，然后放入具有阴极保护装置的蒸浓锅内，蒸发至 172 ~ 174℃，立即放料于盘中，在 220 ~ 240℃干燥，经化验合格，即可出料，待冷却后进行包装。

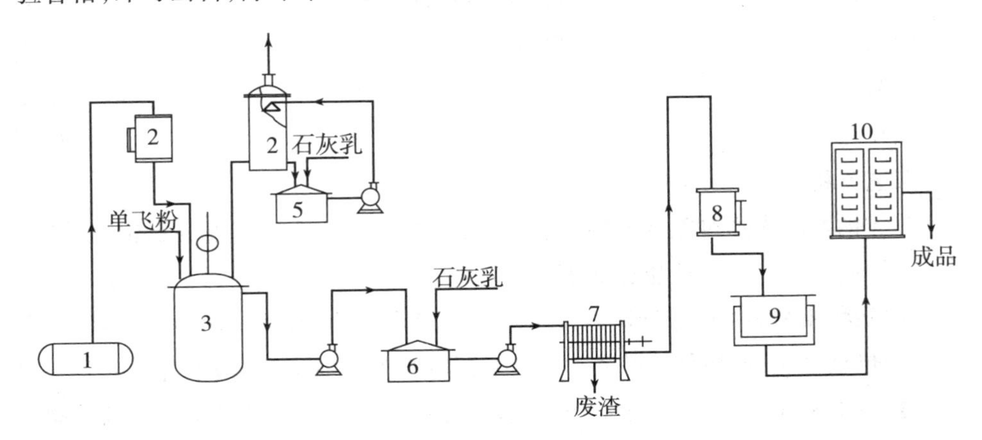

无水氯化钙生产流程图

1. 盐酸贮槽　2. 盐酸高位槽　3. 反应锅　4. 废气吸收塔　5. 循环槽　6. 澄清槽　7. 压滤机　8. 氯化钙高位槽　9. 蒸发锅　10. 干燥室

综合利用和三废处理措施：

渣子可做砖或人防材料。

反应中产生的碳酸气和酸雾气用石灰乳吸收生成氯化钙。

包装：纤维桶内衬塑袋装，净重 50 公斤。

钨酸

Tungstic acid

分子式:H_2WO_4 **分子量**:249.9

性状:黄色粉末,或略带淡绿色。不溶于水,亦难溶于硫酸、硝酸等,但易溶于氢氟酸,也能缓慢地溶于苛性碱液中。灼烧时失去水分变为钨酸酐。

用途:用于钨丝,钨条、硬质合金等,也可用作印染助剂。

规格:

水分	7% ~15%	钼(Mo)	≤0.015%
氧化物(R_2O_3)	≤0.01%	氧化钙	≤0.01%
硫(S)	≤0.02%	氯化残渣(650°)	≤0.1%

主要原料规格及消耗定额:

钨精矿	含量(WO_3)65%	1.67 吨/吨
液碱	含量 30%	2.56 吨/吨
盐酸		3.3 吨/吨
氯化铵		0.84 吨/吨

工艺流程:

钨酸钠溶液先经过除硅处理,然后用氯化铵生成铵钠复盐以分离钼等杂质,再经酸解成钨酸。其生产流程如下:

通氯:将粗制品钨酸钠溶液送入净化桶,通入氯气直至溶液 pH 在 8.5~8.8 为止,并加热至 80℃,在较低的碱度和加热下有利于硅从钨酸钠溶液中沉淀出来。

复盐:将通氯后的钨酸钠溶液压入沉降槽,静置澄清,然后将清液送入搪玻璃反应锅,加入盐酸和氯化铵溶液,并加热近沸,反应完后放料抽滤,滤出的复盐供酸解用。

$$37Na_2WO_4 + 22NH_4Cl + 40HCl + 10H_2O \longrightarrow$$
$$11(NH_4)_2O \cdot 6Na_2O \cdot 37WO_2 \cdot 30H_2O + 62NaCl$$

酸解:将复盐调成浆状,用压缩泵压入反应锅,加入盐酸进行酸解,反应温度维持在 40℃左右,生成的钨酸经真空抽滤,洗涤、烘干即得到成品。

反应式如下:$11(NH_4)_2O \cdot 6Na_2O \cdot 37WO_3 \cdot 30H_2O + 34HCl \longrightarrow$

$$22NH_4Cl + 12NaCl + 37H_2WO_4 + 10H_2O$$

包装:木桶内衬塑料袋,净重 25 公斤。

无水氢氟酸

Hydrofluoric acid anhydrous

分子式:HF　　**分子量**:20.01

性状:无色发烟液体,溶于水成氟化氢之水溶液,腐蚀性极强,极易挥发,与金属盐类、氧化物、氢氧化物作用生成氟化物,不腐蚀聚乙烯及白金,有剧毒,有刺激性气味,触及皮肤则溃烂。

用途:冷冻剂,催化剂,含氟树脂,染料合成,元素氟的制造以及合金钢的酸洗,玻璃的刻蚀等。

规格:

含量	≥99.7%	氟硅酸(H_2SiF_6)	≤0.01%
二氧化硫(SO_2)	≤0.005%	水分	≤0.05%
硫酸盐(SO_4)	≤0.005%		

主要原料规格及消耗定额:

氟化钙	含量≥98%	2.5 吨/吨
硫酸	含量 98%	3.5 吨/吨

反应:将氟化钙和硫酸送入回转式反应炉中反应,炉内温度控制在 280℃ ±10℃,生成氟化氢气体。反应式如下:

$$CaF_2 + H_2SO_4 \longrightarrow CaSO_4 + 2HF\uparrow$$

残渣硫酸钙加石灰处理后经出料器,提升机进入下脚料仓。

净化:粗氟化氢气体进入粗馏塔,塔釜温度控制在 100 ~ 110℃,塔顶温度 35 ~ 40℃以分离硫酸、水分等杂质,然后进入脱气塔以除去二氧化硫等杂质,再进入精馏塔,塔釜温度控制在 30 ~ 40℃,塔顶温度控制在 19.6℃ ±0.5℃,得无水氟化氢成品。

综合利用和三废处理措施:

残渣硫酸钙加石灰处理后供制水泥用。

残液废硫酸,供农业生产化肥用。

废气二氧化硫用碱液喷淋后中和排放。

包装:聚乙烯塑料箱装,净重 50 公斤、70 公斤、80 公斤。

双头钢瓶装,容积 50 升、80 升、受压 30 公斤/厘米^2

工艺流程：

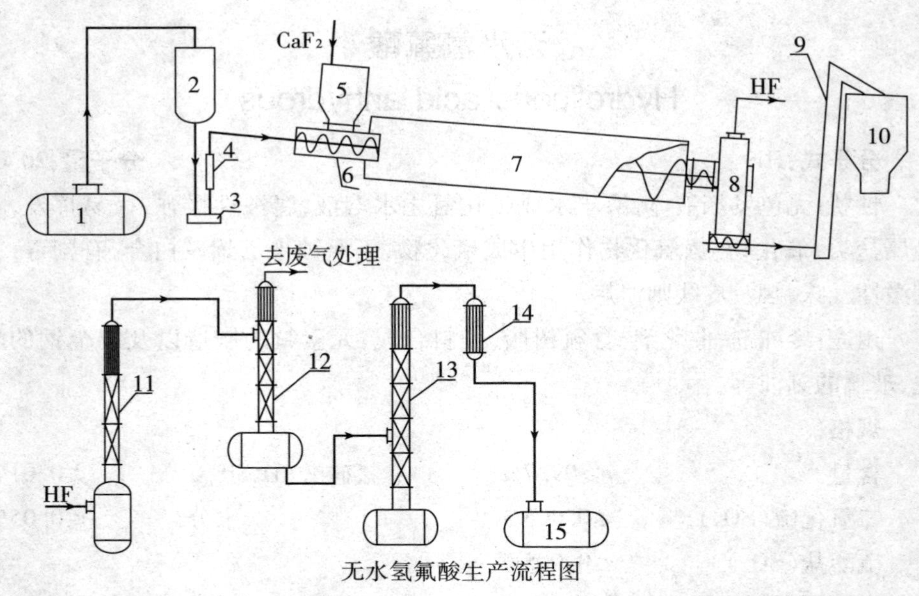

无水氢氟酸生产流程图

1. 酸槽　2. 硫酸高位槽　3. 过滤器　4. 流量计　5. 氟化钙贮槽　6. 螺旋输送机　7. 转炉　8. 出料箱　9. 提升机　10. 下脚料仓　11. 粗馏塔　12. 脱气塔　13. 精馏塔　14. 冷凝器　15. 成品槽

荧光粉

Phosphor

性状：粉末状多晶半导体，在紫外线、阴极射线激发下能放如可见光或紫外、红外光。

用途：主要用于各种类型的电子束管，如电视显象管，示波管等，尚可用于高压汞灯供光色校正用。

主要原料规格及消耗定额：

因品种多，故原料种类也不同，主要有以下数种：

$ZnSO_4 \cdot 7H_2O$（二级品）　　$CdSO_4$（二级品）

Y_2O_3　含量 99.9% ~99.95%　　Eu_2O_3　含量 99.95%

工艺流程：

荧光粉生产工艺主要分三步：原料制备、煅烧和表面处理。现举主要品种之一黑白电视粉为例，说明其工艺流程。

荧光纯 ZnS 制备：将硫酸锌溶解成 25°Bé 左右的溶液，加双氧水、氨水、硫化铵、铜试剂、镍试剂等步骤处理，除去铁、铜、镍、钴等杂质，杂质含量应小于百万分之一，然后将此溶液稀释到5°Bé 左右，通入硫化氢气体，生成硫化锌的白色沉淀，经过滤，洗涤，干燥后即得荧光纯的ZnS。

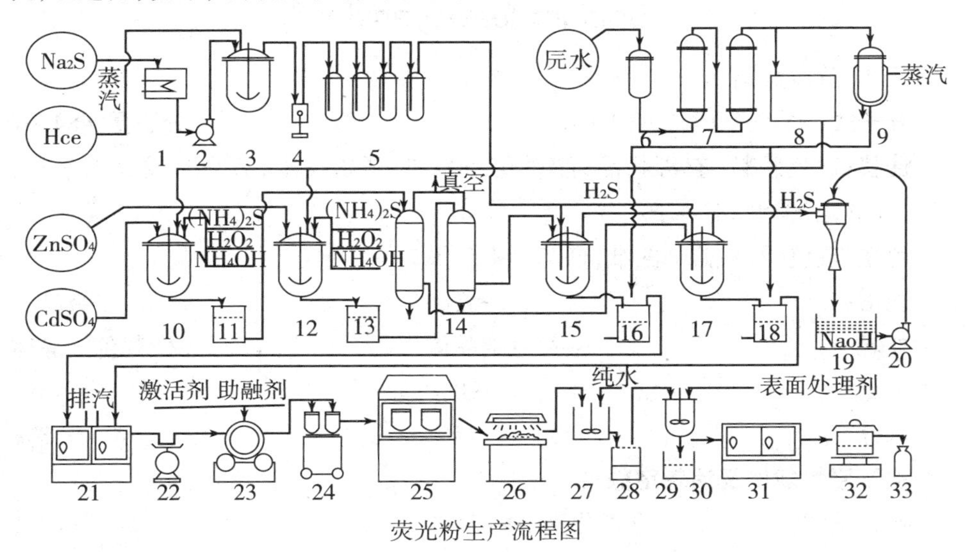

荧光粉生产流程图

1. 硫化钠溶解槽 2. 离心泵 3. 硫化氢发生器 4. 硫化氢胶膜泵 5. 硫化氢洗涤桶 6. 原水过滤器 7. 阴阳离子交换器 8. 纯水贮槽 9. 热纯水贮槽 10. 硫酸镉精制锅 11. 硫酸镉过滤器 12. 硫酸锌精制锅 13. 硫酸锌过滤器 14. 纯化沉淀桶 15. 硫化锌反应锅 16. 硫化锌过滤洗涤器 17. 硫化镉反应锅 18. 硫化镉过滤洗涤器 19. 废气吸收泵 20. 离心泵 21. 红外线烘箱 22. 称量 23. 混合机 24. 石英锅装料车 25. 高温煅烧炉 26. 紫外线拣晶 27. 水洗捅 28. 过滤器 29. 表面处理桶 30. 过滤器 31. 烘箱 32. 筛粉器 33. 成品包装

煅烧：在ZnS中加入助熔剂氯化钠、氯化镁、激活剂银，经球磨后在950℃煅烧2小时。

后处理：产物在紫外灯下挑选，好粉以硫代硫酸钠溶液洗涤，再以无离子水洗涤、抽干、干燥、过筛。

综合利用和三废处理措施：

废气硫化氢以碱液吸收，作硫代硫酸钠原料用。

母液水中镉、锌分别载带沉淀成氢氧化物与废粉一起综合利用。

包装：玻璃瓶或塑料瓶装，净重500克，RL包装塑料瓶外套塑料袋再包铅罐、净重50克、200克。

亚铁氰化钠
Sodium ferrocyanide

又名:黄血盐钠

分子式:$Na_4Fe(ON)_6 \cdot 10H_2O$　　**分子量**:484.07

性状:黄色颗粒,有毒物品,能风化,50℃时开始失水,82℃时成为无水物,435℃分解,溶于水,不溶于乙醇。

用途:蓝色颜料,蓝晒图纸,鞣革及染色等。

规格:

	一级品	二级品
外观	微黄色结晶体	微黄色结晶体
含量	≥98%	≥96%
水分	≤3%	≤3%

主要原料规格及消耗定额:

氰化钠滤渣	含氰化钠 30~35%	2~3 吨/吨
硫酸亚铁	含量 96%	1.0 吨/吨

工艺流程:

反应:用水萃取含氰化钠渣料,得到浓度为 200 克/升的氰化钠溶液,过滤后,用泵送至反应锅内,然后按氰化钠: 硫酸亚铁 =1:1 的配比,加入固体硫酸亚铁,氰化钠即转化为亚铁氰化钠,反应式如下:

$$6NaCN + FeSO_4 \longrightarrow Na_4Fe(CN)_6 + Na_2SO_4$$

料液内加入少量无水氯化钙,促使杂质氢氧化铁之类的胶体迅速沉淀,再加热至 80℃,使反应完全,然后保温沉降。

冷却结晶:将清液送至结晶器,冷却至 30℃左右析出结晶,经分离得亚铁氰化钠,母液浓缩至 30°Bé 左右,再结晶,回收亚铁氰化钠,溶液排至废水池处理后排放,产品亚铁氰化钠含量在 96% 以上。

综合利用和三废处理措施:

废渣主要成分为碳可综合利用,现作燃料用。

废水内尚含氰化钠,送废水池用氯法处理后排放。

包装:麻袋内衬塑料袋装,净重 35 公斤。

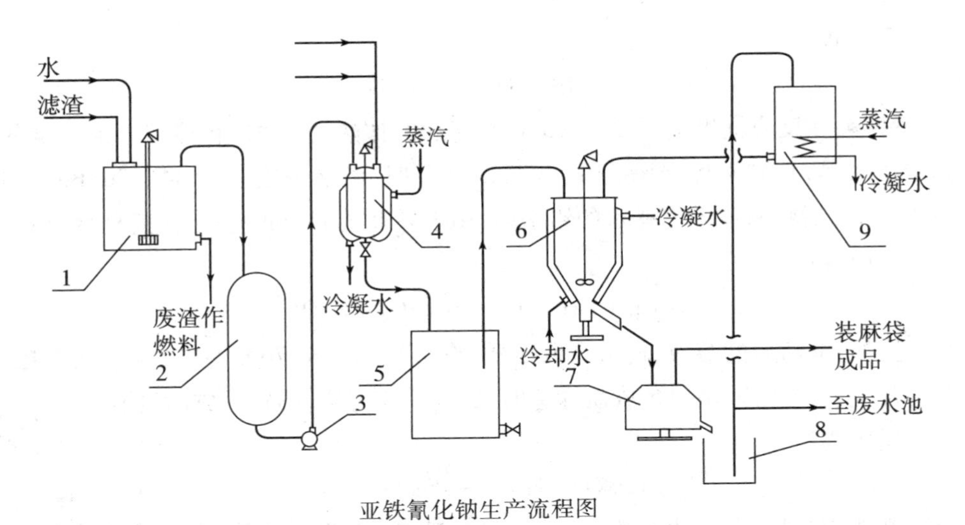

亚铁氰化钠生产流程图

1. 浸出器 2. 氰化钠溶液贮槽 3. 泵 4. 反应器 5. 沉降槽 6. 结晶器 7. 离心机 8. 母液槽 9. 蒸发器

氧化亚铜

Cuprcus oxide

分子式:Cu_2O　　**分子量:**143.08

性状:棕红色粉末,不溶于水,溶于酸及浓氨水。在潮湿空气中易氧化,熔点1232℃,沸点1800℃。

用途:船舶底漆,红色玻璃着色剂。

规格:

含量	≥95%	金属铜	≤2%
还原率(以 Cu_2O 计)	100 ±3%	细度(320 目)	≥99.5%
总铜	88.8 ±2%		

主要原料规格及消耗定额:

沉淀铜粉(折铜 100%)	湿基含量 75%	0.91 吨/吨

工艺流程:

铜灰提纯:

焙烧:将铜灰加入转炉焙烧,以除去水分和有机杂质,冷却后用球磨机粉碎,再焙烧一次,以达到进一步氧化和除杂目的。

反应式:

$$2Cu + O_2 \longrightarrow 2CuO$$

酸溶:在反应桶里配制,22 ~25°Bé 的硫酸,加热至 80℃,在搅拌下加入铜灰和继续加热,直到液体沸腾为止,当反应终了时,溶液浓度应为 44 ~50°Bé, pH 在 2 ~3,然后将料放至已盛水的铅槽内,用水稀释至 15°Bé 左右,让其自然澄清。

反应式:

$$CuO + H_2SO_4 \longrightarrow CuSO_4 + H_2O$$

置换:澄清后的溶液,输送至置换槽,将溶液加热至 70℃左右,投入铁刨花,并经常搅动,当溶液呈白色或淡绿色时,置换反应完毕,静置后放出清液。

反应式:

$$CuSO_4 + Fe \longrightarrow 4FeSO_4 + Cu$$

漂洗:在置换出来的铜粉内,加入水和硫酸,用蒸汽加热,保持液体沸腾 30 分钟,以除去铁质,然后静置澄清,放去酸液,下存的铜粉先后用热水、冷水洗涤,再用淡盐酸浸渍除铁,最后用冷水洗涤,加入少量盐酸,保持铜粉含有一定酸性,以利铜粉的还原。

还原:漂洗后的铜粉,经离心,干燥,当铜粉还原率在 100% ~130% 时,用粉碎机粉碎至 325 目,然后和氧化铜进行配料混合,使还原率配至 100%,加到铁制炮筒里,进行煅烧还原,煅烧温度不大于 800℃,然后自然冷却至室温出料。用磁铁吸去机械杂质,粉碎至 325 目,即得成品。

反应式:

$$CuO + Cu \longrightarrow Cu_2O$$

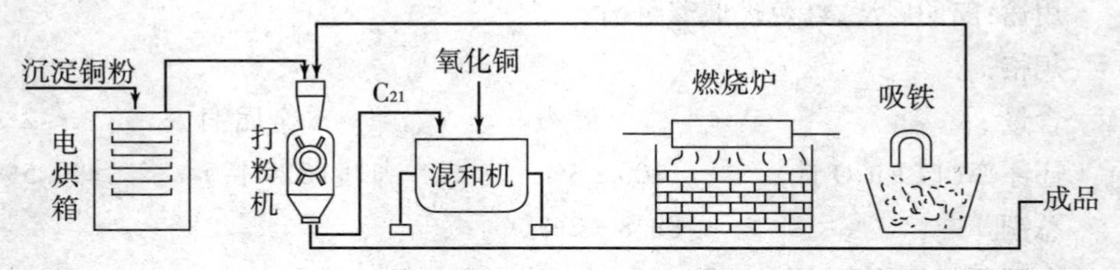

氧化亚铜生产流程图

综合利用和三废处理措施:

酸溶时所产生的渣子要及时清理回收。

置换的铜粉,经硫酸酸洗后,上层污水应回收利用。

包装:铁桶内衬塑料袋装,净重 50 公斤。

氧化镁

Magnesium oxide

分子式: MgO　　**分子量:** 40.31

性状: 白色轻松粉末、无臭、无味、吸湿性甚强、露置空气中能吸收水分和二氧化碳,几乎不溶于水,能溶于酸中,熔点约 2800℃

用途: 冶金工业上用作炉衬,化学工业上用作触媒、搪瓷、玻璃原料,橡胶助剂,医药上作抑酸剂,建筑工业上作镁水泥。

规格:	医药用	橡胶用	工业用
含量	≥96%	≥95%	≥93%
视比容(毫升/克)	—	≥7	≥6
碱度	合格	—	—
氯化物(Cl)	≤0.2%	≤0.035%	≤0.3%
灼烧失重	≤10%	≤3%	≤4%
酸中不溶物	≤0.1%	≤0.1%	≤0.2%
硫酸盐(SO_4)	≤1.5%	≤0.2%	≤0.3%
碳酸盐(CO_3)	合格	—	—
氧化钙(CaO)	≤1.5%	≤1.0%	≤1.2%
铁盐(Fe)	≤0.05%	≤0.05%	≤0.06%
重金属(Pb)	≤0.004%	—	—
砷盐(As)	≤0.0013%	—	—
锰盐(Mn)	—	≤0.003%	≤0.01%
筛余物 80 目	—	≤0.1%	—
筛余物 40 目	—	—	无

主要原料规格及消耗定额:

纯碱		3.48 吨/吨
氯化镁	含量≥95%	7.5 吨/吨
或老卤	33°Bé	11 吨/吨
或苦卤	27°Bé	22 吨/吨

工艺流程:

化合:将澄清后的纯碱、氯化镁或硫酸镁溶液,加入化合桶内充分搅拌后生成碳酸镁(盐基性)沉淀,抽滤后用清水洗涤数次,加水调成浆状,用直接蒸汽加热至 90℃左右,进离心机脱水。

以氯化镁为原料时反应式:

$$5MgCl_2 + 5Na_2CO_3 + 6H_2O \longrightarrow 4MgCO_3 \cdot Mg(OH)_2 \cdot 5H_2O \downarrow + CO_2 \uparrow + 10NaCl$$

以硫酸镁为原料时反应式:

$$5MgSO_4 + 5Na_2CO_3 + 6H_2O \longrightarrow 4MgCO_3 \cdot Mg(OH)_2 \cdot 5H_2O \downarrow + CO_2 \uparrow + 5Na_2SO_4$$

热分解:将碳酸镁加入箱式煅烧炉中加热煅烧,物料与火焰隔离,待箱内温度达 850℃左右后,保温半小时趁热出料。

反应式:

$$4MgCO_3 \cdot Mg(OH)_2 \cdot 5H_2O \xrightarrow{\triangle} 5MgO + 4CO_2 \uparrow + 6H_2O \uparrow$$

粉碎:氧化镁冷却后进万能粉碎机打粉,经风选后即为成品。

综合利用和三废处理措施:

原料(氧化镁或硫酸镁等)提纯时,滤渣内含泥沙、铁铝氧化物、氢氧化镁、碳酸镁等作工业废渣弃去。

氯化钠或硫酸钠废水,浓度低直接放入下水道。

碳酸镁及氧化镁粉尘,部分回收利用,部分飞损。

碳酸镁热分解时产生的二氧化碳废气排空。

包装:塑料袋庄、熔封外加纸箱或乳胶玻布袋,净重 20 公斤。

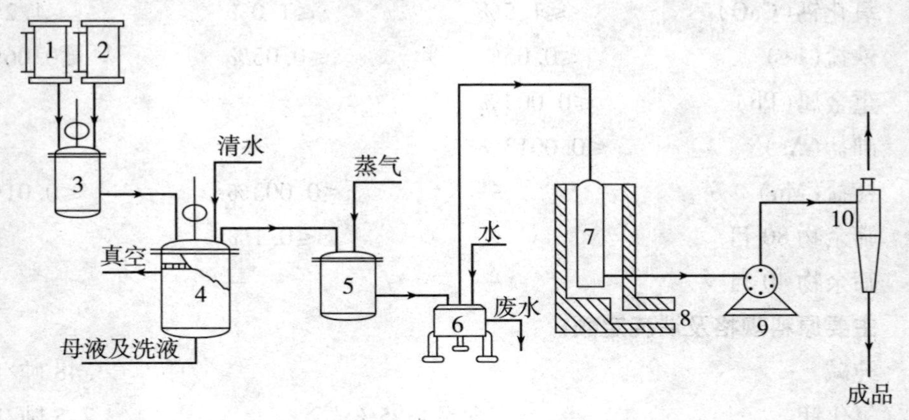

氧化镁生产流程图

1. 纯碱高位槽 2. 镁盐高位槽 3. 化合桶 4. 吸滤桶 5. 加热桶 6. 离心机 7. 热分解室 8. 煅烧炉 9. 万能粉碎机 10. 旋风分离器

液体二氧化硫

Sulfur dioxide liquid

又名:亚硫酸酐

分子式:SO_2　　**分子量**:64.06

性状:无色不燃性气体,有刺激性气味,密度2.927。在常温下加压至4大气压即能液化成无色液体。溶于水成亚硫酸。

用途:用作试剂,漂白剂,防腐剂。并大量地作为化工原料。液态二氧化硫也是良好的有机溶剂,用于精制各种润滑油,并用作冷冻剂。

规格:

色泽	无色或微黄色液体	不挥发物	≤0.1%

主要原料规格及消耗定额:

硫铁矿	含硫35%	1.5吨/吨
硫酸	含量≥92.5%	
氨水	≥20%	

工艺流程:

硫酸系统尾气经氨水吸收后,再用硫酸分解制取,生产流程如下:

吸收:硫酸尾气经二级复喷复档用氨吸收其中的二氧化硫。

$$SO_2 + NH_3 + H_2O \longrightarrow NH_4HSO_3$$

吸收液连续通氨,循环吸收。正常操作时二复喷循环液中亚硫酸铵含量为60~80克/升。为稳定操作循环槽隔为两半,抽提液由供一喷的循环池供给。

抽提液要求含量:亚硫酸氢铵640~660克/升

亚硫酸铵60~80克/升

分解:亚硫酸氢铵溶液在分解器内,与硫酸起反应。反应式如下:

$$NH_4HSO_3 + H_2SO_4 \longrightarrow (NH_4)_2SO_4 + SO_2 + H_2O$$

分解出的二氧化硫进入干燥塔,用93%硫酸喷淋干燥,干燥的二氧化硫气体再进入缓冲器。

压缩包装:用压缩机将二氧化硫气体压缩到7~7.5公斤/厘米^{2}后,再进入列管式冷凝器,冷凝下的二氧化硫液体收集在贮库中,然后进行钢瓶罐装。

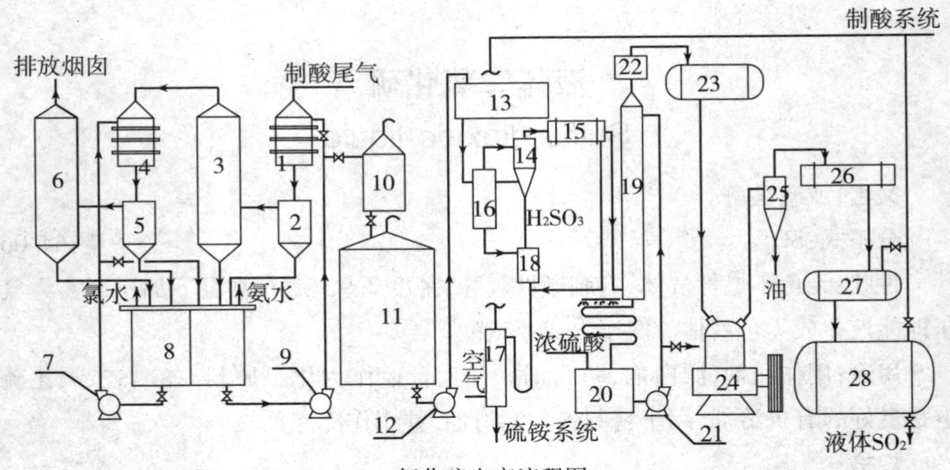

二氧化硫生产流程图

1. 一复喷 2. 一分离 3. 一复挡 4. 二复喷 5. 二分离 6. 二复挡 7. 泵 8. 循环桶 9. 泵 10. 高位槽 11. 贮库 12. 泵 13. 高位槽 14. 旋风器 15. 冷凝器 16. 分解桶 17. 脱吸塔 18. 液封桶 19. 干燥塔 20. 循环桶 21. 泵 22. 捕沫器 23. 缓冲桶 24. 压缩机 25. 油分离器 26. 冷凝器 27. 计量桶 28. 贮库

盐酸

Hydrochloric acid

分子式: HCl　　　　**分子量:** 36.46

性状: 无色或淡黄色液体,为氯化氢的水溶液有强腐蚀性,比重 1.19,氯化氢气体极易溶解在水里,无水氯化氢几乎不与金属作用,但它的水溶液能与大多数金属作用。

用途: 制造氯化物,食品工业味精、酱油等,湿法冶金、电镀、织品染色,韧革及皮革染色,是聚氯乙烯,氯丁橡胶,三氯氢硅,氯磺酸等重要原料。

规格:

含量	≥31%	≥31%
铁(Fe)	≤0.07%	≤0.02%
砷(As)	≤0.00002%	≤0.00002%
硫酸盐(SO_4)	≤0.007%	≤0.007%

主要原料规格及消耗定额:

氯气	含量≥90%	水分≤0.06%	0.31 吨/吨

氢气	含量≥98%	110 立方米/吨

工艺流程:

氢气与氯气燃烧合成为氯化氢气体,用水吸收成盐酸,流程如下:

氢气经阻火器后与干燥氯气同时进入合成炉,在合成炉内充分混合燃烧,反应温度最高可达2000℃左右,反应生成的氯化氢气体,一进列管式石墨冷却器或铸铁盘管空气自然冷却后,进入吸收塔,与吸收塔塔顶喷淋下来的水直接接触,吸收氯化氢即成31%的盐酸。反应式如下:

$$H_2 + Cl_2 \longrightarrow 2HCl$$

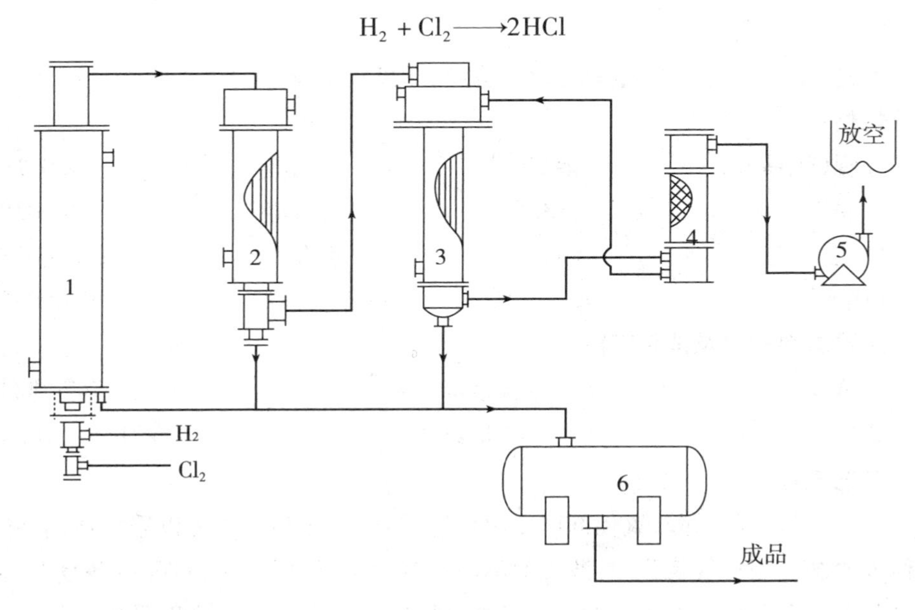

盐酸生产流程图

1. 石墨炉 2. 石墨列管冷却器 3. 降膜式吸收器 4. 尾气吸收塔 5. 陶瓷鼓风机 6. 成品贮槽

综合利用和三废处理措施:

原来尾气吸收塔出来的液体放入下水道,现作为氯化氢的吸收水生产盐酸用。

包装:盐酸罐装,净重25公斤,槽车装重4吨。

乙酸
Acetic acid

又名:冰醋酸

分子式:CH_3COOH **分子量:**60.05

性状:无色透明液体有刺激气味。溶于水、乙醇和乙醚。含酸量在98%以上的,在15℃时会凝固。

用途:用于合成纤维、塑料、医药、橡胶、印染等工业。

规格:

外观(铂钴液)	≤30号	乙醛	≤0.1%
凝固点	13.5℃	蒸发残渣	≤0.03%
含量	≥98.5%	重金属	≤0.0005%
甲酸	≤0.35%	铁	≤0.0005%

主要原料规格及消耗定额:

乙醛	含量≥97%	0.762吨/吨
氧气	含量≥96%	221立方米/吨

工艺流程:

从乙醛氧化制乙酸,氧化剂可以用氧气或空气,冷却方式可以采用体内冷却或体外冷却。用空气氧化,来源方便不需空分设备,但尾气多,吸收设备复杂;体内冷却不需耐酸循环泵,耗电量小,但控制点多,检修量大。这里采用氧气作氧化剂和内冷式氧化塔,流程如下:

氧化:乙醛和乙酸锰从塔底部加入氧化塔,分段通入氧气,反应温度控制在70~75℃,塔顶气相压力维持在1公斤/厘米^2,塔顶通入适量的氮气以防止气相发生爆炸。连续出料,反应生成的粗乙酸凝固点应在8.5~9℃之间,流入浓缩精制工序,尾气经低温冷却,冷凝液回入氧化塔,气体放空。

反应式:

$$CH_3CHO + \frac{1}{2}O_2 \xrightarrow{MnHAc} CH_3COOH$$

浓缩和精制:将粗乙酸连续加入浓缩塔,塔顶温度控制在95~103℃,冷凝器冷凝的稀乙酸,在稀酸回收塔内回收乙酸,不能冷凝的气体进入低温冷凝器冷凝成稀乙醛回收后使用。除去低沸点的粗乙酸连续加入乙酸蒸发锅,塔顶温度维持在120℃左右,馏出的乙酸即为成品,塔底放出的高沸物和催化剂现送至郊区加工厂灼烧除去有机物后回收催化剂。

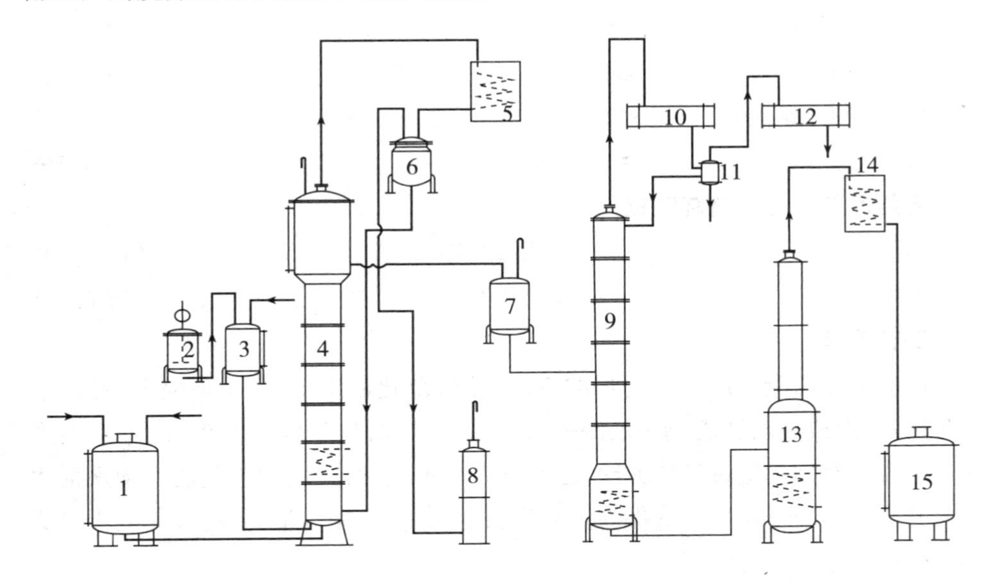

乙酸生产流程图

1. 乙醛贮槽 2. 乙酸锰溶解槽 3. 乙酸锰中间槽 4. 乙醛氧化塔 5. 盐水冷凝器 6. 气液分离器 7. 粗乙酸贮槽 8. 去酸槽 9. 乙酸提浓塔 10. 冷凝器 11. 分离器 12. 盐水冷凝器 13. 蒸发锅 14. 盘管冷凝器 15. 成品槽

综合利用和三废处理措施:

从氧化液中回收的稀乙酸和稀乙醛都含有一定量的乙酸甲酯和乙酯,回收后供油漆工业作溶剂用。

包装:铝桶装,净重 100 公斤、200 公斤。

乙酸乙酯

Ethyl acetate

又名:醋酸乙酯

分子式:$CH_3COOC_2H_5$ **分子量:**88. 10

性状:无色芳香液体,易燃,微溶于水,能与醇、醚或氯仿混合。

用途:用作油脂、油漆、硝酸纤维素塑料等的溶剂,也用作染料、药物、香料等的原料。

规格:

比重(D_{20}^{20})	≤0.897	酸度(以乙酸计)	≤0.01%
沸程(74~78℃)	≥95%	醛(以乙醛计)	≤0.04%
外观(铂-钴液)	≤20 号	不挥发物	≤0.01%
含量	≥96%	水分	≤0.5%

主要原料规格及消耗定额:

冰醋酸	含量≥98%	0.611 吨/吨
乙醇	含量≥95%	0.57 吨/吨

工艺流程:

过去生产乙酯采用乙醇过量的方法,该法酯化温度低,带水不完全,并由于乙醇过量,形成了乙酸乙酯—乙醇—水三元共沸物,使粗酯含量低,故连续生产困难。现在改用乙酸过量的方法,乙醇可完全被酯化,生成物乙酸乙酯和水形成二元共沸物离开反应区。既提高了酯化温度,又使粗酯含量提高,改间歇生产为连续生产。生产流程如下:

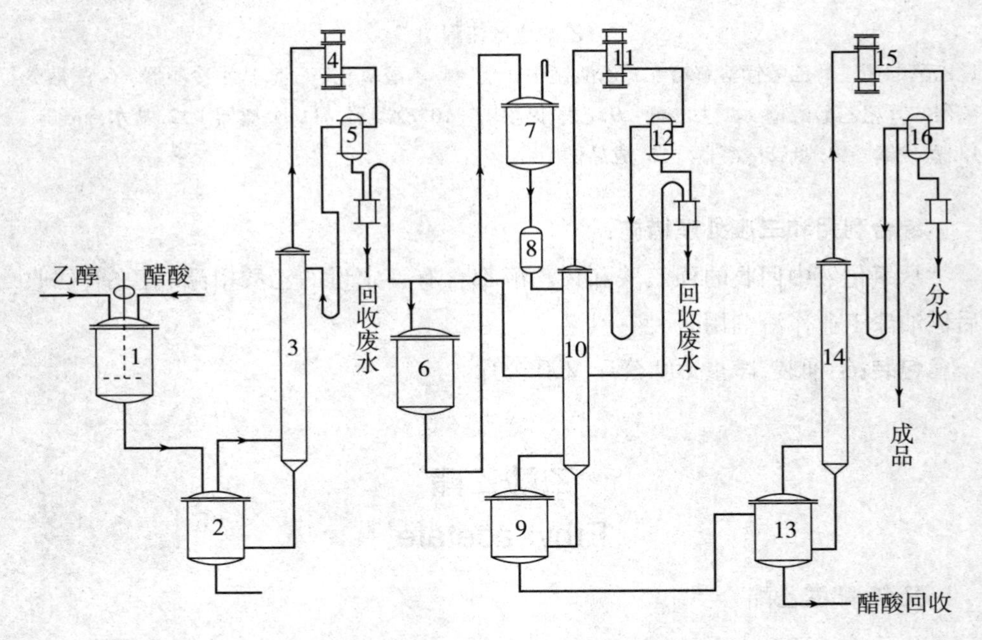

乙酸乙酯生产流程图

1. 和料锅 2. 酯化锅 3. 酯化塔 4. 冷凝器 5. 分离器 6. 粗酯槽 7. 高位槽 8. 预热气泡 9. 脱低沸塔釜 10. 脱低沸塔 11. 冷凝器 12. 分离器 13. 塔釜 14. 精制塔 15. 冷凝器 16. 分离器

酯化：先将一定量的冰醋酸和少量硫酸加到酯化锅，然后乙醇和乙酸按1:1.15重量比配料，混合后连续加到酯化锅，酯化锅用蒸汽加热，反应温度维持在105～110℃，酯化塔顶气相温度维持在70～71℃，生成物乙酸乙酯和水形成二元共沸物，不断从塔顶逸出，经冷凝器冷凝成液体，使酯－水分层，上面酯层部分回流，回流比2:1～3:1，部份酯和水，通过自动分水器，上层粗酯流入粗酯槽，粗酯含量94%～96%，下层水流到废水槽备回收乙酯。

反应式：

$$CH_3COOH + C_2H_5OH \longrightarrow CH_3COOC_2H_5 + H_2O$$

蒸馏：粗酯中含有少量水分、乙酸和高沸物需进行分馏。

粗酯经预热到55～60℃，连续加到脱低沸塔，塔顶温度维持70～71℃，使粗酯中少量水和乙酯形成二元共沸物，从塔顶出来，经冷凝和低温冷却，酯层部分回流，回流比3:1，酯层部分粗酯到粗酯贮槽，水层到废水槽备回收乙酯，塔釜用蒸汽加热，液相温度维持在78～80℃。乙酸乙酯和少量乙酸及高沸物连续压到精制塔釜，塔釜用蒸汽加热，液相温度维持在80～85℃，塔顶温度维持在77℃，乙酸乙酯从塔顶出来，经冷凝一低温冷却，部分回流比2:1，部分到乙酯成品槽。定期排出塔釜中高沸物和酸。

综合利用和三废处理措施：

高沸物作燃料用。

乙酰乙酸乙酯

Ethyl acetoacetate

分子式：$CH_3COCH_2COOC_2H_5$　　**分子量：**130.14

性状：无色油状液体，有果子香味，易燃，比重1.0212，熔点－80℃，沸点180～181℃，本品1克能溶于30毫升水中，与有机溶剂能任意混合。

用途：有机中间体，合成安替比林，氨基比林及其他药物。

规格：

外观	无色透明或略带黄色液体	比重(D_{20}^{20})	1.020～1.030
含量	≥97%	折光率(n_D^{20})	1.418～1.426
酸度(HAc)	≤0.2%	沸程175～185℃	≥90%

主要原料规格及消耗定额：

双乙烯酮	含量≥92%	0.75吨/吨

无水乙醇　　含量≥99%　　0.43 吨/吨

工艺流程：

双乙烯酮与无水乙醇合成而得。

酯化：在酯化锅内先加入乙醇，用硫酸作催化剂，开搅拌，蒸汽加热，当液相温度上升至 82℃后，开始滴加双乙烯酮进行反应，酯化温度不得超过 130℃，加毕继续回流，当液温不再变化及酯化液无双乙烯酮后，酯化即告完成。

反应式：

$$CH_3—\underset{\underset{O—CO}{|\quad\quad|}}{C{=}CH} + C_2H_5OH \longrightarrow CH_3COCH_2COOC_2H_5$$

分馏：反应完毕后冷却料液至 120℃以内，控制回流比为 1∶1 的条件下割除低沸物，当低沸物不再馏出时提高真空度至 650 毫米汞柱继续除低沸物，当塔顶温度升至 100℃以上，再提高真空度至 730 毫米汞柱，蒸出成品。

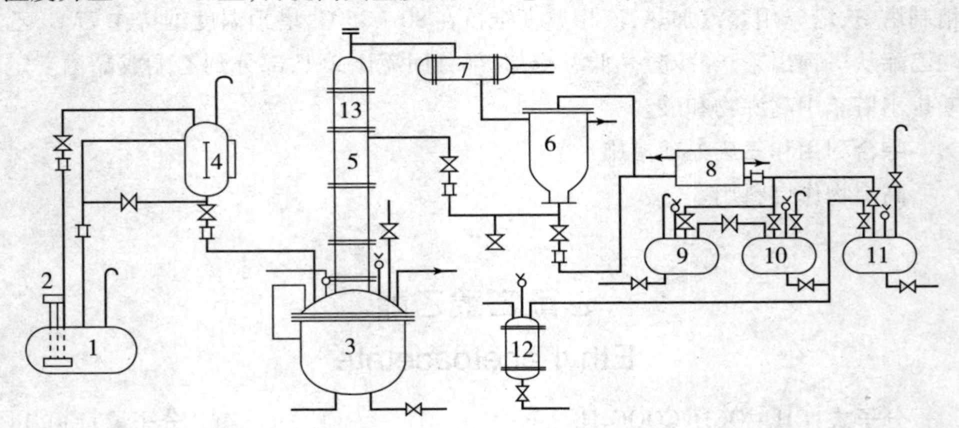

乙酰乙酸乙酯生产流程图

1. 双乙烯酮贮槽　2. 液下泵　3. 反应锅　4. 双乙烯酮高位罐　5. 筛板塔　6. 旋风分离器　7. 冷凝器　8. 冷却器　9. 低沸物贮槽　10. 半成品贮槽　11. 成品贮槽　12. 安全罐　13. 塔顶冷凝器

综合利用和三废处理措施：

低沸物内含乙酸乙酯、乙醇、丙酮等，数量为总投料量的 12% ~14% 可作为一般溶剂的代用品。

乙烯利

Ethrel

又名:2－氯代乙基膦酸,2－Chloroethylphosphonic acid

分子式:$ClCH_2CH_2PO(OH)_2$ **分子量:**144.49

性状:棕黄色黏稠酸性液体,比重1.2～1.3,与水任意混合,遇碱分解放出乙烯。

用途:在农林业上用作打破种子休眠,促进果实成熟,刺激天然橡胶增产,雄性不育,打破顶端优势,促进侧芽萌生,以及抑制生长和矮化等作用。

规格:

含量	40%

主要原料规格及消耗定额:

环氧乙烷	含量≥96%	0.57吨/吨
三氯化磷	含量≥98.5%	0.57吨/吨

工艺流程:

酯化:在搪玻璃反应锅内,先投入定量的三氯化磷,夹套通冷冻盐水进行冷却,使料温降至0℃左右,随即通入汽化的环氧乙烷,通入速度随反应温度变化而控制快慢,环氧乙烷通毕后,继续搅拌4～6小时,即酯化反应结束。

反应式: $3\underbrace{CH_2CH_2O} + PCl_3 \longrightarrow (ClCH_2CH_2O)_3P$

重排:将亚酯料直接先一次性加入连续重排锅,在搅拌条件下,夹套用油加热,加热速度视油温与料温的温差,不使过大,当油温和料温均达到155℃或稍高些,若油温升高而料温也随着升高,油温下降而料温也随着下降,即可进行连续投料,进行连续重排。生成物从重排锅上部出口管不断流入酸解锅。

反应式: $(ClCH_2CH_2O)_3P \longrightarrow ClCH_2CH_2PO(OCH_2CH_2Cl)_2$

酸解:重排料在155～160℃维持2～4小时后,接通氯化氢吸收塔管路,通入干燥的氯化氢气体,在酸解初期,料温会自然上升,故在送入氯化氢同时可停止加热,酸解后期,视料温开始下降时,又需加热,当酸解低沸逸出甚少时,可取样,直至在水中溶解清为止。酸解毕,停止通氯化氢气体,并通入空气进行翻泡搅拌,驱尽料液内吸收的部分氯化氢,冷却后用水稀释至溶液浓度为40%,即得成品。

反应式:

$$ClCH_2CH_2PO(OCH_2CH_2Cl)_2 + 2HCl \longrightarrow ClCH_2CH_2PO(OH)_2 + 2ClCH_2CH_2Cl$$

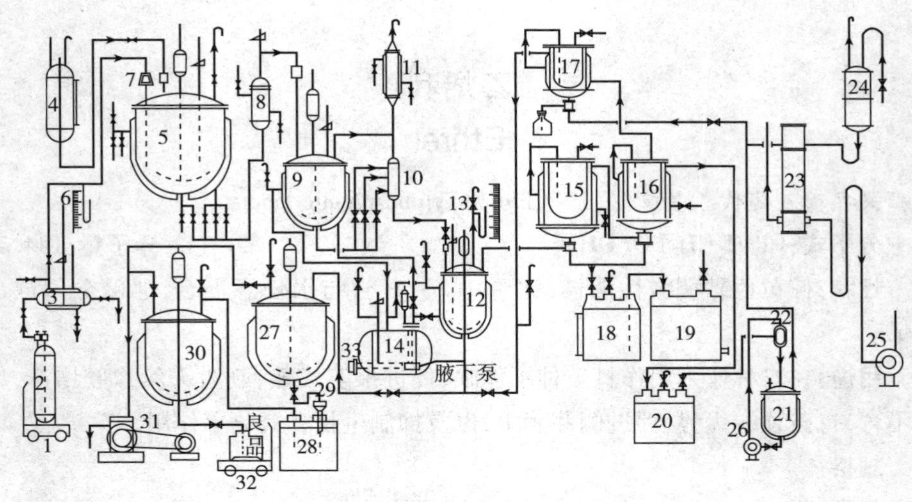

乙烯利生产流程图

1. 磅秤 2. 环氧乙烷钢瓶 3. 汽化器 4. 三氯化磷高位 5. 酯化锅 6. 真空表 7. 止逆阀 8. 预热器 9. 连续重排锅 10. 平衡管 11. 冷凝器 12. 酸解锅 13. 真空表 14. 油加热器 15,16,17. 冷凝器 18,19. 贮槽 20. 缓冲罐 21. 酸水锅 22. 水冲泵 23. 石墨塔 24. 吸收器 25,26. 泵 27. 粗品高位槽 28. 过滤器 29. 过滤漏斗 30. 成品锅 31. 压缩泵 32. 磅秤 33. 加热棒

乙酰基乙酰胺

Actetoacetamide

分子式: $CH_3COCH_2CONH_2$　　**分子量:** 84.07

性状: 无色或淡黄色透明的液体,具有强烈的刺激性臭味,其蒸气催泪性极强,不溶于水,溶于与其不起作用的有机溶剂中。

用途: 作为丁酮酰化剂,合成丁酮类衍生物,广泛用于医药,染料中间体。

规格:

外观	淡黄色至黄色透明液体	pH 值	6.7 ~ 7.0
含量	20% ~ 22%		

主要原料规格及消耗定额:

冰乙酸	含量≥90%	1.71 吨/吨
氨水	含量 20%	0.98 吨/吨
磷酸三乙酯	比重 1.063 ~ 1.067	

工艺流程：

裂化：首先将冰醋酸在汽化器内汽化，控制醋酸进汽化器的流量为 240～280 公斤/小时，汽化后醋酸进入裂化炉，同时加入触媒（磷酸三乙酯配成 16% 水溶液）重量比 2%，裂解分预热、中段、裂解、预热温度 620～650℃，裂解温度 750～780℃，裂解后乙烯酮等混合气体出口温度 650～680℃，在气体出口同时加入阻化剂“氨”，用量是醋酸重量的 0.05%～0.1%，与乙烯酮气体混合进入冷凝器，进行气液分离。

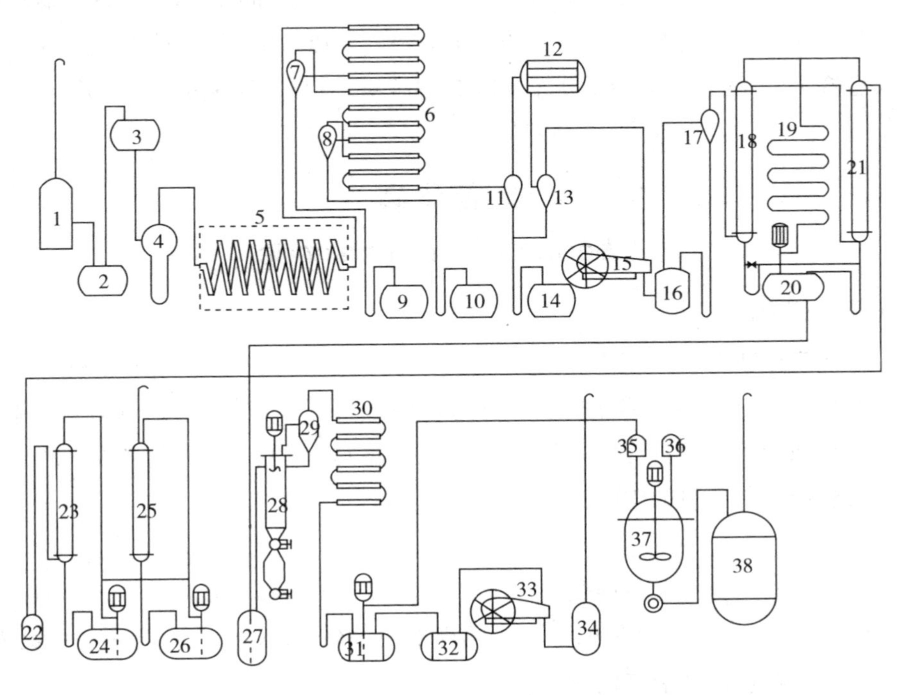

乙酰基乙酰胺生产流程图

1. 乙酸贮槽　2. 乙酸压料槽　3. 乙酸高位槽　4. 乙酸汽化器　5. 裂化器　6. 乙烯酮冷凝器　7. 第一套分离器　8. 第二套分离器　9. 第一套回收槽　10. 第二套回收槽　11. 旋风分离器　12. 氨蒸发器　13. 旋风分离器　14. 第三套回收槽　15. 泵　16. 泵后液贮槽　17. 旋风分离器　18. 乙烯酮 1 号吸收塔　19. 冷凝器　20. 粗制品贮槽　21. 乙烯酮 2 号吸收塔　22. 安全贮槽　23. 乙酸吸收塔 24. 乙酸贮槽　25. 乙酸吸收塔　26. 乙酸贮槽　27 粗品贮槽　28. 薄膜蒸发器　29. 蒸馏分离器　30. 冷凝器　31. 粗制品接收器　32. 贮槽　33. 泵　34. 接收器　35. 计量槽　36. 成品计量槽　37. 氨化锅　38. 稀氨贮槽

反应式：

$$CH_3COOH \xrightarrow[650\sim780℃]{(C_2H_5)_3PO} CH_2CO + H_2O$$

分离：将乙烯酮和它的混合物，在真空条件下冷却，调节不同温度，分段分离淡醋酸，醋酐，较纯的乙烯酮到气体进吸收塔。

吸收：乳化喷淋鼓泡吸收是用粗双乙烯酮作种子的，分离后较纯的乙烯酮气体从吸收塔底部进入，塔顶用粗双乙烯酮喷淋吸收，聚合成为双乙烯酮液体。

反应式：

$$2CH_2CO \longrightarrow \begin{array}{l} CH_2 = C—CH_2 \\ \quad\quad\quad\; | \quad\;\; | \\ \quad\quad\quad\; O—CO \end{array}$$

蒸馏：将吸收后的粗双乙烯酮（含量 90～93%），连续加入塔式薄膜蒸馏器，控制流速 140～180 公斤/小时，真空度 >700 毫米汞柱，夹套蒸汽加热，控制内温 60～75℃，精双乙烯酮气体经冷凝器冷凝后，控制出口温度 4～-4℃，即得精双乙烯酮。

氧氯化磷

Phosphorus oxychloride

又名：磷酰氯

分子式：$POCl_3$ **分子量：**153.57

性状：无色具有强烈腐蚀性的液体，在潮湿空气中发烟，有强刺激性，遇水，醇发生剧烈分解放热，比重 1.69，沸点 107℃，熔点 1.25，对眼睛有刺激。

用途：制药、染料的中间体、磷酸酯的制造。

规格：

外观	无色透明	三氯化磷含量	≤0.2%
含量	≥99%	沸程 105～109℃（V/V）	≥97%

主要原料规格及消耗定额：

三氯化磷	含量≥99%		1.04 吨/吨
液氯	含量≥99.5%	水分≤0.06%	0.47 吨/吨

工艺流程：

以三氯化磷通氯、滴水、再经蒸馏而得。

反应：将定量的三氯化磷加入反应锅，夹套内通冷却水，然后一面通氯，一面滴水，控制氯水比为 3.94，通氯速度约 30～35 公斤/小时。当视镜玻璃出现细末结晶时，停止通氯滴水，反应结束。

反应式：

$$PCl_3 + Cl_2 + H_2O \longrightarrow POCl_3 + 2HCl\uparrow$$

回流：反应锅夹套内用蒸汽加热，使未反应完的三氯化磷受热回流入反应锅，然后进行第二次通氯滴水，当视镜玻璃上再次出现液滴时，继续加热进行回流，半小时左右取样分析，当三氯化磷残存量在0.2%以下，即为反应结束。

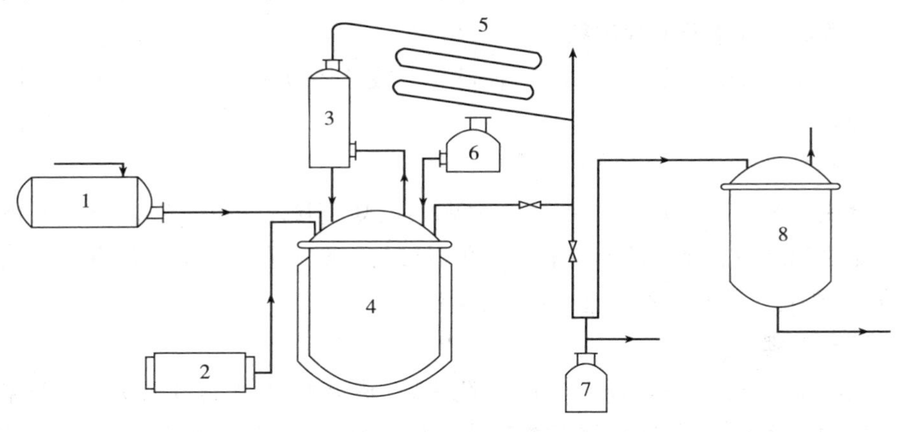

氧氯化磷生产流程图

1. 三氯化磷高位槽　2. 液氯钢瓶　3. 回流塔　4. 反应锅　5. 冷凝器　6. 水高位槽　7. 取样瓶　8. 成品锅

蒸馏：中间分析合格后，进行加热回流，蒸汽压力逐步提高，但最后不得超过4.5公斤/厘米^2，回流至色泽洁白，由冷却器直接导至贮罐即为成品。

综合利用和三废处理措施：

副产氯化氢气体制成盐酸。

包装：玻璃瓶外套木箱，净重30公斤。

乙醛

Acetaldehyde

分子式：CH_3CHO　　**分子量：**44.05

性状：无色液体易挥发，有辛辣刺激臭味，沸点20.8℃，熔点-123.5℃能与水或醇等有机液体混合。易燃。

用途：用于合成有机产品，如醋酸、醋酐、氯仿、2-乙基己醇、合成树脂等化工产品以及医药工业中间体。

规格：

含量	99.2%~99.8%	汞(Hg)	≤0.2毫克/升
比重	0.8	锌(Zn)	≤5毫克/升
醋酸	≤0.1%	乙炔(C_2H_2)	≤0.0002%

巴豆醛	≤0.1%	氯(Cl)	≤0.000.1%

主要原料规格及消耗定额：

电石(300 升/公斤)	2.15 吨/吨	或乙炔(100%)	0.62 吨/吨
金属汞			0.7 公斤/吨

生产方法：

合成乙醛的工业方法主要有下列四种：乙炔直接水合法，乙烯氧化法，饱和烃氧化法和乙醇氧化或乙醇脱氢法。我国目前主要采取乙醇氧化法和乙炔直接水合法，在此着重介绍乙炔直接水合法。

工艺流程：

乙炔水合：经过净化后的乙炔气(除去硫、磷杂质)经水封进入缓冲器与未转化回流的乙炔气混合，然后将混合乙炔气压缩至 1.3 ~ 1.5 表压，经气水分离器和蒸汽混合器后，进入充满接触液的水化器中，在此乙炔与水在硫酸汞的作用下反应生成乙醛，控制反应温度 98 ~ 100℃，转化率为 60% ~ 70%，反应式如下：

$$C_2H_2 + H_2O \xrightarrow[H_2SO_4]{HgSO_4} CH_3CHO$$

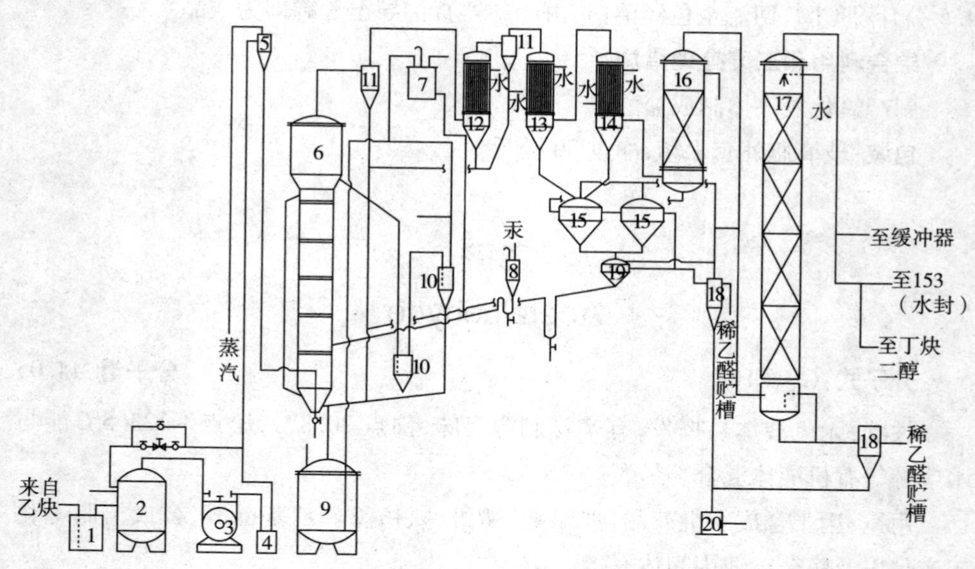

乙醛生产流程图(乙炔水合汞法)

1. 水封 2. 乙炔缓冲器 3. 水环压缩泵 4. 气液分离器 5. 蒸汽乙炔混合器 6. 水化器 7. 接触液高位槽 8. 汞计量槽 9. 事故放料槽 10. 接触液中间槽 11. 旋风分离器 12. 第一冷凝器 13. 第二冷凝器 14. 第三冷凝器 15. 汞分离器 16. 洗涤塔 17. 吸收塔 18,19. 汞分离器 20. 汞捕集器反应后混合气进入第一旋风分离器后，分离下来的接触液返回水化器，气体进入第一冷凝器用水冷却，将汞、水蒸气冷凝，凝液流入水化器，末冷凝气体进入第二旋风分离器进一步分离后，进入串联的第二、三冷凝器，在此将乙醛和水蒸气冷凝下来，凝液为稀乙醛，进入汞分离器除汞，未冷凝气体进入汞洗涤塔用冰水洗涤后，洗液进入汞分离器中，在此将稀乙醛中的汞沉淀下来返回水化器中，上部稀乙醛进入稀乙醛贮槽中。由洗涤塔顶部出来之气体进入乙醛吸收塔中用冰水进行吸收，吸收液为稀乙醛进入稀乙醛贮槽中，稀乙醛贮槽中乙醛浓度为7%～10%。吸收后的不凝气体主要为乙炔，除少量放空外，大部分进入缓冲器循环使用。

稀乙醛蒸馏精制：稀乙醛经热交换器预热后，进入初馏塔，用直接蒸汽进行蒸馏，控制塔顶温度80～90℃，塔底温度120～130℃，从初馏塔顶部出来之乙醛蒸汽进入精馏塔，控制塔顶温度40℃，塔底温度115～125℃，控制回流比为1～2，在此分离醋酸，巴豆醛等高沸物，此时乙醛内尚含有少量乙炔及汞等杂质，故送入除气塔中除去乙炔气，用间接蒸汽加热，控制塔顶温度38～40℃，塔底温度40～41℃，除气塔底部出来之乙醛，经冷却后送至锌环作填料的脱汞塔中，进行除汞处理，经脱汞后的精乙醛即为成品。

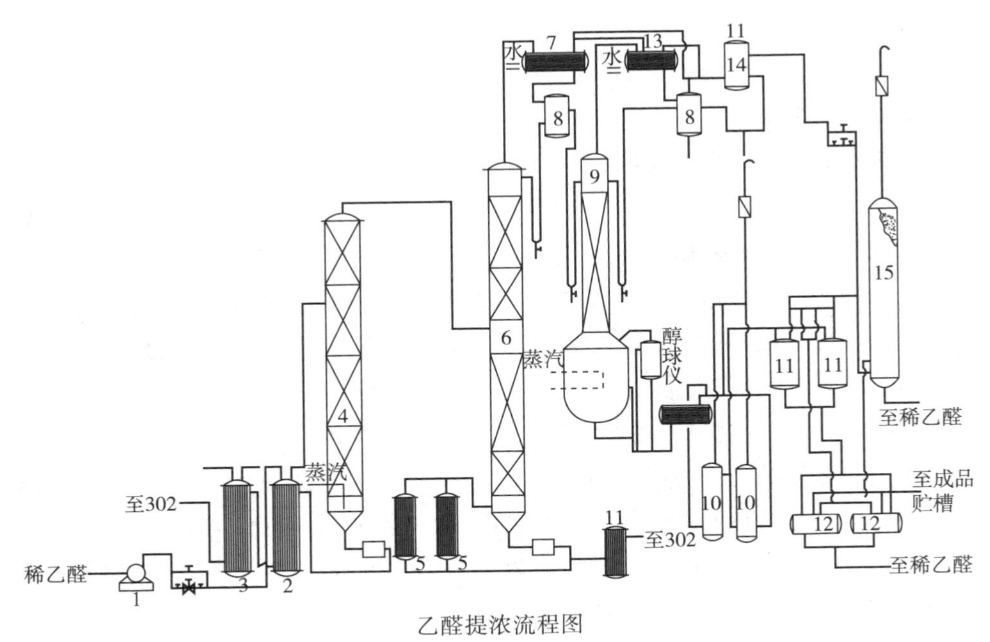

乙醛提浓流程图

1. 稀乙醛泵 2. 热交换器 3. 冷却器 4. 初馏塔 5. 蒸馏釜 6. 精馏塔 7. 冷凝器 8. 回流箱 9. 除气塔 10. 脱汞塔 11. 浓乙醛中间贮槽 12. 浓乙醛贮槽 13. 冷凝器 14. 尾气冷凝器 15. 尾气吸收塔

综合利用和三废处理措施：

反应后混合气进第一旋风分离器，被分离下来之接触液返回水化器，可继续回用。

稀乙醛内的汞，用冰水洗涤，洗液经汞分离器，将汞沉淀下来返回水化器中。

稀乙醛吸收塔内的不凝气体主要为乙炔进入缓冲器循环使用。

精馏塔顶排出尾气主要为乙炔，经冷凝水洗涤后放空，洗液回至稀乙醛贮槽。

包装：槽车装。

乙醛

Acetaldehyde

分子式：CH_3CHO　　**分子量：**44.05

性状：无色低沸点液体，有辛辣刺激臭味，能与水或醇等有机液体混合。

用途：用作有机合成，如醋酸、醋酐、二乙基已醇等的原料。

规格：

含量	≥97%	醛	≤0.1%
氯化物(Cl)	≤0.0001%		

主要原料规格及消耗定额：

乙醇	药用规格	1.218吨/吨

工艺流程(乙醇氧化法)：

以乙醇为原料制造乙醛的方法，一种是脱氢法，一种是氧化法。脱氢法是吸热反应须从外部加热，但反应温度低，副反应少，不需空气或氧气，还能副产氢气。氧化法系放热反应不须从外部加热，温度控制方便，但由于惰性气体的存在，吸收效率较差。这里叙述氧化生产乙醛，生产流程如下：

汽化和混合：在乙醇蒸发锅中加入88%～90%稀乙醇，加热至85℃，通入经过预热的空气，压力维持在1.2公斤/厘米^2，控制乙醇和空气的混合比，定量进入氧化炉。

氧化：氧化炉中装有浮石银和银钢作为催化剂，开车时先用电热棒加温至300℃左右，通入乙醇—空气混合气，进行下列反应：

$$C_2H_5OH \longrightarrow CH_2CHO + H_2$$

$$H_2 + 1/2O_2 \longrightarrow H_2O$$

总的反应是放热的，用水冷却维持温度在550℃，反应气体通过一系列冷却器,冷却后进入吸收塔。冷凝液并入吸收液一起蒸馏。

吸收和蒸馏:经过冷却的反应气进入吸收塔用冷却到5℃左右的水进行吸收,控制塔顶温度不超过15℃,尾气中乙醛含量不超过0.4%,塔底吸收液浓度约在12%左右,与氧化器冷凝液混合后进行蒸馏。

稀乙醛在泡罩式或浮阀式蒸馏塔内蒸馏,塔顶控制23℃ ±0.5℃,蒸出的乙醛即为成品,塔底排出的稀乙醇进入乙醇回收塔。回收塔顶馏出的乙醇纯度在75%以上,作为原料重复使用,塔底废水不含乙醇排入下水道。

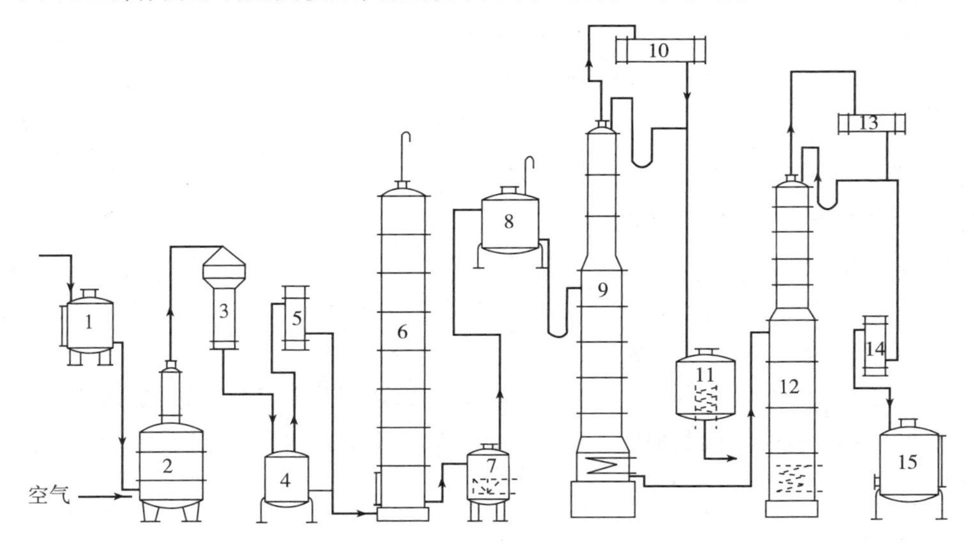

乙醛生产流程图(乙醇氧化法)

1. 稀乙醇高位槽 2. 乙醇蒸发锅 3. 乙醇氧化炉(冷凝器) 4. 气液分离器 5. 气体冷凝器 6. 乙醛吸收塔 7. 稀乙醛贮槽 8. 稀乙醛高位槽 9. 乙醛蒸馏塔 10. 冷凝器 11. 纯乙醛计量槽 12. 乙醇回收塔 13. 冷凝器 14. 乙醇回收中间冷却器 15. 回收乙醇贮槽

综合利用和三废处理措施:

吸收塔排放的尾气中含有20%的氢气,目前尚未利用。

包装:槽车装。

乙烯硫脲

Ethylene thiourea

又名:促进剂 NA-22

结构式:

分子量:102.17

性状:白色结晶粉末,味苦,不溶于汽油、苯、醚、四氯化碳中、稍溶于醇、酯、能溶于水,初熔点195℃以上。

用途:氯丁橡胶促进剂,亦可用作二烯类合成橡胶的活化剂和辅助促进剂。

规格:

	一级	二级
初熔点	≥195℃	≥193℃
灰分	≤0.3%	≤0.3%
水分	≤0.3%	≤0.3%
细度(100目筛余)	全通	全通

主要原料规格及消耗定额:

乙二胺	含量≥70%	0.74吨/吨
二硫化碳	含量≥95%	1.25吨/吨

工艺流程:

缩合:在搪玻璃反应锅内,加入水和乙二胺,降温后在40℃以下加入二硫化碳,保温4小时后,升温回收二硫化碳,生成乙烯基二硫代氨基甲酸盐供下工序用。

反应式:

$$\begin{matrix} CH_2NH_2 \\ | \\ CH_2NH_2 \end{matrix} + CS_2 \longrightarrow \begin{matrix} NHCH_2CH_2NH_2{}^{+} \\ | \\ S=C—S^{-} \end{matrix}$$

环化:将乙烯基二硫代氨基甲酸盐冷却至50℃以下,加入盐酸,升温即放出硫化氢而环化,生成乙烯硫脲。

反应式:

$$\begin{matrix} NHCH_2CH_2NH_3{}^{+} \\ | \\ S=C—S^{-} \end{matrix} \xrightarrow[\triangle]{H^{+}} \begin{matrix} CH_2—NH \\ | \quad\quad \diagdown \\ | \quad\quad\quad CSH \\ | \quad\quad // \\ CH_2—N \end{matrix} + H_2S\uparrow$$

精制、干燥粉碎:将粗制乙烯硫脲用沸水溶解,过滤、冷却、析出的结晶经脱水干燥后粉碎为成品。

综合利用和三废处理措施:

副产品硫化氢用稀液碱吸收得硫化钠溶液,供生产MB防老剂用,代替部分固体硫化钠。

粗制品母液经浓缩，结晶后，回收粗乙烯硫脲，多次循环母液水，则排入下水道。

精制品母液代替部分清水稀释乙二胺用。

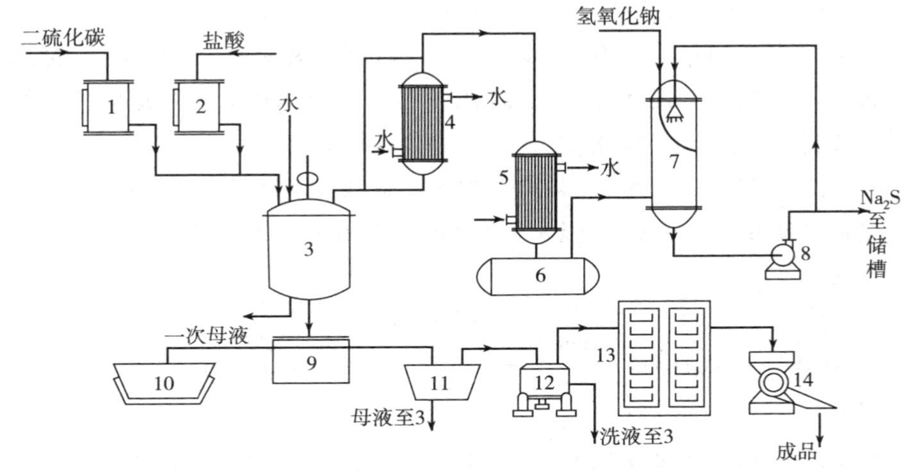

乙烯硫脲生产流程图

1. 二硫化碳高位槽　2. 盐酸高位槽　3. 反应锅　4. 5. 冷凝器　6. 二硫化碳回收槽　7. 硫化氢吸收器　8. 离心泵　9. 结晶溶解过滤器　10. 蒸发锅　11. 结晶器　12. 离心机　13. 干燥室　14. 粉碎机

亚磷酸一苯二 2 - 乙基己酯

Di – (2 - ethylhexyl) monophenyl phosphite

又名：亚磷酸一苯二辛酯

分子式：$[C_4H_9CH(C_2H_5)CH_2O]_2P(C_6H_5O)$　　**分子量：**382

性状：无色透明油状液体，易溶于一般有机溶剂。

用途：本品为聚氯乙烯的螯合剂，毒性低，可用于塑料医药器械制品，有良好抑制颜色的作用外，可增加抗氧化性和光稳定性。

规格：

外观　无色透明油状液体　折光率(n_D^{20})　1.475 ~ 1.480

比重(D_4^{20})　0.945 ~ 0.955色泽（铂 – 钴液）≤50 号

主要原料规格及消耗定额：

亚磷酸三苯酯　工业品　1.309 吨/吨

2－乙基己醇	工业品	1.172 吨/吨
金属钠	工业品	2.3 公斤/吨

工艺流程：

本品是利用辛醇和亚磷酸三苯酯在催化剂金属钠作用下，酯交换生成的。

溶钠：在搪玻璃反应锅内，先抽入 2－乙基己醇，夹套内用蒸汽加热，蒸汽压力不超过 0.5 公斤，开搅拌，投入金属钠，逐步升温至 100℃，因反应时有氢气产生，故溶钠时必须开排气阀，溶钠毕，进行冷却，准备酯交换。

酯交换：当料温冷却到 45℃左右，加入亚磷酸三苯酯进行酯交换，夹套内蒸汽加热到料温 140～150℃，恒温 8 小时，测定 pH 在 8 以上，即酯交换结束。

酯交换反应式：

$$2C_8H_{17}OH + (C_6H_5O)_3 \xrightarrow{0.3\%\ Na} (C_6H_5O)(C_8H_{17}O)_2P + 2C_6H_5OH$$

减压割除苯酚：经酯交换后，有 2 克分子的苯酚被置换出来，所以应回收利用。冷却料温至 50～60℃，将粗酯抽入不锈钢蒸馏釜内，用电炉加热，冷凝器夹套用热水保温，以防苯酚结晶，堵死管路，待料温到 160℃左右，残压 160 毫米汞柱时蒸馏结束。将蒸出苯酚压入桶内。

洗涤：由于粗酯中含有微量的苯酚和酸、酯等杂质，所以必须进行洗涤。将粗酯用压缩泵压入干燥的搪玻璃洗涤锅内，冷却料温至 20℃左右，由高位槽放入 15% 氢氧化钠进行碱洗，搅拌 5 分钟，静置分层，放去母液及下层皮层后，再用清水漂洗至中性或微碱性。

减压蒸馏：洗涤后的湿酯抽入蒸馏釜，进行减压蒸馏，液温不得超过 40℃，前期是水分及低沸物，接入头子及次成品受器，待沸程到 180～200℃，残压 3～5 毫米汞柱时，馏出物为无色、无味、透明液体，经分析合格即为成品。

综合利用和三废处理措施：

酯交换时，有 2 克分子苯酚被置换出来，经倒母液或减压蒸馏得到含量约 98% 苯酚，或经酸水解，分馏得到含量 95% 以上苯酚，以作其他化工原料。

次成品可复馏，回收部分成品。

低沸物经处理，回收辛醇。

碱洗后的母液，因含大量苯酚钠，酸化水解后，用磺化煤处理，再投入下水道。

包装：白铁桶装，净重 200 公斤。

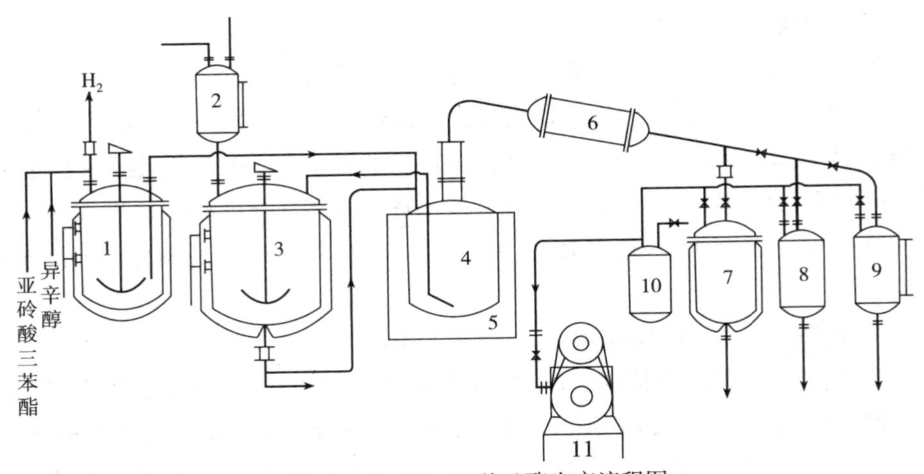

亚磷酸一苯二2－乙基己酯生产流程图

1. 酯化锅　2. 液碱高位槽　3. 洗涤锅　4. 蒸馏釜　5. 电炉　6. 冷凝器　7,8. 低沸受器　9. 成品受器　10. 贮气桶　11. 1401泵

亚磷酸三苯酯

Triphenyl phosphite

分子式: $(C_6H_5O)_3P$　　　　**分子量:** 310.28

性状: 无色微带酚臭透明液体,能溶于醇,苯及丙酮中。

用途: 本品为使用较多的一种螯合剂,广泛用于各种聚氯乙烯制品中,能使制品保持其透明度,并能抑制颜色的变化,同时它可以增加主稳定剂的抗氧性和光,热的稳定性。

规格:	试剂四级	工业
外观	微有酚臭之透明液体	微有酚臭之透明液体
色泽(Pt－CO液)	≤40号	≤60号
比重(D_{20}^{25})	1.183～1.188	1.183～1.192
折光率(n_D^{25})	1.588～1.59	1.585～1.59
凝固点(℃)	20～24	19～24
氯化物	≤0.1%	≤0.2%

主要原料规格及消耗定额:

苯酚	含量＞98.5%	1.028吨/吨
三氯化磷	含量＞98.5%	0.505吨/吨

工艺流程:

酯化:在反应锅内先抽入苯酚,开搅拌,然后开启自排阀,夹套通冷却水,待料温在45℃左右时,开始滴加三氯化磷,当料温降至20℃时,夹套内略开蒸汽,使料温保持在20~25℃,加毕后继续搅拌一小时,然后逐步升温,使料温达140~150℃,自然排除氯化氢4小时后,改用逐步提高真空度排除氯化氢,最后4小时真空度不低于600毫米汞柱,酯化反应结束通冷却水使料温冷至800℃左右。

反应式: $3C_6H_5OH + PCl_3 \longrightarrow (C_6H_5O)_3P + 3HCl$

蒸馏:将料液抽入蒸馏锅,进行加热,冷凝器夹套用热水保温,开V_5泵进行真空蒸馏,当料温在180℃以下接低沸受器,流速减慢,调1401泵进行真空蒸馏,当气温在190℃以下,接次成品受器,气温在190℃以上,真空度为3~5毫米汞柱残压时,馏出物应无色透明,略有酚味,经分析合格,即为成品。

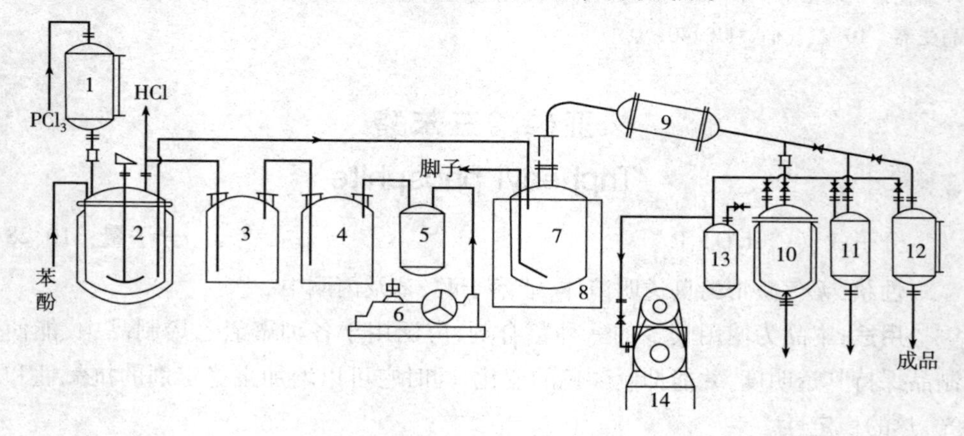

亚磷酸三苯酯生产流程图

1.三氯化磷高位槽 2.反应锅 3.4.液碱吸收罐 5.贮气桶 6.V_5泵 7.粗品蒸馏釜 8.电炉 9.冷凝器 10,11.低沸受器 12.成品受器 13.贮气桶 14.1401泵

综合利用和三废处理措施:

低沸物内含70%~80%苯酚,经分析含量后,可作原料重新配料。次成品再经蒸馏,可提取部分成品。

高沸物主要是高聚体和其酸、酯及亚磷酸酯类,作燃料用。氯化氢气体用水吸收后,制30%左右副产盐酸,供农肥氯化铵生产。

包装:白铁桶装,净重200公斤。

氧化锌

Zinc oxide

又名:锌氧粉

分子式: ZnO　　　　**分子量:**81.38

性状:白色粉状物质,有无定型、球状型和针状型等晶型结构,不溶于水,能溶于酸或碱。加热则变为黄色,冷后又恢复原来色泽。熔点约1800℃,比重5.5,颗粒大小在0.15～0.7μm之间。

用途:广泛应用在涂料工业,作为生产浆状油漆和磁漆之用,在橡胶工业中用作填料并能加速硫化作用。在医药工业用作橡皮膏,在合成甲醇时用作催化剂,在印染、火柴、油墨、塑料、纺织方面都有应用。另外在复印、激光技术上也逐步在使用。

规格:

含量	≥99.7%	氧化铅	≤0.04%
细度(325目)	≥99.8%	锰	无
金属锌	无	氧化铜	无
水溶性盐	≤0.1%	遮盖力	≤90克/米^2
灼烧减量	≤0.2%	水分	≤0.5%
盐酸不溶物	≤0.006%	氧化镉	≤0.02%

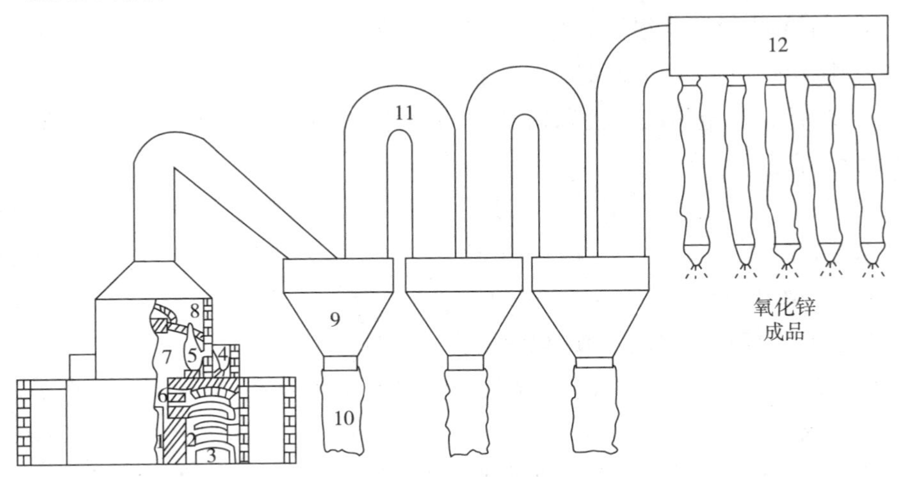

氧化锌生产流程图

1.煤气头　2.空气道　3.火道　4.熔锌锅　5.陶土坩埚　6.火井

7.炉膛　8.氧化室　9.冷却箱　10.布袋　11.冷却管道　12.布袋过滤器

主要原料规格及消耗定额:

锌锭	含量≥99.5%	0.808 吨/吨

工艺流程:

将锌锭放入石墨坩埚,加热到 550~650℃,熔化成液体,再将液体锌灌入陶土坩埚,继续加热到 1200~1300℃的高温中汽化,锌蒸气从坩埚上口喷出,在氧化室遇自然空气进行氧化生成氧化锌粉末,热粉经过冷却管道进入捕集箱,最后分级收集之。

综合利用和三废处理措施:

熔锌用的瓷器设备容易破裂引起漏锌,漏锌在炉体内遇高温而氧化成粉末,大部分被烟尘气带走,现在用布袋回收的办法解决。

包装:木桶内衬塑料袋及牛皮纸袋装,净重 25 公斤。

氧气
Oxygen

分子式:O_2 **分子量:**32

性状:为无色、无味、无臭的气体,具有助燃和氧化的特性,在 0℃,760 毫米汞柱时的气体密度为 1.43 公斤/立方米,每公升液氧重 1.146 公斤,沸点 -182.80℃,能被液化和固化,液态氧呈天蓝色透明,当液氧冷却至 -218.40℃时即成蓝色的固体结晶。氧的化学性质很活泼容易与其他物质化合,氧还可助燃,与可燃性气体(氢、乙炔、甲烷)按一定的比例混合后易于爆炸。

用途:炼钢及金属的焊接和切割用,火箭推进剂燃料,也用于爆破作业以及医疗方面等等。

规格:	一级	二级	三级
含量	≥99.5%	≥99.2%	≥98.5%
水分(毫升/瓶)	≤10	≤10	≤10

主要原料规格及消耗定额(以每立方米计)

空 气	空气中氧的体积含量 20.9%	6 立方米

工艺流程:

吸气:由同步或异步电动机驱动离心式空压机,外界大气中的一部分受压缩机的吸力作用,空气自吸入口经空气滤清器除去灰尘等机械杂质,进入压缩机的第一级叶轮,扩压后出第一级叶轮,进入第二级叶轮,扩压后出第二级叶轮,进入空气冷却器，再进入第三级叶轮，在六级叶轮的作用下，将空气压缩至 5 公斤/厘米^2，在压缩过程中产生的热量由空气冷却器的冷却水带走。

冷却：空气出空压机后，进氮水预冷器的空气冷却塔预冷至 25℃左右，入空分装置的可逆式换热器，与返流气体（污氮、纯氧和纯氮）热交换，使其冷却至 -172℃除去空气中的水分和大部分的二氧化碳，成为干饱和的干燥气体，进入分馏塔的下塔。

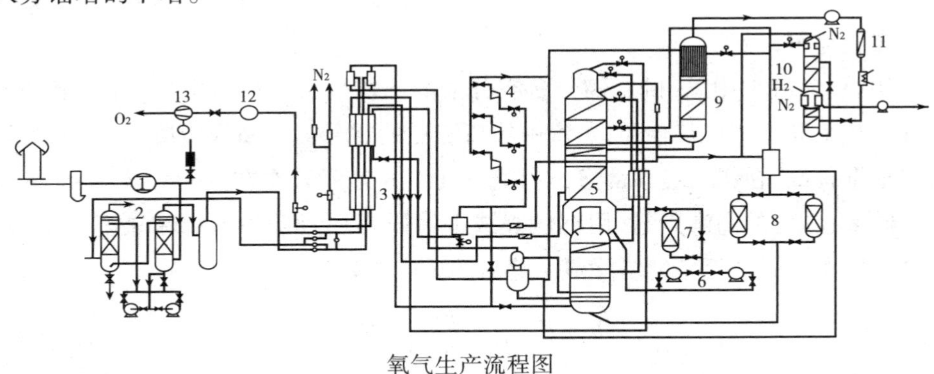

氧气生产流程图

1. 透平压缩机 2. 氮水预冷器 3. 可逆式换热器 4. 透平膨胀机 5. 空气分馏塔 6. 液氧机 7. 液氧吸附器 8. 液空吸附器 9. 粗氩塔 10. 精氩塔 11. 触媒炉 12. 低压储缸 13. 氧压机

精馏：原料气进下塔后，由于主冷凝蒸发器的温差，空气中的组分氧和氮由于沸点的不同，在下塔发生多次的部分液化和蒸发，进行传热传质，即精馏过程。在下塔底部积聚富氧液体氮（含氧 36% ~40%），在冷凝蒸发器的液氧侧积聚液氮（纯度为 99.9%），预精馏后，将富氧液空转入上塔，进行第二次精馏。上塔的冷原是下塔产生的液氮。在塔顶逸出纯氮气，冷凝蒸发器的液氧侧积聚 99.5% 的液氧。

氧压：为输送和使用的需要，应用 4M -12 无润滑三级压缩氧压机，将气氧压缩成 16 ~20 公斤/厘米^{2}的成品，由管路送至钢厂纯氧顶吹炼钢或加压至 150 公斤/厘米^{2}充灌钢瓶。

包装：钢瓶装：容积 6 米^3。

氩气

Argon

分子式：Ar　　　　**原子量：**39.944

性状：无色、无臭、无毒之惰性气体在 0℃，760 毫米汞柱时的密度为 1.784 公

斤/米^3,沸点 -185.7℃,熔点 -189.2℃

用途:广泛地被用于仪表及电光源工业中,也大量地用作保护气如冶金氩弧焊等。

规格:

含量	≥99.99%	H_2	≤0.0005%
N_2	≤0.01%	C_nH_m,CO、CO_2	≤0.001%
O_2	≤0.0015%	水分(毫克/立方米)	≤30

工艺流程:

粗氩:含氩 8~12% 的氩馏分自空分塔的上塔引出入粗氩塔的下部,上升蒸汽在塔板上和液体传热传质,蒸汽中的高沸点的粗分氧不断被冷凝而洗涤,氩的含量逐渐提高,在粗氩塔顶部逸出粗氩。其纯度为 90% 左右,氧为 1% ~3%。

除氧:氩中的高沸点氧,用钯触媒或铜触媒在加氢条件下清除氧至微量,并经硅胶吸水干燥送至精氩塔除氮。除氧的反应式如下:

$$O_2 + H_2 \xrightarrow[450 \sim 600℃]{Cu} H_2O$$

$$O_2 + H_2 \xrightarrow[常温]{Pd - Al_2O_3} H_2O$$

精氩:除氧后的干燥气体预冷后进入精氩塔的下塔预精馏,去除大量的氮和过量的氢,然后转入上塔进行第二次精馏除去微量的氮,制得纯氩。

包装:钢瓶装,容积 6 米^3,压力 150 公斤/厘米^2。

液氯

Chlorine liquid

分子式:Cl_2　　**分子量:**70.9

性状:液氯为黄色透明液体,0℃时 1 升液氯重 1.468 公斤,沸点 -34.05℃/760 毫米汞柱,它是腐融性很强的气体,可与多数金属作用生成氯化物,液氯对呼吸器管有刺激作用,吸入过量氯气有中毒和致死的危险。

用途:它是化工、医药、塑料、橡胶、纺织、造纸等工业的重要原料。

规格:

含量	≥99.5%	水分	≤0.06%

主要原料规格:

原料氯纯度 >95%　　含氢 <0.4%　　含水 <0.06%

工艺流程：

由干燥工段来的干燥压缩氯气，压力为1.5公斤/厘米^2，经酸雾捕集器去除硫酸雾沫后进入氯气液化槽的冷凝盘管。液化槽内装有液氨蒸发器和氯化钙溶液，液氨在蒸发器内汽化以供应气体氯液化时所需的冷量，氯化钙溶液则在氨蒸发器和氯气冷凝盘管之间循环传递冷量，当气体氯在冷凝盘管内与管外 -30℃ 氯化钙溶液进行热交换冷却后，即逐渐被冷凝液化成液氯流入液氯计量槽，未液化的尾气经气液分离后，送往盐酸工段生产盐酸。计量槽内液氯到达一定贮量后，由液氯汽化器出来的8~10公斤/厘米^{2}压力的汽化氯压送到灌装部门进行钢瓶灌装，经磅秤计量后，供应用户。

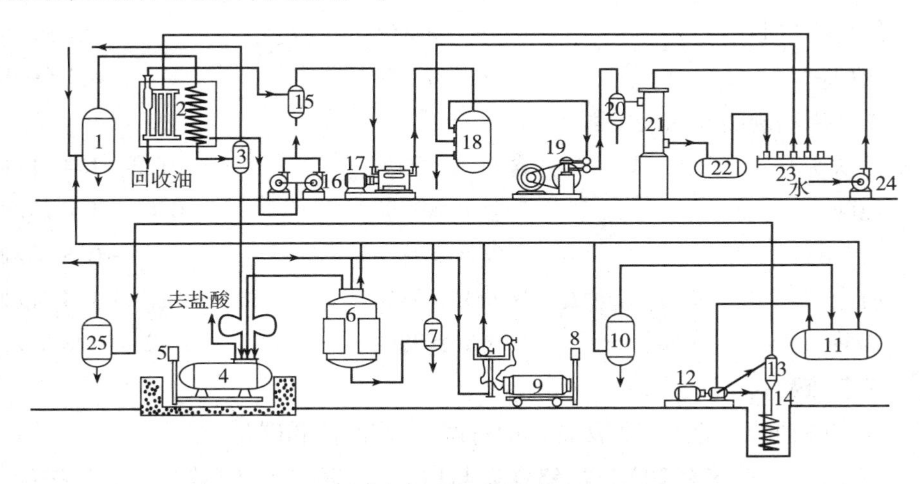

液氯生产流程图

1. 氯气缓冲器　2. 液化槽　3. 气液分离器　4. 液氯计量槽　5. 磅秤　6. 汽化器　7. 排污槽　8. 磅秤　9. 钢瓶　10. 废气缓冲器　11. 卧式缓冲器　12. 纳氏泵　13. 分离器　14. 硫酸冷却器　15. 液氨分离器　16. 盐水泵　17. 低压机　18. 中间冷却器　19. 高压机　20. 油分离器　21. 氨冷凝器　22. 液氨贮槽　23. 分配台　24. 冷却水泵　25. 酸雾分离器

重铬酸钠

Sodium dichromate

又名：红矾钠

分子式：$Na_2Cr_2O_7 \cdot 2H_2O$　　　**分子量：**298.03

性状：橙红色单斜棱晶体或细针形二水物，其密度为2.5~2.52克/厘米^3，无水重铬酸钠在320℃熔化，在400℃则分解放出氧。结晶极易潮解，易溶于水，18℃时饱和溶液含 $Na_2Cr_2O_7$ 63.92%，溶液比重为1.745，在常压下饱和溶液的沸点为139℃，此时100份水溶解209.7份 $Na_2Cr_2O_7$。

用途：用于鞣制皮革、铬黄颜料、电镀、铬酸及其他铬化合物，也可用作氧化剂，媒染剂和木材防腐剂及金属缓蚀剂等。

规格：

	一级	二级
含量	≥98%	≥98%
水不溶物	≤0.01%	≤0.02%
硫酸盐(SO_4)	≤0.3%	≤0.4%
氯化物(Cl)	≤0.1%	≤0.2%
铁(Fe)	≤0.005%	≤0.005%

主要原料规格及消耗定额：

铬铁矿	含 Cr_2O_3 50%	1.2~1.4吨/吨
纯碱	含量≥98%	0.88~1.0吨/吨
石灰石	含量≥98%	0.6~0.8吨/吨
白云石	含 $CaCO_3+MgCO_3$≥95%	1.0~1.4吨/吨
硫酸	含量≥98%	0.42~0.48吨/吨

工艺流程：

重铬酸钠的工业生产方法常用的有两种：硫酸法和碳化法。

硫酸法：将粉碎至200目的铬铁矿与白云石、碳酸钙、纯碱及矿渣等按配比混合后，送入回转窑，在1150℃进行氧化焙烧，以使矿石中三氧化二铬转化为铬酸钠，反应式如下：

$$4(FeO \cdot Cr_2O_3)+8Na_2CO_3+7O_2 \longrightarrow 8Na_2CrO_4+2Fe_2O_3+8CO_2$$

炉料的配比，需根据组分而定，纯碱用量为理论量的90%~93%（一般转化率在80%~85%之间），烧成的熟料，送至浸取槽用稀溶液及清水浸洗，获得浓度为35~40°Bé的铬酸钠碱性液，矿渣中 Na_2CrO_4 含量应低于0.5%，部分矿渣可返回配料。在铬酸钠碱性液中含有少量铝酸钠必须加以分离，分离方法是将碱性液加热至90℃后，加入母液调整pH至7~8，使铝酸钠水解成氢氧化铝，经板框压滤机过滤，即得铬酸钠中性溶液。氢氧化铝浆状物含 Na_2CrO_4 应低于1%。

中性液经预热后进入双效蒸发器，蒸发至48°Bé，进入酸化器中，加硫酸酸化，以使铬酸钠转化为重铬酸钠，反应式如下：

$$2Na_2CrO_4 + H_2SO_4 \longrightarrow Na_2Cr_2O_7 + Na_2SO_4 + H_2O$$

在酸化过程中，部分硫酸钠可呈固相析出，含重铬酸钠及硫酸钠的酸性液经过二次酸性蒸发，可使溶液中硫酸钠全部析出。二次酸性蒸发浓度分别为58～60°Bé和69～71°Bé，溶液在结晶前需进行澄清，以彻底分离硫酸钠及悬浮杂质。重铬酸钠清液冷却至30～40℃进行结晶，经离心分离即得成品。母液可返回中和或制其他铬盐产品。

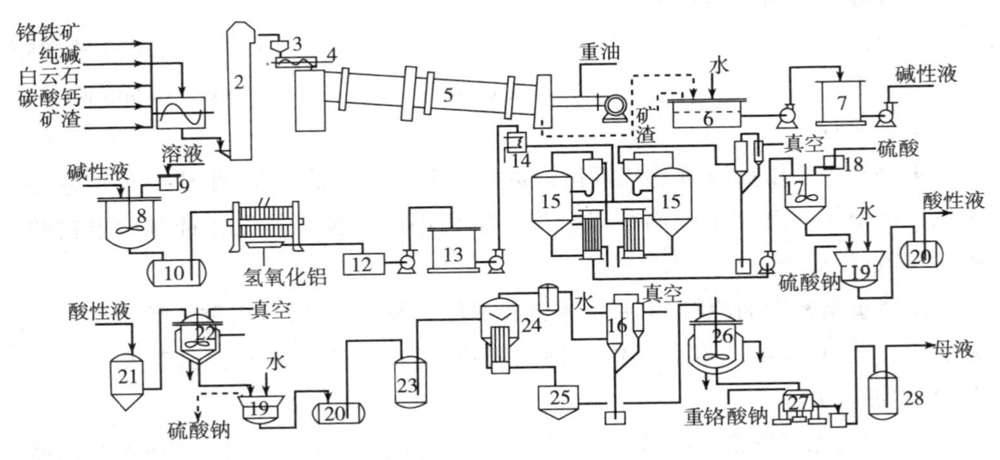

重铬酸钠生产流程图（硫酸法）

1. 混料机　2. 提升机　3. 料斗　4. 喂料机　5. 回转窑　6. 浸取槽　7. 碱性铬酸钠贮槽　8. 中和锅　9. 母液槽　10. 扬液器　11. 压滤机　12. 受液槽　13. 中性铬酸钠液贮槽　14. 预热器　15. 双效蒸发器　16. 冷凝器　17. 酸化器　18. 硫酸槽　19. 过滤器　20. 扬液器　21. 重铬酸钠液贮槽　22. 一次蒸发器　23. 扬液器　24. 二次蒸发器　25. 澄清器　26. 结晶器　27. 离心机　28. 母液槽

重铬酸钾

Potassium dichromate

又名：红矾钾

分子式：$K_2Cr_2O_7$　　**分子量：**294.19

性状：橙红色晶体，比重2.69，熔点398℃，500℃分解放出氧。不潮解，溶于水，不溶于乙醇，有毒。是强氧化剂与有机物接触摩擦、撞击、能引起燃烧、爆炸。

用途：用于制三氧化二铬、火柴、鞣革、电镀、媒染、医药、氧化剂、合成香料、铬黄颜料、电焊条及制铬钾矾等。

规格:

	一级	二级
含量	≥99.5%	≥99%
水不溶物	≤0.02%	≤0.05%
氯化物(Cl)	≤0.03%	≤0.05%
水分	≤0.1%	≤0.2%

主要原料规格和消耗定额:

重铬酸钠母液	(折合 100%)	1.018 ~1.069 吨/吨
氯化钾	含量 90%	0.565 ~0.585 吨/吨

工艺流程:

重铬酸钾系用重铬酸钠和氯化钾进行复分解反应而制得,生成的重铬酸钾和氯化钠由于溶解度不同而得以分离。也可用硫酸钾代替氯化钾制取重铬酸钾,生产过程如下:

制造重铬酸钾的原料,主要是重铬酸钠母液及氯化钾,所用重铬酸钠母液含杂质的高低,直接影响成品重铬酸钾的质量,这些杂质主要是铁,铝,及三价铬等,必须加以去除。

反应前,先将重铬酸钠母液、洗液等配成反应液,然后加热至沸,加入氯化钾进行复分解反应,反应如下:

$$Na_2Cr_2O_7 + 2KCl \longrightarrow K_2Cr_2O_7 + 2NaCl$$

反应液浓度在 35°Bé 时,加入适量氯酸钠,可使溶液中的三价铬氧化成六价铬,成品色泽得以改善。反应液中加入液体氢氧化钠,调整 pH 至 5 ~6,以使铁,铝及三价铬等杂质生成氢氧化物沉淀,为使胶状物凝聚,可在溶液热沸时加入硫酸铝,用量约为重铬酸钠量的 0.001。反应液经保温澄清,分离不溶物后冷却至 30℃左右,进行结晶,所得结晶须用洗液及清水淋洗,预此所得洗液可返回反应器,作调整反应液浓度用。结晶经脱水,干燥后即为成品。

将重铬酸钾母液蒸浓,母液中的氯化钠呈固相析出,分离氯化钠后可再次冷却获得结晶或返回反应器。氯化钠用洗液及清水淋洗,于此所得洗液与母液混合进行蒸发,再次分离氯化钠。

综合利用和三废处理措施:

含铬氯化钠可以作为锅炉软水剂磺化媒的再生剂。

包装:铁桶装,净重 70 公斤。

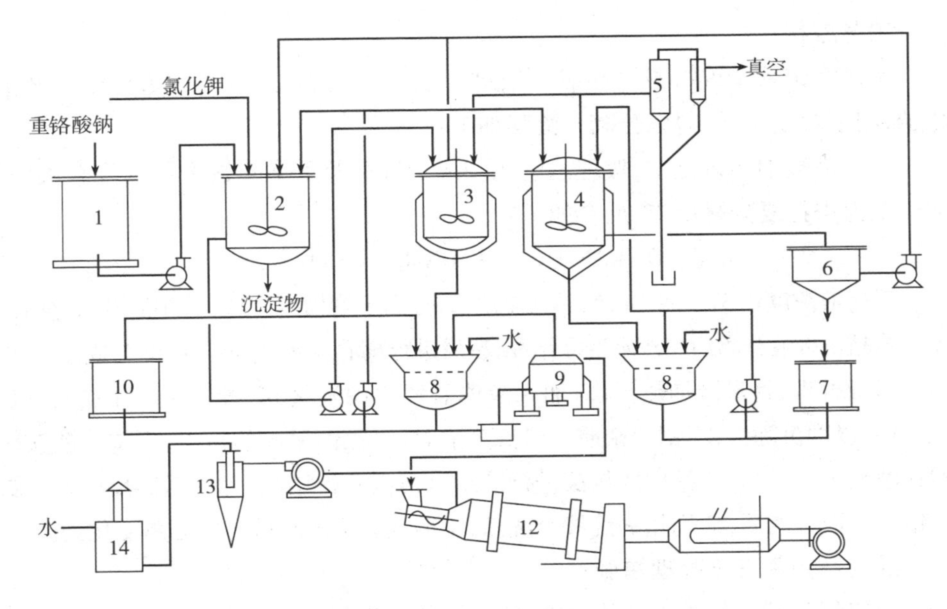

重铬酸钾生产流程图

1. 重铬酸钠溶液槽　2. 反应器　3. 结晶器　4. 蒸发器　5. 冷凝器　6. 澄清槽　7. 洗液槽　8. 过滤器　9. 离心机　10. 洗液槽　11. 加热器　12. 干燥器　13. 分离器　14. 洗涤器

重铬酸铵

Ammonium dichromate

又名:红矾铵

分子式:$(NH_4)Cr_2O_7$　　**分子量:**252.10

性状:橙红色单斜结晶,比重2.15,185℃以上时分解成松散的三氧化二铬粉末,溶于水及乙醇,有毒,是强氧化剂,与有机物接触摩擦、撞击、能引起燃烧、爆炸。

用途:用于照相制版、显影、香料合成、媒染剂、净油剂、无烟焰火、鞣革等。

规格:

含量	≥98%	水分	≤0.5%
水不溶物	≤0.2%		

主要原料规格及消耗定额:

重铬酸钠	含量≥98%	1.22~1.30吨/吨
氯化铵	含量≥99%	0.441~0.475吨/吨

工艺流程：

重铬酸铵系用重铬酸钠和氯化铵进行复分解而制得，生成的重铬酸铵及氯化钠，因溶解度不同，得以分离。流程如下：

将重铬酸钠和氯化铵，按理论量比例溶于洗液及重铬酸铵母液的混合液中，加热至沸进行复分解反应，反应如下：

$$Na_2Cr_2O_7 + 2NH_4Cl \longrightarrow (NH_4)_2Cr_2O_7 + 2NaCl$$

反应液浓度达 37 ~38°Bé，然后保温澄清，分离不溶物后，冷却至 30℃左右进行结晶。结晶与母液分离后用冷水洗涤结晶，然后进行离心脱水并经干燥，即为成品。

母液处理：将母液加热至沸，加入液体氢氧化钠调整 pH 至 5 ~6，并加入少量硫酸铝，以助沉除去铁、铝等杂质。母液蒸浓时，氯化钠呈固相析出，而重铬酸铵仍留在液相中，分离氯化钠后的母液进行冷却可再次获得结晶，也可返回反应器。氯化钠与母液分离后，需用热的洗液水洗涤，所得洗液蒸浓时可再次分离氯化钠。

综合利用和三废处理措施：

含铬氯化钠可作为锅炉软水剂，磺化媒的再生剂。

包装：铁桶内衬塑料袋装，净重 50 公斤。

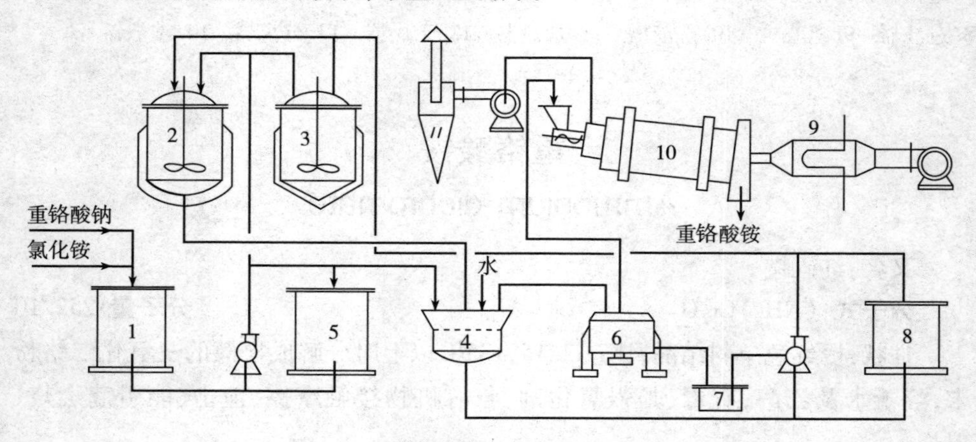

重铬酸铵生产流程图

1. 反应器　2. 结晶器　3. 蒸发器　4. 过滤器　5. 洗液槽

6. 离心机　7. 贮液槽　8. 母液槽　9. 加热器　10. 干燥器　11. 分离器